中国环境出版集团“十四五”普通高等教育规划教材

SHENGTAI HUANJING DASHUJU GAILUN

生态环境大数据概论

王国强　张庆竹　王新锋　房　磊　任世龙　彭岩波　◎编著

中国环境出版集团·北京

图书在版编目（CIP）数据

生态环境大数据概论 / 王国强等编著. -- 北京 ：
中国环境出版集团，2024.6
中国环境出版集团“十四五”普通高等教育规划教材
ISBN 978-7-5111-5840-6

Ⅰ. ①生… Ⅱ. ①王… Ⅲ. ①数据处理—应用—生态环境 Ⅳ. ①X171.1-39

中国国家版本馆 CIP 数据核字（2024）第 074846 号

出 版 人 武德凯
责任编辑 曹 玮
封面设计 岳 帅

出版发行 中国环境出版集团
（100062 北京市东城区广渠门内大街 16 号）
网　　址：http://www.cesp.com.cn
电子邮箱：bjgl@cesp.com.cn
联系电话：010-67112765（编辑管理部）
发行热线：010-67125803，010-67113405（传真）
印　　刷 玖龙（天津）印刷有限公司
经　　销 各地新华书店
版　　次 2024 年 6 月第 1 版
印　　次 2024 年 6 月第 1 次印刷
开　　本 787×1092 1/16
印　　张 16.5
字　　数 340 千字
定　　价 55.00 元

扫码了解

生态环境大数据

电子教案

配套教案PPT，
清晰呈现知识体系。

线上课程

掌握生态知识，
提升大数据技能。

行业报告

分析市场趋势，
洞察行业走向。

典型案例

看应用案例，
理论实践融会贯通。

前　言

生态环境是我们赖以生存的基础。伴随着全球工业化、城市化进程的加快和社会经济的高速发展，当前多领域、多类型、多层面的生态环境问题累积叠加，且不同环境要素相互影响、相互交叉，加之受全球气候变化和极端天气频发等影响，生态环境问题变得更加复杂。在当今快速发展的科技时代，大数据技术的出现为我们提供了一种全新的工具和模式来监测、理解和保护我们赖以生存的生态环境。生态环境大数据不仅仅是规模巨大的数字信息集合，更是一种强大的分析工具，能够为我们提供前所未有的洞察力。通过对大规模数据集的深度挖掘和综合分析，我们能够深入了解生态环境的演变规律，捕捉环境质量与生态功能的微妙变化，为制定科学合理的环保政策提供手段支撑。

生态环境大数据的迅速崛起为解决全球性环境问题提供了前所未有的机会，然而我们也面临着生态环境大数据领域理论技术体系不足和专业人才短缺的现实难题。生态环境大数据的应用需要综合考虑地球科学、计算机科学、统计学等多个领域的知识和方法，具有跨学科和学科交叉融合的特性，这既为科技创新提供了广阔的空间，也带来了知识体系构建和人才培养上的一系列挑战。目前，由于传统学科边界的存在，我国缺乏系统介绍生态环境大数据理论、方法、技术与应用实践的教材，我们在相关研究和积累的基础上，编写了本书，以期形成一个综合性的理论框架和知识体系。

本书涵盖生态环境大数据的多个方面，分为 9 章。第 1 章为生态环境大数据概述，主要概括了生态环境大数据的概念、特征、应用方向与技术体系；第 2 章为生态环境大数据采集与存储，主要介绍了生态环境大数据采集技术、预处理技术、存储与管理；第 3 章为生态环境大数据处理，主要介绍了常见的生态环境大数据处理技术、计算框架和案例分析；第 4 章为生态环境大数据分析关键技术，主要介绍了多元统计、机器学习和云计算等技术方法；第 5 章为生态环境大数据分析与应用，主要介绍了大气环境、水环境、生态大数据分析的模型和应用实例；第 6 章为生态环境大数据可视化，主要介绍了图表、地理信息、虚拟现实等可视化的工具和技术；第 7 章为生态环境大数据平台，主要介绍了平台架构、数据层、支撑层、应用层和服务层以及管理环境；第 8 章为生态环境大数据安全，主要介绍了网络与系统安全、数据安全与隐私问题、大数据安全防护技术以及相关监管体系与法律；第 9 章为生态环境大数据综合应用实践，主要介绍了相关应用平台的设计和应用案例。

本书第 1 章由王国强、王运涛、彭岩波、李延伟编写；第 2 章由王国强、门计林、王运涛编写；第 3 章由张庆竹、李杰、辛鑫编写；第 4 章由张庆竹、杨乃森、张超编写；第 5 章由王新锋、房磊和陈金月编写；第 6 章由房磊、任世龙编写；第 7 章由任世龙、任鹏杰、杨乃森编写；第 8 章由王运涛、彭岩波、陈金月编写；第 9 章由王国强、张庆竹、王新锋编写。

本书旨在为科研人员和高校师生提供一个关于生态环境大数据的系统的学习工具，使他们能够深入理解大数据技术在生态环境保护中的应用，并在解决当今全球性环境问题上发挥积极作用。同时，我们也呼吁更多的科学家、决策者和公众参与到生态环境大数据的研究和应用当中，共同努力构建一个可持续、健康的地球环境。希望本书能够为读者提供启示，激发对生态环境保护的关注和行动。

本书编写过程中，编者们参阅了大量国内外的文献资料和研究成果，这里也向他们致以特别的敬意和感谢。由于生态环境大数据的研究尚处于起步阶段，编者还缺乏足够的经验，错误和不足之处在所难免，恳请专家学者和读者们批评指正。

编　者

2024 年 5 月

目　录

第 1 章

生态环境大数据概述

1.1　生态环境大数据概念

1.1.1　生态环境大数据定义

当前新一轮信息技术革命与经济社会发展共同演进，生产生活的日趋复杂引发了与人类活动相关数据的暴发式增长，超越了传统数据管理系统处理模式的能力范围，由此大数据技术应运而生。国务院在《促进大数据发展行动纲要》（国发〔2015〕50 号）中将大数据定义为：以容量大、类型多、存取速度快、应用价值高为主要特征的数据集合，正快速发展为对数量巨大、来源分散、格式多样的数据进行采集、存储和关联分析，从中发现新知识、创造新价值、提升新能力的新一代信息技术和服务业态。

大数据的发展与数据存储能力的提升紧密联系：兆字节（Megabyte）开启了数据存储技术的发端；千兆字节（Gigabyte）掀起了并行化数据存储的热潮；万亿字节（Terabyte）引发了非关系型集群服务器的推广；千万亿字节（Petabyte）推动了大数据管理系统（Hadoop、Spark、Storm）的普及。在各个发展阶段中，大数据的传输技术、存储技术、处理技术、分析技术也随之变化，其中大数据分析技术经历了统计分析、机器学习、智慧分析等发展阶段，对海量数据潜在价值信息的挖掘不断深入。

生态环境大数据是以大数据技术为驱动，面向生态环境保护与管理决策需求，快速获取各类生态环境数据资源，实时分析生态环境要素，提升生态环境管理精细化水平的新一代信息技术。

1.1.2 国内外生态环境大数据发展历程

1.1.2.1 国外生态环境大数据发展历程

（1）生态环境观测网络建设方面

国际上已逐步建立了多套覆盖全球的生态环境监测网络，总体可分为全球卫星遥感监测网络和地面监测网络。全球尺度的主要观测网络包括全球环境监测系统（GEMS）、全球陆地观测系统（CTOS）、国际长期生态研究网络（ILTER）、全球通量观测网络（FLUXNET）以及国际生物多样性观测网络（GEO • BON）等。具有代表性的国家尺度生态环境观测研究网络包括美国生态环境观测研究网络（US-LTER）、英国生态环境观测研究网络（ECN）和日本长期生态研究网络（JALTER）。上述生态环境监测网络奠定了生态环境研究的数据基础，是生态环境大数据发展的根基。

（2）生态环境大数据处理系统研发方面

生态环境大数据处理系统的发展经历了批量数据处理系统、流式数据处理系统、交互式数据处理系统和图数据处理系统等阶段。谷歌（Google）公司 2003 年研发的 Google 文件系统（GFS）和 2004 年研发的 MapReduce 编程模型能够对 Web 环境下大规模海量数据进行批量处理。推特（Twitter）公司研发的 Storm 系统，处理流式数据可靠性高。伯克利（Berkeley）公司研发的 Spark 系统，涵盖了生态环境大数据领域的数据流交互式处理系统。上述研发为生态环境大数据的有效管理提供了条件，为生态环境大数据的智能分析奠定了基础。

（3）生态环境大数据智能分析技术研发方面

国际上生态环境大数据智能分析逐步形成了集结构化数据分析、文本分析、Web 数据分析、多媒体数据分析、社交网络数据分析和移动数据分析于一体的分析体系。惠普公司通过 Vertica 分析平台，对全球高达 3 兆兆字节的生物多样性和气候数据进行了系统分析，并研发了野生动物图片索引分析系统（WPIAS）。新加坡联合多国政府共同研发了东南亚国家联盟区域烟霾预警系统，该系统分析了海量数据，为东南亚的烟霾预测和防治提供依据。上述智能分析研发是挖掘海量生态环境数据的关键，为生态环境大数据的科学研判提供了技术支撑。

1.1.2.2 国内生态环境大数据发展历程

我国生态环境大数据的研究起步相对较晚。20 世纪 80 年代至 21 世纪初，我国环境信息技术飞速发展，组织管理体系不断健全，信息网络基础设施不断改善，环境管理业务应用系统形成一定规模。经过“十一五”时期全面建设、“十二五”时期转型发展，环境管理进入信息化新阶段，为大数据技术的落地应用奠定了数据基础。“十三五”时期以来，我国生态环境大数据逐步走上了快速发展的道路，赋能生态环境综合决策科学化、生态环境监管精准化、生态环境公共服务便民化。

（1）生态环境大数据建设规划体系逐渐完善

2015 年 8 月，国务院发布《促进大数据发展行动纲要》，推动大数据在我国各个领域的发展和运用，大数据上升为国家战略。2016 年 3 月，环境保护部办公厅印发《生态环境大数据建设总体方案》，明确指出生态环境大数据的总体要求、主要任务、保障措施。2018 年 9 月，生态环境部发布《生态环境信息基本数据集编制规范》，全面推进了生态环境信息标准化，并规范了生态环境信息基本数据集编制工作。

（2）生态环境大数据基础研究逐步涌现

“十三五”期间，国家科技重大专项与国家重点研发计划分别设立了生态环境大数据类科研项目。2017 年，水体污染控制与治理科技重大专项之“国家水环境监测监控及流域水环境大数据平台构建关键技术研究”项目启动，针对国内水生态监测技术、水环境监测网络和水环境大数据分析等方面存在的问题，研发了水生态环境监测技术和装备，攻克了水生态环境监测智能评估与质量预测预警技术，构建了以大数据挖掘技术为核心的水环境管理大数据平台。2019 年，“大气污染成因与控制技术研究”国家重点研发计划重点专项之“大气污染联防联控技术示范研究”项目启动，针对城市特定地带大气污染异常排放的精准识别和智能化管控，突破了污染信号与图像实时监控、数据反演及在线质控技术，研发了智能化、数字化执法系统，构建了多技术一体化实时监控和多元信息留痕传输网络体系与大数据智能分析平台。

（3）生态环境大数据平台建设加速起步

2016 年以来，随着《生态环境大数据建设总体方案》的印发，国家批复建立了一批省级、市级生态环境大数据建设试点单位，在制度实施、数据公开、环保云平台建设等方面开展实践。首批试点地区包括吉林省、内蒙古自治区、江苏省、贵州省、绍兴市和武汉市，形成了纵贯南北、辐射东西的示范效应。江苏省生态环境大数据平台构建了监测、监控、执法和执纪 4 个服务系统，集成各类生态环境数据 50 亿条。其中，监测系统涵盖了水环境、大气环境和土壤环境等监测数据；监控系统汇集了 14.9 万家固定污染源的“一企一档”监管信息；执法系统实现了移动执法系统“全覆盖、全联网、全使用”；执纪系统打通了 13 个区市大数据平台，纳入 14 个职能部门。为响应“共建全球生态文明，保护全球生物多样性”的倡议，贵州省生物资源与环境大数据平台建设以云计算为主要技术手段，以“生物资源”为核心的数据资源，并提供了生物多样性评估、生态环境评价、生物资源产品溯源等定向服务，建立了满足多维度需求的大数据服务平台。

1.1.3 生态环境大数据涉及的主要业务和构成

1.1.3.1 生态环境大数据涉及的主要业务

本书从日常管理业务、应急管理业务、综合决策业务 3 个方面对生态环境部门相关业务进行梳理分析。

（1）日常管理业务

水环境方面的日常管理业务主要包括地表水环境质量状况分析、水功能区划分及达标情况分析、污水与废水达标排放监管及排放总量控制、入河排污口整治情况监管、饮用水水源地环境状况监管、地下水污染防治分区管理、海水水质状况分析、海洋环境风险源识别与管理等。

大气环境方面的日常管理业务主要包括环境空气质量状况日报、月报、年报及考核（包括达标、超标、排名等），空气质量时空变化趋势分析，重点污染源达标排放监管与排放总量控制，大气污染物排放总量控制，沙尘暴与生物质燃烧卫星遥感监测与报告，大气污染源排放清单编制等。

生态方面的日常管理业务主要包括国家公园、国家/地方自然保护区、国家/地方自然公园、生态保护红线区域人类活动遥感监测评估，生物多样性数据库建设，土壤监测数据库建设，土壤污染状况和变化趋势预测，农业污染监测和城市固体废物日常管理，重金属重点污染源排放清单编制等。

（2）应急管理业务

水环境方面的应急管理业务主要包括流域水污染溯源及信息推送，突发污染事件范围、程度、影响评估及风险预警，地下水污染预测预警及应急防控，海洋污染事件溯源、演变模拟与影响评估，海洋赤潮与浒苔的预警预报、跟踪监测、动态监管等。

大气环境方面的应急管理业务主要包括臭氧（O_3）与细颗粒物（$PM_{2.5}$）污染预测与预警，大气重污染成因分析与来源解析，污染源现场监察、应急管控与信息反馈，污染源治理措施效果评估，应急管控措施的空气质量改善成效评估等。

生态方面的应急管理业务主要包括突发事件生态环境影响的监测与评估，生态风险预警与即时处置，固体废物产生情况与处置能力数据库建设，土壤污染风险评估与来源解析，土壤重金属污染动态监测与风险预警，基于突发环境事件的污染物种类、性质以及当地自然、社会环境状况等的应急管控方案的制定等。

（3）综合决策业务

生态环境整体综合决策业务主要包括“三线一单”编制，生态环境综合治理方案编制，排污许可证动态管理，区域生态环境质量状况调查评价与影响因素分析，社会-经济-

生态环境协同发展的政策分析，生态环境治理成本核算，政策规划的生态环境、经济、社会效益评估，低碳发展政策研究与评估等。

水环境方面的综合决策业务主要包括水环境中长期规划实施效果评估，水污染治理措施效果评估，“一河一策”流域精细化管理支持，地下水污染跟踪监测、溯源及防治，海洋生态补偿，入海河流氮、磷污染综合治理等。

大气环境方面的综合决策业务主要包括大气多污染物协同减排、管控与评估，大气污染源减排比例与减排清单确定，大气污染防治工作业绩考核与效果评估，减污降碳协同策略制定与效果评估，突发大气环境污染事件应急评估，碳排放量核算与动态数据库建设，碳排放源精细化智能管控，气候变化应对等。

生态方面的综合决策业务主要包括自然保护地和生态保护红线划定与保护成效评估，生物多样性保护成效评估，生态系统服务功能评估，生态修复工程实施效果评估，生态碳汇自动核算，海洋生态补偿及政策评估等。

1.1.3.2　生态环境大数据的构成

生态环境大数据来源广泛、类型繁杂、规模庞大，按照统一标准划分数据类型、构建归一化的生态环境数据集，可为生态环境大数据平台的规范管理、数据汇交、挖掘分析、业务化应用与服务奠定基础。按照生态环境管控与治理的相关业务需求，生态环境大数据可概括为生态环境质量数据、污染源排放数据、卫星遥感及反演数据、自然地理与社会经济数据、政策法规标准数据等类别。

生态环境质量数据主要包括国家、省、市、县级的环境空气质量监测站点、河流/湖泊/海洋等自然水体水质断面的在线监测数据，全国土壤状况、固体废物、保护区、生态功能等调查、监测、统计数据，部分城市或区域的网格化监测数据，部分城市或区域的车载、船载、机载等移动监测数据，地基雷达遥测数据等。

污染源排放数据主要包括重点工业源排放在线监测数据，全球、全国、区域污染源排放清单，全国污染源普查数据，工业源、交通路网、农业面源、居民生活源、餐饮行业等人为活动的空间分布与历史变化情况，固体废物产生量及分布情况，污染源排放强度反演数据等。

卫星遥感及反演数据主要包括国内外多光谱遥感（Landsat、MODIS、Sentinel、SPOT、资源、高分等系列），高光谱遥感，高空间分辨率遥感（米级及亚米级），雷达遥感，近地无人机遥感等原始光谱及影像，大气成分、气象气候、植被、地形地势、土地利用等遥感反演数据等。

自然地理与社会经济数据主要包括地形地势、行政区划、植被类型、人口分布、河网水系、土地利用等自然地理基础数据，气候、水文、洋流、气象条件等监测与模拟数据，产业结构、工业产量、经济产值、能源消费、用电量与用水量等经济活动水平数据，农业种植类型、面积、产量及施肥用药等统计数据，路网与交通流量分布及变化情况等。

政策法规标准数据主要包括国家、地方、行业级别的法律法规、政策规划、规范指南，生态环境基础标准，生态环境质量基准，生态环境质量标准，污染物排放标准，污染物总量控制标准等。

生态环境数据常以数据表等结构化数据形式集中存放于数据库中。随着信息技术的快速发展，网页、微信、微博、短视频平台、论坛等互联网平台上还分散着大量的图片、音频、视频、文本、文件等非结构化数据，这些数据资源具有较好的时效性、易得性、可读性，已成为生态环境大数据的重要补充。

1.2 生态环境大数据特征

生态环境大数据具有以下显著特征：

1）数据量巨大。随着各类物联网传感器、天空遥感、视频监控和互联网信息抓取等技术的发展，生态环境领域产生了规模巨大的数据集合。生态环境数据量已从 TB（太字节，240 字节）级别跃升到 PB（拍字节，250 字节）级别。

2）复杂性高。生态环境大数据的复杂性体现在数据来源与类型的多样性，其中来源涉及气象、水利、自然资源、农林、交通、应急、发展改革和工信等多部门；数据类型涵盖结构化数据、半结构化和非结构化数据。

3）动态更新强。生态环境要素具有强烈的时空异质性，且受气候变化和人类活动等影响，呈现不规律动态演变，产生的生态环境数据表现为流式数据。因而生态环境大数据呈现实时更新、即时处理和快速响应的特点。

4）应用价值高。从海量生态环境数据中挖掘潜在价值信息，实现低价值数据向高价值信息的转换，具备智能处理生态环境数据、挖掘生态环境变化规律、准确预测生态环境发展趋势的潜力，助力解决生态环境问题。

1.3 生态环境大数据关联学科

1.3.1 生态环境大数据与计算机科学

随着智能传感器、遥感技术、移动互联网等技术在环境领域的广泛应用，生态环境数据在规模上早已经跃升至 PB 级别，而且还在以每年数百 TB 的速度在不断增长[1]。同时，由于环境保护涉及气象、自然资源、水利、农林、交通等多个领域，涵盖文本、影像、音频等多种结构化、半结构化、非结构化的数据类型，因此生态环境大数据还具有来源与类型繁杂、格式多样、缺乏统一标准规范等特征。但生态环境大数据无疑具有非常大的潜在价值，从体量巨大、复杂多样的大数据中抽丝剥茧，分析并挖掘出有益于环境问题解决的关键信息，是生态环境大数据应用所面临的一大难题。生态环境大数据在获取、存储、管理、分析方面大大超出了基于微型计算机、小型数据库工具、常规统计方法的传统手段的能力范围，因此需要利用人工智能和云计算等先进计算机科学技术予以支撑。

人工智能（artificial intelligence，AI）是研究、开发用于模拟、延伸和扩展人的智能的理论、方法、技术及应用系统的一门新的技术科学。人工智能是计算机科学的一个分支，包含计算机视觉、机器学习、自然语言处理、图像识别等多个领域。2017 年 7 月 8 日，国务院印发《新一代人工智能发展规划》，要求加强大数据智能理论体系建设，重点突破无监督学习、综合深度推理等难点问题，建立数据驱动、以自然语言理解为核心的认知计算模型，形成从大数据到知识、从知识到决策的能力；建立大数据人工智能开源软件基础平台、终端与云端协同的人工智能云服务平台、新型多元智能传感器件与集成平台、基于人工智能硬件的新产品设计平台、未来网络中的大数据智能化服务平台等；在智能环保领域，发展涵盖大气、水、土壤等环境领域的智能监控大数据平台体系，建成陆海统筹、天地一体、上下协同、信息共享的智能环境监测网络和服务平台。另外，人工智能的研究和应用也离不开大数据的发展，机器深度学习、物体识别、语音识别和自然语言理解等都需要后台大数据库、知识库的强力支撑。

美国国家标准与技术研究院（NIST）将云计算定义为一种按使用量付费的模式，这种模式提供可用的、便捷的、按需的网络访问，进入可配置的计算资源共享池（资源包括网络、服务器、存储、应用软件、服务），这些资源能够被快速提供，只需投入很少的管理工作，或与服务供应商进行很少的交互。环境大数据的巨量特性决定了其处理与分析需要特殊的技术，如大规模并行处理数据库、分布式文件系统和数据库、计算平台、互联网、可扩展的存储系统等。因此，大数据归根结底仍属于计算问题的研究范畴，是云计算的子领域。大数据与云计算关系密不可分，尽管大数据注重数据分析与挖掘，云计算偏向计算机软硬件架构与应用，但云计算的分布式处理、分布式数据库、云存储和虚拟化等技术是大数据高效处理的良好支撑，可为大数据的分析与挖掘提供最佳的技术解决方案。

1.3.2　生态环境大数据与数学

大数据科学与数学关系十分密切，研究大数据需从数据本身出发，必然离不开数学方法的支持。大数据的表示和度量是大数据研究的关键和基础，与之相对应的大数据代数系统、大数据内在数学结构和大数据相似性度量构成大数据数学基础的重要内容。关系代数为关系型计算提供理论依据，然而对于非关系型数据集，需定义由数据集构成的集合上的度量方法和运算，形成一定论域上的数据代数，从而为非关系型数据提供理论支持。大数据本身往往具有非常复杂的内在拓扑、网络等数学结构，高维数据空间因具有一定的约束条件常拥有流形的数据结构，而图像等非结构化数据往往具有低秩的数学性质。针对大数据流形的复杂数学结构和稀疏、低秩的数学性质，设计合理描述的数据结构，构建相应的度量，选取多尺度自适应的基底表示，为构建分析模型、形成反映内在结构参数的分析算法提供理论支撑。相似性是数据挖掘分析任务的核心，而大数据复杂性要求定义空间非刚性结构的相似性度量和超高维、多类型的大数据相似性度量，发展非线性降维方法、核理论以及相应的高效算法和稳定性分析。[2]

大数据数学建模是大数据分析、挖掘、应用的重要手段，因此也需要概率论和数理统计、线性代数、最优化方法等数学基础的支撑，特别是概率论和数理统计中的条件概率、独立性等基本概念、随机变量及其分布、多维随机变量及其分布、方差分析、回归分析、随机过程（特别是 Markov）、参数估计、贝叶斯理论等在大数据建模与挖掘分析中很重要。高维是大数据的典型特征，在高维空间中进行数据模型的构建与分析，需要多维随机变量及其分布方面的数学基础做支撑，而贝叶斯定理更是分类器构建的基础之一。线性代数中的矩阵、转置、秩、向量、特征值与特征向量等在大数据建模、分析中也是常用的技术手段，如以矩阵为基础的各种运算，因为矩阵代表了某种变换或映射，矩阵分解后得到的矩阵就代表了分析对象在新空间中的一些新特征。学习训练是很多分析挖掘模型用于求解最优参数的有效途径，其优化方法通常基于微分和导数，如梯度下降、爬山法、最小二乘法、共轭分布法等。

1.3.3 生态环境大数据与生态环境科学

生态环境科学是一门研究人类社会发展活动与生态环境演化规律之间相互作用关系，寻求人类社会与环境协同演化、持续发展途径与方法的科学。生态环境科学横跨多个学科领域，既包含如物理、化学、生物、地质、地理、资源技术和工程等的自然科学，也涉及资源管理和保护、人口统计学、经济学、政治和伦理学等社会科学。在宏观上，生态环境科学研究人与生态环境之间的相互作用、相互制约的关系，力图发现社会经济发展和环境保护之间协调的规律；在微观上，生态环境科学研究生态环境中的物质在有机体内迁移、转化、蓄积的过程以及其运动规律，对生命的影响和作用机理，尤其是人类活动排放出来的污染物质。

随着智能传感器、移动互联网等先进技术的广泛应用，生态环境领域观测数据量急剧攀升，环境科学研究与保护领域进入大数据时代。因此，生态环境科学既是生态环境大数据的基础，也是生态环境大数据服务的对象，大数据为环境问题的解决提供了一个全新的思维方式和数据基础。从海量而庞杂的数据中发现有重要价值的信息是环境问题解决的关键，除依赖于专门针对大数据的抽取、清洗、融合、同化、分析、挖掘等数学手段外，环境物理、化学过程及时空演变规律也是重要的理论基础。例如，解决大气颗粒物、水体和近岸海域富营养化、土壤重金属污染等突出生态环境问题，需结合相关环境物理化学转化过程与机理，建立典型环境污染问题的归因模型，甄别关键污染物的主要排放源类别，进而融合污染扩散模型、大气传输模型、水生态动力学模型、土壤水动力学模型等环境动力学模型，构建环境污染问题归因溯源智能分析模型，对照生态环境物联网主要排放源的位置信息与排放强度，实现环境污染具体排放源的自动、精准追溯。

1.3.4　生态环境大数据与地理科学

空间位置是环境数据的一个基本属性，随着大数据时代的来临，大量基于位置的智能传感器、移动互联设备、物联网和高清摄像头等迅猛发展，带有定位信息的数据量呈现暴发式增长，因此空间数据是环境大数据分析的主要对象。地理信息系统（GIS）指在计算机硬、软件系统支持下，对整个或部分地球表层空间中的有关地理分布数据进行采集、存储、管理、运算、分析、显示和描述的技术系统。它以地理空间数据库为基础，采用地理模型分析方法，整合多要素、多时相和多区域的基础地理空间数据和生态环境专题数据，实现任意区域任意生态环境信息的可视化查询展示，可为基于空间信息的环境大数据处理、分析、挖掘提供有效工具和软件库。地理空间基础数据（包括基础地图数据、高程数据、大地基准数据、土地利用数据等）也是环境信息分析与显示的基础，对于环境问题的精准定位、时空演变和情景分析至关重要。

遥感是以电磁波与地球表面物质相互作用为基础，探测、分析、研究地球资源与环境，揭示地球表面各要素的空间分布特征与时空变化规律的一门科学技术。遥感科学以地球整体为研究对象，通过数据处理和分析，其数据可以定性、定量地反映地球表层的物理化学过程、生物过程、地学过程。卫星遥感数据以像元为基本观测单元，具有空间连续、时序较长的优势，已广泛应用于资源调查、立体测绘、环境保护、土地监管、气象观测、全球变化等多个领域。随着不同类型的卫星遥感、全球导航卫星系统、航空摄影测量、雷达、飞艇、无人机等各种对地观测技术的发展以及空间分辨率的提高，遥感数据的体量将呈现指数级增长。以我国的高分 2 号卫星为例，其空间分辨率达到亚米级，影像覆盖全国一次的数据量就可达到 65TB。遥感数据在生态环境大数据中占有非常重要的地位，不仅因为其数据量巨大，更是源于其景观观测尺度和空间连续的优势。另外，遥感数据也是很多地理空间基础数据产品的原材料。

1.4 生态环境大数据应用

1.4.1 应用需求

在当前新形势下，生态环境保护面临新的任务，需要重点开发生态环境状况智能感知、生态环境问题精准识别、生态环境演变规律及驱动机制挖掘、环境污染与生态系统受损溯源分析、生态环境管理情景模拟与分析、生态环境状况预测评估、生态环境风险识别与预警、生态环境事故应急决策支持、生态环境保护工作监督与绩效评价等方面的技术与产品，以便更好地支撑生态环境保护各项业务。

（1）生态环境状况智能感知

生态环境监测管理和环境质量、生态状况等生态环境信息发布属于生态环境管理工作的基础性任务需求。包括监测站点设置、网络建设规划与管理，以及指导协调其他部门开展生态环境监测；全国大气、地表水、地下水、海洋、酸雨、噪声等环境质量监测与评估及预警预报和相关环境质量公告、信息发布；地面生态监测、卫星遥感监测、土壤监测、温室气体监测、污染源监测、应急监测与评估和相关环境质量公告、信息发布；监测质量管理、监测分析方法与标准规范拟订、监测数据质量核查、监测机构监管等工作，在新时代生态环境保护的背景下，监测的常态化和动态化的发展需求日益显露。

在生态环境保护工作中，生态环境质量监测、污染源监督性监测、温室气体减排监测、应急监测等一系列监测工作，对生态环境状况智能感知的需求日益凸显。与传统的生态环境质量与污染源监测手段相比，基于物联网与遥感的大数据采集技术具有数据量大、数据类别丰富以及数据更新速度快、周期短等特点，有利于实时监控、长期跟踪，实现生态环境状况的智能感知。基于生态环境大数据平台收集的水、大气、声、固体废物等数据，梳理业务系统，通过大数据“一张图”可实现水、大气环境质量和污染源监测网络可视化，可实时查询对应污染源排污状况及视频信息。基于互联网、物联网等新技术，拓宽数据获取渠道，丰富数据采集方式，提高对大气、水、土壤、生态、核与辐射等多种环境要素及各种污染源全面智能感知和实时监控能力。

（2）生态环境问题精准识别

生态环境问题精准识别有助于环境污染生态破坏源头异常发现、过程问题识别、违法惩戒，是开展生态环境治理与保护的基础和重要前提。通过生态环境问题识别，可以及时摸清大气、水、土壤污染状况，找到环境污染发生的原因，便于有效统筹生态环境主管部门和地方部门之间配合执法与监督，同时也为其他环境生态保护和修复工作建立基础。

当前，我国跨区域、多要素的复合型环境污染问题日渐凸显，并且生态问题往往时间跨度长、涉及部门广、过程复杂、驱动因素众多，因此解决起来难度很大。传统的生态环境问题识别手段费时费力，难以满足新时期环境保护的复杂性、动态性和系统性要求。近年来遥感大数据技术的快速发展为生态环境问题的识别提供了新的技术支持。利用遥感大数据监测地表覆盖环境的变化，可以得到高时空分辨率的结果，有利于环境质量现状和污染源状况的精准判别，提高新形势下环境监管工作的针对性和有效性。例如，建立多源遥感数据驱动的主动环境遥感监测模式，构建中低分辨率遥感巡查、高分辨率遥感详查、无人机及地面核查相协同的“三查”技术体系；深入探索多尺度遥感数据机理，综合应用大数据分析与深度学习方法，主动识别人类干扰活动导致的生态破坏问题。通过利用卫星遥感、无人机和地面传感器等监测技术，建立“天-空-地”立体化监测网络，构建国家生态环境监察应用平台，从被动响应转变为主动服务，实现生态环境质量与污染源现状问题的精准识别，为生态环境监测常态化运行奠定基础。

（3）生态环境演变规律及驱动机制挖掘

当前生态环境污染防治工作任务繁重。地表水与海洋生态环境保护领域包括：拟订和监督实施国家重点流域、饮用水水源地生态环境规划和水功能区划；统筹协调长江经济带治理修复等重点流域生态环境保护；参与指导农业面源水污染防治；监督陆源污染物排海，监督指导入海排污口设置，承担海上排污许可及重点海域排污总量控制；防治海岸和海洋工程建设项目、海洋油气勘探开发和废弃物海洋倾倒对海洋的污染损害等工作。上述工作离不开对生态环境演变规律的深度把控，以及生态环境演变的驱动要素中人类活动和自然因素占比的精准识别。

厘清生态环境质量的多时空尺度演变趋势、识别驱动要素以及驱动机制对于中长期宏观生态环境质量形势研判与管理调控措施制定具有重要的科学支撑作用。传统的生态环境演变规律与驱动机制分析通常基于有限的实地观测数据或者天空遥感数据进行，缺乏对多源与多尺度数据的整合，难以实现对数据背后蕴含规律的深度解析。基于大数据技术获取海量的多尺度、多要素、全过程观测数据，将基于机理模型的多源数据与基于大数据驱动的数据分析进行整合，深度挖掘生态环境与社会经济多要素间关系，解释原本可能因宏观加和被掩盖的个体异质性和时空异质性等特征，将形成对于生态环境演变及成因更为深刻与全面的认知，提供支撑生态环境领域科学研究与政府部门管理决策有价值的知识与信息。

（4）环境污染与生态系统受损溯源分析

通过环境污染与生态系统受损溯源分析，可以有效地支撑饮用水水源地、国家重大工程水生态环境保护和水污染源排放管控工作，支撑入河排污口设置、农业面源水污染防治、陆源污染物排海的管控、入海排污口设置、承担海上排污许可、重点海域排污总量控制工作、大气环境质量标准拟订、大气污染物来源解析、大气环境质量限期达标及考核、有毒有害污染物名录和高污染燃料目录拟订，以及对地方科学划定高污染燃料禁燃区等工作。

环境污染与生态系统受损的溯源分析是环境污染防治以及生态修复与保护工作的基础，是优化决策不可或缺的信息。溯源分析需要识别特征污染物和污染源、污染物迁移转化路径。通过统计数据分析识别污染受体和污染源之间的相关关系，或者通过建立污染溯源模型来模拟污染物的空间扩散过程，从而弄清环境污染和生态系统受损等问题的成因及其贡献，需要大量的数据支撑。传统污染溯源方法对污染源数据和生态环境数据依赖性较强，污染源普查因数据更新慢而导致溯源的滞后性，数据的缺失常常导致溯源路线的中断，严重影响着溯源分析工作的顺利完成。除表征源与受体的直接数据外，大量间接数据也可用于追踪两者之间的关系。大数据技术中的多源数据融合与挖掘技术，可以对与环境污染和生态受损相关的间接变量进行分析，降低对表征源与受体的直接数据的依赖性，从而实现环境污染与生态系统受损溯源分析的目的。

（5）生态环境管控情景模拟与分析

生态环境管控情景模拟为科学化、定量化、动态化制定各项生态环境治理措施提供科学依据。在大气污染防治监管方面，当前的主要工作包括实施生态环境保护目标责任制，拟订生态环境保护年度目标和考核计划，划定大气污染防治重点区域，指导或拟订相关政策、规划、措施，建立重点大气污染物排放清单和有毒有害大气污染物名录。从促进社会经济发展与生态环境保护协同角度出发，量化自然要素与人类排放对大气污染的贡献度，需要生态环境管控情景模拟提供技术支撑。

制定污染源治理与生态环境保护规划和实施方案，需要在评估各类污染治理措施、生态保护与修复措施、重点工程项目情景方案实施效益与预测生态环境质量变化的基础上开展，需要定量模拟生态环境与社会经济多个系统间的复杂耦合关系。传统的生态环境管理情景模拟受到机理模型结构限制，存在情景要素单一、模拟结果不确定性高等问题。利用分布式并行编程和计算框架，结合深度学习和数据挖掘算法，在海量数据处理和分析的基础上建立表征自然要素、管理决策变量与目标变量之间关系的大数据模型，最大限度地挖掘现有多源数据间的关系，能够兼顾具体决策场景的灵活性与决策依据数据的可获取性，支撑现有信息下的最优化决策。

（6）生态环境状况预测评估

加强生态环境预测，增强生态环境质量趋势分析和评估能力，可以支撑全国环境空气质量预报和大气重污染过程预报工作，以及水生态环境质量预报预测及其他预测评估等工作，为生态环境保护决策、管理和执法提供数据支持。

随着数据可获得性提升、数据内容不断丰富、数据量增加，以及机器学习、认知计算等各类技术的蓬勃发展，大数据在助力生态环境预测中大有可为，未来在提高重大生态环境风险预报水平、提高生态环境领域科学决策水平等方面都将发挥巨大作用。挖掘生态环境海量数据背后最大价值，并利用大数据进行生态环境变化趋势预测，是当前生态环境大数据面临的技术难题。利用大数据技术进行数据深入分析，通过数据挖掘、模式识别、机器学习、时间序列分析以及模型预测等，利用模型算法自动发现有用信息，建立模型以预测未来生态环境的发展趋势，实现生态环境管理决策定量化、精细化，生态环境信息服务多样化、专业化和智能化，为我国可持续发展和生态文明建设提供技术保障。

（7）生态环境风险识别与预警

生态环境风险识别与预警工作将有效协助组织拟订重特大突发生态环境事件和生态破坏事件预案，指导协调调查处理工作，支撑大气环境质量保障、预测预警、重污染天气应对，国家重大活动空气质量保障工作，支撑核辐射，海洋突发生态环境事件，地表水、地下水突发水污染事件提前应对以及饮用水水源地生态环境保护等工作。

生态环境风险预警支持对于重大生态环境问题的统筹协调解决和监督管理具有重要意义。通过对可能存在的生态环境风险进行识别，从而进行有效的生态环境风险预警，可以防止重大生态环境问题的发生。当前，我国已经进入环境事件高发期，生态文明建设对环境风险预警提出迫切需求，生态环境风险预警支持需要向常态化发展。融合天空遥感、传统地面监测以及物联网实时监测等多源异构时空大数据，可以进行区域生态环境大数据风险预警。基于大数据分析与挖掘可对潜在生态风险源、风险路径与受体进行识别。通过对观测异常值快速识别，可为突发性生态环境事故进行预警支持，提前判断事故影响范围与严重程度。

（8）生态环境事故应急决策支持

突发性大气污染、水污染、土壤污染、核污染等事件具有不确定性、危害紧急性等特征，在短时间内可能造成严重的环境污染，危及生命和财产安全，造成很大的经济损失与社会影响。若缺乏快速、有效、安全的事故应急决策手段，将可能导致灾难性的后果。在突发性污染事故之后的应急处置，可以有效地避免或减少对人民生命财产安全的损害。

大数据空间分析可为突发性污染事故发生后快速合理调配物资与人力资源提供决策支持信息。在大数据决策支持系统支撑下，运用大数据、云计算等现代信息技术手段，快速搜集和处理突发环境污染事件的海量数据，综合利用环保、交通、水利、海洋、安监、气象等部门的环境风险源、危险化学品及其运输、水文气象等数据，开展大数据统计分析，构建大数据分析模型。根据环境污染分布情况，追踪寻找污染源，第一时间通知执法人员，第一时间处理，为实现监督管理、控制污染提供依据。同时，基于实时监测系统通过邮件、App 等数据推送方式向公众进行污染自动报警，能够帮助人们做好突发污染防护工作，最大限度地降低突发污染事件造成的影响。基于空间地理信息系统的环境应急大数据应用，可提升应急指挥、处置决策等能力。

（9）生态环境保护工作监督与绩效评价

生态环境监督执法是生态环境保护工作闭环中的关键环节之一。主要工作包括监督生态环境政策、规划、法规、标准的执行，组织拟订重特大突发生态环境事件和生态破坏事件的应急预案，指导协调调查处理工作，协调解决有关跨区域环境污染纠纷，组织开展全国生态环境保护执法检查活动，查处重大生态环境违法问题，指导全国生态环境综合执法队伍建设和业务工作。开展生态环境工作绩效评价对于客观评价以往工作成绩与经验教训，优化未来工作方向、重点工程任务布局具有重要作用。

通过大数据分析技术可对上报数据进行审核，识别错误数据与异常情况，为生态环境保护数据可靠性监督与监管提供支持。基于多源遥感数据和大数据分析技术，可以及时且高效识别区域内违章建筑，提高环保督查工作效率。对生态环境保护工程项目建设和后期营运情况进行绩效评价，对于加强监督监管与提升生态环境保护领域固定资产投资效益具有重要作用。构建生态环境保护工程项目大数据集，基于以往项目数据建立绩效评价阈值标准，可实现更加精确的环境绩效评价，从而实现有限资源有效分配和效益最大化，提高生态环境部门决策的科学性和资金使用效益。

1.4.2 应用方向

（1）基于大数据的生态环境质量监测与异常识别

建立空天地一体化、多要素多尺度的生态系统状况与环境质量智能监测体系。基于高分遥感技术，对大区域尺度的植被覆盖、水域萎缩、河道断流等生态环境问题开展连续性监测。基于无人机、无人船和物联网实地观测的自动化监测技术，全天候监测小区域尺度的环境质量。基于 5G 网络技术，建设“天地一体化”生态环境监测网络平台，形成快速数据传输能力，提升监测监控的时效性。

基于海量监测数据分析，识别生态环境异常状况，主动发现生态破坏与环境污染问题。通过大数据技术的数据抽取、数据清洗、数据融合和数据同化等技术，从多源、复杂、非结构化的生态环境监测数据中，迅速提炼总结出有价值的异常信息。在时间维度，分析环境要素短时段内的不同趋势变化和长时段内的周期性变化特征，进而检测偏离历史规律的异常现象。在空间维度，对污染过程中的不同污染物观测数据间的关联性进行分析，挖掘不同污染物迁移转化过程在空间上的相似性与差异性，检测潜在的环境质量异常问题。基于大数据可视化技术，即时将监测数据和分析结果生成简单明了的可视化信息，方便管理者直观地发现问题，进行异常状况识别，从而迅速做出相应的科学决策。

（2）基于大数据的生态环境质量预测与风险预警

基于云计算、机器学习和人工智能等技术，建立数据驱动的环境质量和生态系统状况预测方法体系，与机理模型进行耦合构建短期与中长期预报系统。对于短期预报，建立基于数据同化技术的多模融合预测方法提升预测精度。对于中长期预报，在对生态环境状况历史数据挖掘的基础上构建深度学习模型，基于生态环境大数据综合分析，构建发展情景库，预测不同社会经济发展活动对自然生态系统和环境质量所造成的中长期影响及其时空分布规律。

基于生态环境状况预测未来可能发生的生态系统受损或环境质量大幅恶化事件并进行智能预警。利用大数据挖掘技术从海量、分散、动态的生态环境大数据中提取生态环境状况突变点，通过多源大数据综合分析建立生态环境状况基准，形成生态系统受损或环境质量大幅恶化事件发生的经验阈值库，进而建立预警技术方法体系。在生态环境状况模拟基础上，利用预警技术方法对生态系统受损或环境质量大幅恶化事件做出预警。支撑生态环境风险提前发布、应急预案制定，提升生态环境质量科学预警水平，实现对重点区域、流域和城市空气、地表水环境质量大幅恶化与生态系统受损的智能预警。

（3）基于大数据的污染源在线自动监控与分析

基于历史生态环境大数据分析，探索污染源状态表征间接数据指标，创新污染源状态数据采集方式，分类分级建立污染源在线自动监控体系。集成物联网（传感器）、卫星遥感、移动互联设备、视频监控等数据，提高对各类污染源全面感知和实时监控能力。建立污染源自动监控大数据平台，及时传输监控数据，基于大数据可视化技术实现污染源监测网络“一张图”，实时捕捉对应污染源排污状况及视频信息，提高对点源、面源、移动源状况的智能感知和动态监测。

对所形成的污染源大数据集进行深度挖掘，辅助污染源动态监管与区域污染总量负荷削减分配等污染源管理工作。基于海量污染源排放历史数据分析，建立不同行业、不同工业水平下污染物排放特征图谱，为客观评价企业排污水平提供科学依据。通过污染源排放负荷监测数据、污染源视频监测数据与企业生产运行数据的关联动态分析，对企业排污情况进行准确监控，对可能的违法排污情况进行有效取证。结合区域污染源与排污负荷空间分布、社会经济发展状况、各企业工艺水平、水资源及能源消耗状况与经济效益等信息构建企业“排污画像”，服务于排污许可证审查与决定、区域污染负荷削减量分配等管理工作。

（4）基于大数据的生态环境问题溯源与分析

利用大数据时间序列与空间分析技术检测区域或流域污染物时空变化特征。通过趋势检验和聚类分析等挖掘算法识别影响流域或区域环境要素变化的主要污染指标，并通过污染源空间分布与排污通量过程分析，揭示流域污染源排污特征，构建区域污染物特征图谱。利用交叉相关和关联规则算法对流域频繁出现的高相关性水质指标进行捕捉，结合流域污染源排污特征与区域污染物特征图谱，探索建立大数据驱动的污染物溯源模型。

充分挖掘各生态环境质量监测点数据间隐藏的时间和空间关联，确定长时间序列区域间的污染传输关联强度与传输区域贡献度，从而确定污染传输路径，通过快速分析得到潜在污染源分布；根据环境要素复合污染物间的关联以及污染传输动力学条件对污染物浓度的影响，预测污染物时空演变规律。利用大数据关联分析方法与预测模型，强化环境问题分析、污染类型识别、排放量动态估算等智能化功能，有效提升污染物溯源效率和精度；通过构建集环境数据管理、环境数据服务、环境数据监控、工业源档案一站式查阅等功能于一体的污染源信息大数据平台，全面提升污染治理水平。

（5）基于大数据的生态环境政策法规与规划制定

梳理宏观生态环境保护政策法规与规划计划过程中的决策需求，构建生态环境管理宏观决策场景，清晰地定义出大数据技术所需解决的决策问题。建立包含各级行政区划、自然地理分区与生态环境要素特征相结合的宏观与中观空间分析单元。以空间单元为基础，建立包含生态环境、自然资源、社会经济与基础地理的大数据集，为支持应用场景决策提供坚实数据基础。

将以往生态环境治理规划计划与工程项目措施及其实施成效与经验教训形成案例大数据集，采用关联分析与聚类分析等大数据分析方法，总结和提炼以往生态环境保护工作中的实践经验，为后续工作提供经验传承、规避治理风险等指导作用。通过生态环境、自然要素与人类活动长时间序列历史数据时空演变规律检测和高维数据关联分析，厘清环境污染和生态破坏成因，为污染治理和生态修复宏观决策提供支持。通过对决策区域内污染源所处地理位置、排污水平、工艺水平、经济效益与行业特征等数据开展聚类分析，为污染源分级分类管控与排污总量控制宏观决策提供支持。通过多区域、多层级间生态环境治理相关数据深度挖掘，揭示与区域间关联关系相关的、隐含的、先前未知并有潜在价值的信息，为跨区域生态环境协同治理宏观决策提供支持。

（6）基于大数据的生态环境影响评价

以生态环境大数据技术推动“三线一单”（生态保护红线、环境质量底线、资源利用上线和生态环境准入清单）编制的原始数据、过程数据与成果数据集成、共享与业务化应用。针对未来“三线一单”动态更新工作，建立上传数据清洗工具包，基于大数据统计方法或简单规则库对数据一致性和合理性进行检测，发现并纠正数据中的错误，处理无效值与缺失值。研发空间冲突分析、项目准入分析、项目选址分析等智能分析方法，为项目与规划环境影响评价提供决策支持。

结合专家知识、数据库技术以及人工智能技术，充分挖掘已有“三线一单”数据成果，构建“三线一单”知识库，形成客观性与科学性高的区域开发的空间框架与管控规则。从生态红线、环境质量、总量控制、资源利用、人居安全以及区域产业结构优化等角度建立建设项目选址、规模、排污合理性的大数据可视化评估与准入性定量打分技术方法，服务于项目环境影响评价。实现《规划环境影响评价条例》中需进行环境影响评价的各类综合性规划与专项规划中规划要素空间布局、发展规模以及建设任务的非结构信息向结构化空间数据的转化，建立规划任务与“三线一单”确定的红线、底线、上线的空间匹配性与发展总量及强度适宜性综合评估方法技术，优化规划产业定位、发展规模和功能布局。

（7）基于大数据的生态环境事故应急处置

整理挖掘历史数据，建立重大风险源基础信息数据库，摸清生态环境风险源底数。通过互联网、物联网对重大风险源进行精确标识和动态监控，构建风险企业全息档案和全维度画像。通过对重大危险源监测大数据与环境监测大数据的关联分析，识别两者之间的潜在耦合规律，实现对重大风险源的智慧化排查。基于大数据分析提升应急处置的能力。对能源、矿山、危险化学品等高风险行业企业采集风险隐患感知数据，建立涵盖预案链、事故案例、资源需求、储备库等信息的面向各类事故灾害的辅助决策知识模型。

建设基于空间分析的突发性生态环境污染事故应急人员与物资需求调配优化算法，运用大数据分析提升应急响应的效率。运用空间路径优化技术，开展物资储备大数据和资源需求大数据的关联分析，提升指挥与协调的精度；通过对预警信息扩散机制的大数据分析，提升信息发布的效率等，有效开展公众避险及疏散。运用大数据可视化技术实时自动生成报表，实现应急领域垂直搜索和灾害事故等特定事件实时搜索，数据快速查询和图像展示，为突发事件救援指挥提供决策辅助，提升应急指挥、处置决策等能力。

（8）基于大数据的碳源-汇分析与碳排放监管

集成遥感卫星反演技术、智能传感器技术与网络信息抓取技术，获取温室气体与气象条件的实时监测数据以及与之相关的非结构化数据；融合气象、水利、自然资源、农业农村、林草、交通、发展改革与工信等不同行业部门数据，构建全口径碳排放大数据集；利用大数据空间聚类与分析技术，对重点排放行业与企业碳排放情况进行动态监控，实现对碳排放异常点的快速识别；基于地理网格生成碳排放热点分布图，实现对于区域碳排放状况的宏观研判。

建立全数字化的碳排放大数据平台，集成各行业与企业能源消耗与碳交易数据，并与工业互联网、碳排放监测数据进行关联分析，从多个独立数据源对各行业与企业的碳排放情况进行校核，准确评估碳排放量与排放强度。将企业碳排放与污染物排放数据进行关联分析，评估企业提升减污降碳协同效益的潜力。基于人工智能多目标寻优技术，耦合空气质量模型与重点行业碳排放估算模型，通过对空气质量提升与降低碳排放量双目标寻优，科学确定区域污染物削减与降碳措施方案。

（9）基于大数据的生态环境保护绩效动态评估

整合农业农村、生态环境、水利、发展改革、统计等部门的专业数据，对自然资源资产和生态环境质量状况开展关联分析，开展多部门数据交叉校核，进而建立各级行政区自然资源资产和生态环境保护领导责任离任审计大数据综合评价方法。基于生态环保财政资金工程项目实施全过程管理大数据，建立项目实施生态环境、社会经济效益综合评估方法，基于同类型项目实施状况横向对比分析，对项目实施绩效进行全面评估，进而提升生态环保财政资金使用效益。

对森林、草原、湿地、水源地等重点生态功能区生态价值进行智慧化评估，开展生态补偿的补偿主体、补偿方式、资金来源、资金匹配、监管方式等的关联分析，研究制定符合当地实际的生态补偿计算方法和补偿标准。通过大数据测算生态服务功能增量，评估生态补偿资金使用效益，从而加强生态补偿与生态保护修复的有机结合，有效促进生态服务价值稳定提升。

（10）基于大数据的生态环境监督执法

融合各行业部门大数据，拓宽生态环境监察执法数据来源，通过多源异构数据关联分析，能够对企业污染排放、能耗、水耗与财务数据进行综合比对分析，实现对企业排污异常主动识别与执法调查取证。全面归集生态环境监管数据和公共信用评价大数据，建立企业生态环境守法信用评价指标体系，通过聚类分析合理划分企业生态环境信用等级，实现对企业环保状况的“精准画像”，进而建立分级分类的企业监管体系。在企业排污许可证审核等环保业务审核过程中，嵌入企业环境信用信息调用和信用状况审核环节，对环境信用失信企业的约束和惩戒，同时对信用状况良好的予以优先支持。

利用大数据处理技术整合信访投诉、社交网络平台等多源异构环保举报数据，分析举报时序特征、空间分布、举报类型、行业来源等特点，筛选识别重大、高频举报问题。基于网络信息抓取与聚类分析技术，拓宽舆情来源并优化举报事件分类，协助有关部门主动回应群众热点诉求，动态生成和调整环保举报管理进程，实现对公众生态环境诉求的有效及时响应。

1.5 生态环境大数据技术体系

数据采集技术是大数据应用的重要基础，主要包括卫星遥感、传感器、射频识别、互联网和移动平台、物联网、网络抓取等。数据处理技术主要是对已经采集到的数据进行处理、清洗去噪和校核，一般通过聚类或关联分析，结合实际观测数据的校核验证，将无用或错误的离群数据过滤掉；构建并行、高效的大数据管理系统，如分布式文件系统 GFS、分布式数据库 BigTable，实现对海量数据的统一管理、检索、调用和互联共享。大数据分析技术一般包括机器学习、深度学习、关联分析、统计分析和系统建模等，当前以 Hadoop、MapReduce 等技术平台为代表的云计算平台成为大数据分析的基础平台，推动大数据技术应用进入以分析即服务为主要标志的 Cloud 2.0 时代。大数据表征技术主要是大数据的可视化呈现，包括常规可视化技术、虚拟现实、城市信息模型 CIM、建筑信息模型 BIM 等。

生态环境大数据的应用需求与关键技术支撑如图 1-1 所示。

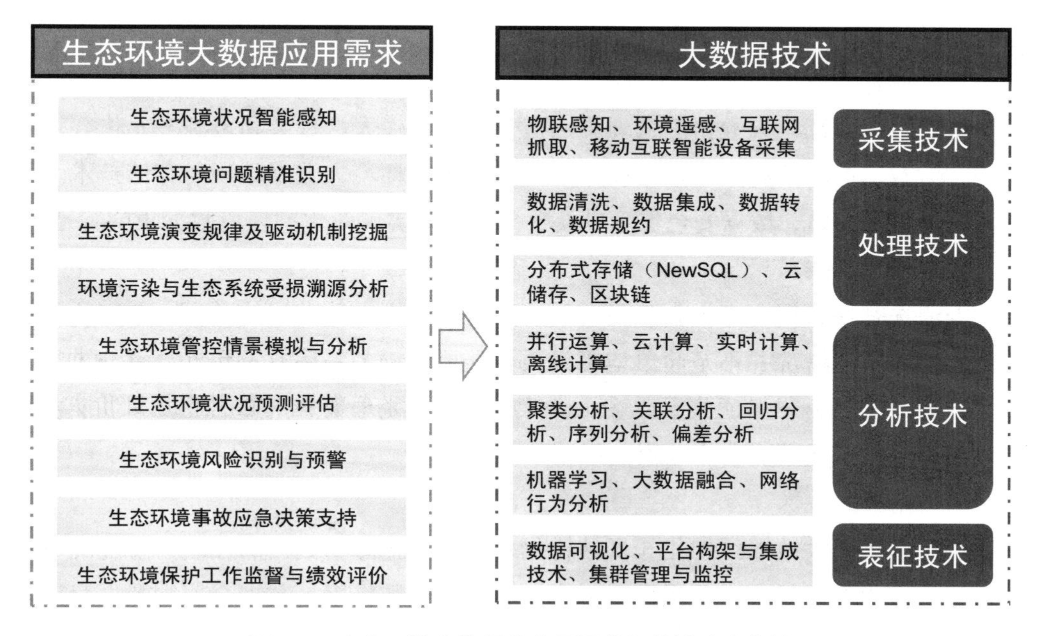

图 1-1　生态环境大数据的应用需求与关键技术支撑

1.5.1　采集技术

生态环境大数据采集技术主要包括卫星遥感、物联感知、互联网、移动平台和互联网抓取等。其中，物联感知技术、卫星遥感技术和互联网抓取技术需要重点关注。

（1）物联感知技术

在数据采集技术中，物联感知技术通过感知设备，按照约定协议，连接观测对象和信息系统。物联网技术以计算机网络信息技术为载体，通过信息感知技术和信息交互技术实现物体与物体、物体与人之间的信息交流。

（2）卫星遥感技术

环境遥感大数据作为新时代生态环境保护工作的重要手段，在国家生态环境治理体系和治理能力现代化建设中发挥出越来越重要的作用。环境遥感技术可实现对多种观测手段的环境监测数据、污染源数据、环境统计数据、排污申报数据、生态调查数据准确性进行独立、客观核查，使孤立、片面的“水-气-生-土-固废”等多种环境要素有机关联，比单一遥感数据含有更全面、更丰富的时空环境信息，更能反映环境对象的本质特征。

（3）互联网抓取技术

互联网生态环境数据抓取采集主要通过网络爬虫或网站公开 API 等方式从网站上获取生态环境数据信息。可结合语义分析、关联推理、机器学习等模型技术，辅以人工修订，形成类似生态环境热点问题解读、环境政策社会影响等。

1.5.2 处理技术

与传统数据相比，大数据的管理难点在于存储规模大、种类和来源多元化、存储管理复杂、对数据服务的种类和水平要求高。基于生态环境大数据处理与存储技术，通过数据清洗、数据存储、数据安全保障以及数据标准化实现对生态环境数据集的管理。

（1）数据清洗技术

数据清洗是在数据仓库中去除冗余、清除错误和不一致数据的过程，并需要解决元组重复问题。数据清洗并不是简单地用优质数据更新记录，还涉及数据分解与重组。生态环境数据清洗是为了保证数据质量、可信度及后续处理数据挖掘的速度和性能，将数据转化为满足数据质量要求的过程。

（2）数据存储技术

针对生态环境大数据结构化、半结构化、非结构化海量数据的存储与管理的不足，需要加强分布式文件系统、关系型数据库、非关系型数据库、数据仓库等数据存储与管理方式在生态环境大数据存储中的应用，以满足对主数据、元数据、过程数据、结果数据、日志等业务数据存储的高可靠性、高可用性、高存取效率、易于扩展、持续可用、经济、安全的巨大需求，为长时序、大范围生态环境信息的数据挖掘及其在水、土、气、生等领域专题应用提供全生命周期的数据存储媒介与技术保障。

（3）数据同化技术

数据同化技术是指结合观测和理论模型的数值结果，推导出更真实、更准确的数据。在生态环境的长时序大范围监测、模拟与预测的过程中，单一数据源和模型往往无法对生态环境进行高精度、全方位、不间断的监测，需要在考虑数据时空分布以及观测场和背景场误差的基础上，将新的观测数据融合进数值模型的动态运行过程中，实现数据同化。

1.5.3　分析技术

生态环境大数据分析技术融合了人工智能、机器学习、统计学方法等多个领域知识与技术，既能发现数据之间的规律性，也能检测出离群数据，从而为生态环境保护与管理工作提供决策支持。当前，数据分析技术主要分为 3 类：①统计分析类。数据分析过程运用的统计方法有回归分析、判别分析、聚类分析、关联分析等。这些统计功能大部分已经集成到常用的数据分析软件中，结合软件提供的图表功能，用户能在若干维度下挖掘并展示数据之间的关系。②智能分析类。智能分析是利用计算机根据算法进行数据挖掘的过程。常用的智能分析算法有支持向量机、朴素贝叶斯、K 近邻和决策树等传统机器学习算法以及卷积神经网络、递归神经网络和循环神经网络等深度学习算法。③数据分析网络平台类。随着互联网技术的发展，越来越多的数据存储在云端，为数据分析网络平台的发展提供了机遇。

1.5.4　表征技术

在生态环境大数据表征方面用到的关键技术主要有可视化技术、虚拟现实（VR）技术、城市信息模型（CIM）等，针对此 3 项技术进行重点分析。

（1）可视化技术

可视化技术可以将原始数据转变成易于理解的文字、图表或图像形式，为用户提供直观的数据展示与分析。生态环境大数据可视化形式主要包括文本可视化、生态环境要素关系网络可视化、时空数据可视化和多维数据可视化。实现生态环境大数据可视化及人机交互，可实时展示区域大气、水、生态污染的状况和变化，让生态环境监管和环境评估体系可视化、智能化，不仅可以为政府决策提供理论和技术支撑，也为社会公众提供清晰、准确的生态环境信息。

传统的可视化技术，如 NodeXL、ECharts、PowerBI，主要对结构化数据的可视化展示。非结构化数据，如社交网站和自媒体数据、传感器记录、电子商务数据等，通常采用数据挖掘方法分析内在模式，并抽取结构化信息，进而进行可视化显示。典型的非结构化数据有文本数据、日志数据、时间戳等。然而，目前大数据可视化技术的趋势是异构数据可视化，并且对文本数据、时空数据、多维数据、网络图数据等异构数据的可视化展示要求越来越高。异构数据通常可采用网络结构进行表达，即从异构网络提炼出本体拓扑结构。以拓扑结构作为可视分析的辅助导航，可以选择特定类别的节点和连接加入到可视化视图中，达到过滤的效果。异构数据整合和可视化的代表性软件有 Palantir 的 Gotham 模块和 IBM i2 软件。Palantir 的核心要素是采用本体论建立万事万物的关联，对应用领域相关的事务进行基于本体的建模、操作、管理、关联、分析、推理和可视化。

（2）虚拟现实（VR）技术

VR 技术对于生态环境大数据的表征具有非常大的潜力，在生态环境保护领域具有广阔的应用前景，为宏观决策和微观管理提供快速、系统、准确的信息和技术支持。

VR 技术是仿真技术的一个重要方向，是仿真技术与计算机图形学、人机接口技术、多媒体技术、传感技术、网络技术等多种技术的集合，是一门富有挑战性的交叉技术前沿学科和研究领域。VR 技术主要包括模拟环境、感知、自然技能和传感设备等方面。模拟环境是由计算机生成的实时动态三维立体逼真图像。感知是指理想的 VR 应该具有一切人所具有的感知。除计算机图形技术所生成的视觉感知外，还有听觉、触觉、力觉、运动等感知，甚至还包括嗅觉和味觉等，也称多感知。自然技能是指人的头部转动，眼睛眨动、手势或其他人体行为动作，由计算机来处理与参与者的动作相适应的数据，对用户的输入做出实时响应，并分别反馈到用户。传感设备是指三维交互设备。对于生态环境管理，通过电脑输入污染物种类、排放浓度、排放量等因子，利用虚拟现实网络技术描绘出未来真实生动的图景。例如，对于一些不易体现的生态环境危害，可根据虚拟空间时间的推移累积结果而产生的切换图像、过程的叠积演化，反映生态环境变化的经历和危害程度。通过虚拟网络技术形象生动地反映生态环境质量变化状况，为现实生态环境危害的消除提供借鉴。

（3）城市信息模型（CIM）

三维仿真模型对生态环境大数据的全局立体表征具有重要的价值，主要包含三维地理信息系统（3D GIS）、建筑信息模型（BIM）和 CIM 等。基于 BIM 和 GIS 技术的融合，CIM 将数据颗粒度精确到城市建筑物内部的单个模块，将静态的传统数字城市增强为可感知的、实时动态的、虚实交互的智慧城市，为城市生态环境综合管理和精细治理提供了重要的数据支撑。基于海量大数据，CIM 通过 BIM、3D GIS、大数据、云计算、物联网（IoT）、智能化等先进数字技术，同步形成与实体城市“孪生”的数字城市，通过空间内数据分析、生态环境模拟诊断，为绿色生态城区发展提供更加可视化、可感知的优化方案，实现城市生态环境管理的全过程、全要素、全方位的数字化、在线化和智能化。

参考文献

[1] 汪先锋. 生态环境大数据[M]. 北京：中国环境出版集团，2020.

[2] 朱扬勇，熊赟. 数据学[M]. 上海：复旦大学出版社，2009.

第2章

生态环境大数据采集与存储

2.1 生态环境大数据采集

2.1.1 数据采集概念、数据类型及常用技术

数据采集，又称数据获取，是指利用传感器、遥感等技术自动或半自动地获取待测目标信息的过程。数据采集是建立生态环境大数据的重要环节，也是大数据分析的前提。

2.1.1.1 数据类型

生态环境大数据涵盖了多种类型的信息，从污染源排放、环境质量、生态状况等实时或历史监测信息，到社会、经济、地理、档案、多媒体等相关信息。生态环境大数据按数据格式可以分为数字、文本、图片、影像、声音、视频等类型；从状态上，又可以分为静态数据和动态数据。本书根据数据来源的不同，将生态环境数据分为地面监测数据、卫星遥感数据、地理信息数据、社会统计数据、互联网数据等。生态环境大数据类型见表2-1。

表2-1 生态环境大数据类型

分类	采集来源	主要内容
地面监测数据	环境监测系统	气象、水文、水质、土壤、噪声、生物等
卫星遥感数据	卫星、航空遥感	地形指数、植被指数、裸土指数、湿度指数、地表温度等
地理信息数据	遥感、人工踏勘、摄影测量	地形地貌、交通运输、行政边界、土地类型等
社会统计数据	各政府部门	人口、经济、土地、农业、林业、工业、能源等
互联网数据	互联网、物联网	各环境网站、手机应用、论坛等

（1）地面监测数据

通过地面生态环境监测系统采集获得，包括陆地指标和水文指标两大类。陆地指标包括气象、水文、土壤、植物、动物、微生物等，水文指标包括水文、气象、水质、底质、浮游生物、底栖生物、微生物等。

（2）卫星遥感数据

通过卫星遥感技术观测得到的地表和大气数据，具有覆盖范围广、更新频率高、数据量大的特点。不同的卫星遥感数据在时间、空间、光谱等分辨率方面具有一定差异。根据遥感数据的应用领域可以分为陆地产品、海洋产品和大气产品等，如土地利用、土地覆被、植被指数、地表温度、海表温度、海冰、云、气溶胶等。

（3）地理信息数据

通过遥感采集、地图数字化、现场踏勘和摄影测量等手段采集获得，包括地形地貌、土地类型、土地覆被、水文土壤、交通运输、行政边界等信息，反映地理空间的特征和分布。

（4）社会统计数据

由政府或企业发布的社会统计数据，包括人口数据、经济数据、污染源普查数据、土壤详查数据、农业数据、林业数据、工业数据、能源数据等，反映社会经济活动对生态环境的影响和相互关联。

（5）互联网数据

互联网数据是指互联网提供的环境相关网络数据，主要包括相关政府部门（如生态环境部、水利部、国家统计局等），与环境相关的媒体网站和科技期刊网站（如中国环境报社、中国气候变化信息网、卫星环境应用中心等），其他发布内容多样化的公共媒体（如微信、微博等）发布的环境监测数据。

生态环境大数据按数据形式可以分为结构化数据、半结构化数据和非结构化数据 3 种。

（1）结构化数据

结构化数据具有明确的、预定义的数据模型，是遵循一致顺序的数据，例如关系型数据库（如 Oracle、SQL Server、DB2、MySQL 等）中的数据。结构化数据的特点是数据含义、数据类型和数据顺序都是固定和清晰的，便于查询和修改。

（2）半结构化数据

半结构化数据指介于结构化数据和非结构化数据之间，具有一定的结构化特征，但不完全符合结构化特征的数据，如日志文件、XML 文档、JSON 文档等。半结构化数据的特点是数据中包含了对数据结构的描述信息，如数据含义、数据类型等信息，但数据结构和数据内容往往融合在一起，没有明显的区分。这类数据一般都以纯文本的形式输出，管理维护也较为方便，但在使用前应先对这些数据格式进行相应的解析。

（3）非结构化数据

非结构化数据指没有预定义的数据模型，数据结构不规则或不完整的数据，如文档、图片、视频等。非结构化数据的特点是数据含义、数据类型和数据顺序都是不确定和模糊的，需要用算法或人工去解析和理解。这类数据不易收集和管理，也无法直接查询和分析，所以对这类数据需要使用针对性的处理方式。

2.1.1.2　数据采集常用技术

生态环境数据常用的采集技术主要包括卫星遥感技术、物联感知技术、网络爬虫技术等。

（1）卫星遥感技术

遥感即遥远的感知。遥感技术是利用遥感器从空中来探测地面物体性质，根据不同物体光谱响应原理获取地物信息。以 1961 年美国召开的“环境遥感国际讨论会”为标志，遥感作为一门新兴科学在世界范围内飞速发展。在发达国家已经实现了大气环境、水环境、土壤环境、陆地生态环境等方面的动态遥感监测，并积累了海量数据。常用的卫星遥感数据包括 Landsat（图 2-1）、哨兵（Sentinel，图 2-2）等。卫星通过接收大气或地表信号的反射光获取大气或地表的光谱数据，卫星工作原理如图 2-3 所示。

Landsat 1～3

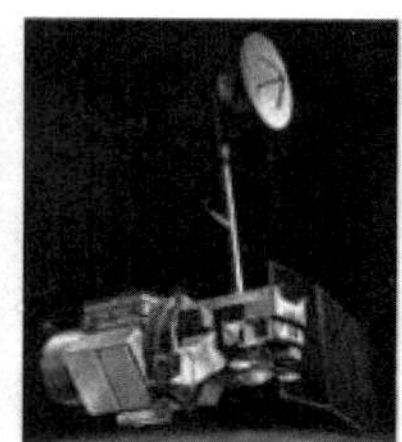

Landsat 4～5

Landsat 7

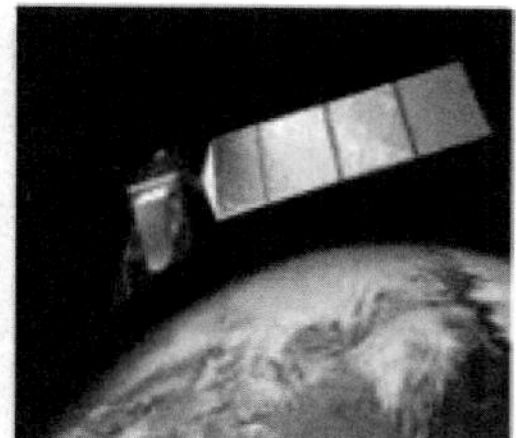

Landsat 8

图 2-1　用于生态环境监测的 Landsat 系列

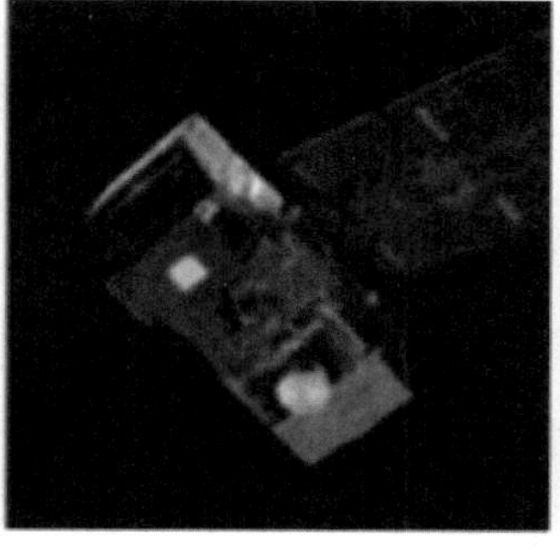

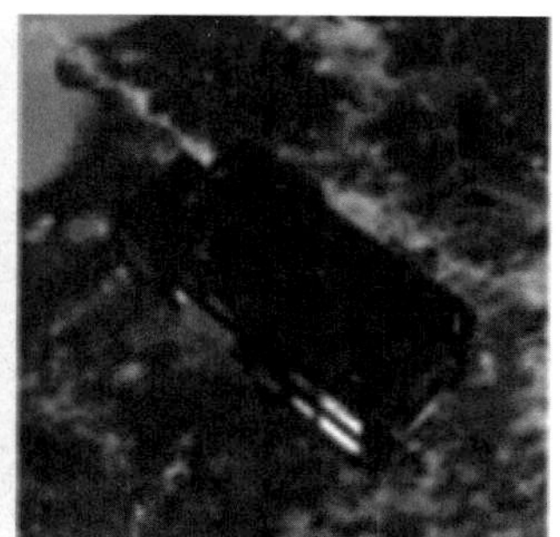

图 2-2　用于生态环境监测的哨兵系列

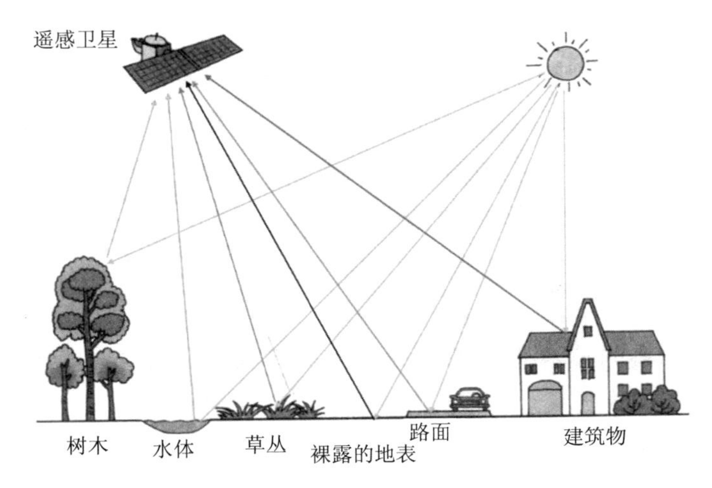

图 2-3　卫星工作原理

随着航空航天和传感器技术的逐渐提升，我国环境遥感监测在应用领域、监测精度和时效性方面都得到大幅提升，基于国产卫星逐步建立了多源遥感数据的生态环境遥感监测技术体系。近 20 年来，我国环境监测在生物-物理参数遥感反演、生态系统遥感自动分类、生态质量评价因子遥感信息提取、生态系统遥感评估等关键技术领域实现突破。然而，当前我国卫星遥感还处在快速发展时期，在遥感数据处理和应用方面还面临较多难题。例如，在遥感数据处理方面，遥感产品真实性检验技术、高精度几何校正、辐射校正、大气校正等遥感数据质量的关键处理环境还需要改进，在土壤污染反演、颗粒物反演、城市黑臭水体监测等遥感产品精度上还需进一步提升，高光谱数据快速处理、雷达数据快速处理、多尺度影像处理、天地一体化数据同化和信息协同处理技术、多源生态环境数据同化、异构环境数据协同建模、星地环境数据融合与挖掘等系列关键技术还需要继续完善。

遥感技术可对环境监测数据、污染源数据、环境统计数据、排污申报数据、生态调查等数据的准确性进行客观核查，使孤立、片面的“水-气-土-生态-固废”等多种环境要素有机关联，比单一遥感数据含有更全面、更丰富的时空环境信息，更能反映环境对象的本质特征。透过海量遥感数据的表象，从中学习不同层次的复杂环境特征、挖掘各种隐藏的环境知识、发现不同生态环境要素的内在关联。在生态环境质量监测领域，环境遥感技术推动了监测手段的全面升级。这一技术的应用使得监测不再局限于点的采集，而是实现了从局部到整体、从手动到自动、从静态到动态的全面变革。随着环境遥感监测数据分析、加工和利用成果的不断增加，相关信息产品也在不断丰富。在生态监管方面，环境遥感大数据为生态系统的综合评估提供了更为精准的定量手段。这种技术的广泛应用使得对生态系统格局与服务功能等方面的评估不再仅限于定性的描述，而更加趋向于定量化。同时，这也促进了自然保护区、生物多样性优先保护区、重要生态功能区等监管方式从被动到主动的演变。在污染防治攻坚战方面，环境遥感大数据逐渐渗透到污染排放的各个环节。它应用于排放预测预警、排放特征分析与溯源、排放源网格化监管等相关工作，显著提升了这些领域的自动化、精细化和科学化水平。这一技术的引入为相关工作的提升提供了有力支撑。在环境应急方面，气象水文和不同污染要素的遥感大数据的融入，明显提升了突发事件的模拟推演和环境应急保障的能力。这为更加及时、准确地应对突发环境事件提供了重要支持。

近年来，环境监测卫星技术的高性能发展呈现令人瞩目的进步。这些卫星具备高空间分辨率、高光谱分辨率、高时间分辨率，实现全天候、全天时、全谱段的环境遥感监测。这一技术进步不仅提升了监测数据的全面性和准确性，同时通过大数据技术的运用，我们能够深入挖掘生态环境要素光谱知识库，从而在环境遥感监测方面取得更为显著的成果。这种集成化、定量化、智能化、业务化的趋势为环境遥感监测带来了更多机遇，也带动了监测工作向着更加综合和智能化的方向迈进。

（2）物联感知技术

在数据采集技术中，物联感知技术通过感知设备，按照约定协议，连接观测对象和信息系统。物联感知技术的构成如图 2-4 所示。物联网技术以计算机网络信息技术为载体，通过信息感知技术和信息交互技术实现物体与物体、物体与人之间的信息交流。物联感知技术在生态环境领域应用越来越广泛，现阶段主要应用于污染源自动监控、环境质量在线监测和环境卫星遥感等方面。其中，污染源自动监控是在重要污染物排放企业安装自动监控设备。环境质量在线监测主要包括空气质量自动监测、水质重点监测、环境噪

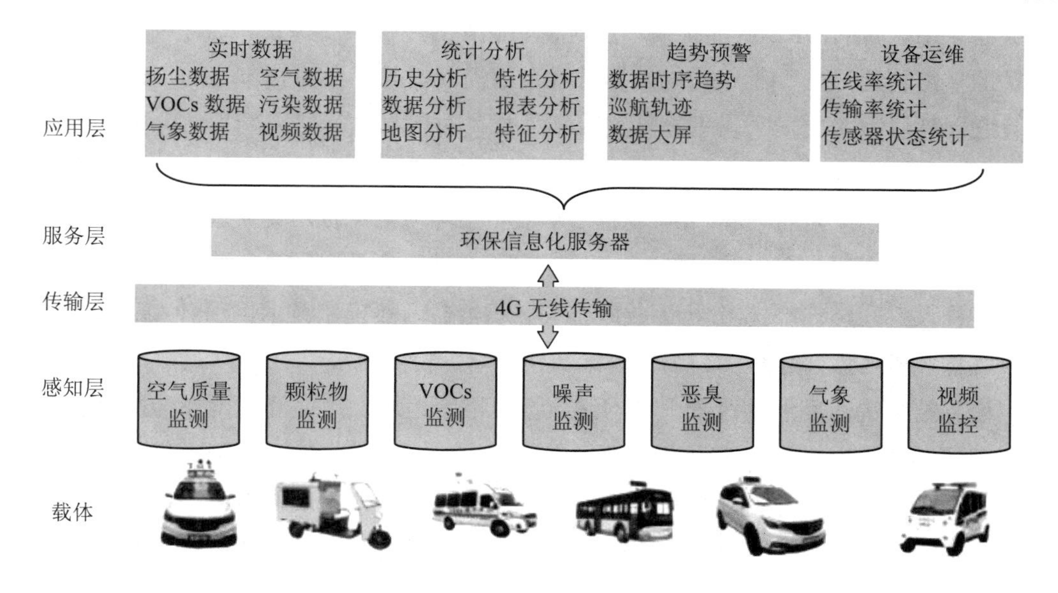

图 2-4　物联感知技术构成

声的自动监测等。物联网技术在生态环境领域的新应用不断呈现。以水生态环境监测中的应用为例，感知层主要实现对水生态环境监测设备数据的实时采集，传输层主要通过传输网络进行采集数据的传输，最终服务于应用层的各项水生态环境管理业务，提升水生态环境监测决策的智能化水平。

2009 年，环境保护部启动了山东、成都、无锡等生态环境物联网示范工程，批准建设国家环境保护物联网技术研究应用（无锡）工程技术中心，并组织建成了全时感知环境变化、全域保护绿水青山的无锡生态环境物联网项目。将物联网在污染源监控领域的应用拓展到水、气、土、生态、固废等全生态环境要素的监管，建成了管理数据化、数据资源化、资源智慧化的新型生态环境监测监控物联网体系。5G 等通信技术进入商用时代，进一步推动了物联网感知、传输和处理技术在生态环境领域取得全面突破，生态环境物联网步入全面感知、全面互联、全面服务的规模应用成熟发展阶段。推动构建天地一体、天人合一的生态体系，助力生态环境治理模式由被动治污向主动预防、粗放控制向精细管理、政府监督向全民参与转变，助力环境治理形式从“中心架构”向“扁平架构”转变，环保管理角色从“被动监督”向“主动公开”转变，环境治理主体从“单一主体”向“多元主体”转变，彻底改变环境监测和治理模式。

（3）网络爬虫技术

互联网生态环境数据抓取技术主要通过网络爬虫或网站公开 API 等方式从网站上获取生态环境数据信息。网络爬虫技术的基本原理如图 2-5 所示，即从一个或若干初始网页的网页地址（URL）开始，获得各个网页上的内容，并且在抓取网页的过程中，不断从当前页面上抽取新的 URL 放入队列，直到满足设置的停止条件为止。这样可将与生态环境相关的非结构化数据、半结构化数据从网页中提取出来，存储在本地的存储系统中。采用互联网抓取技术定向采集生态环境政策信息，对信息进行综合判别、分类，构建资源库，进一步结合特定的算法和策略，构建“生态环境政策信息垂直搜索引擎”。实现生态环境信息管理、检索的“专、精、深”，形成生态环境信息资产。通过记录追踪用户检索行为构建用户画像，自主辨别用户“兴趣点”，智能进行信息推送，将“人找数据”变为“数据找人”。可结合语义分析、关联推理、机器学习等模型技术，辅以人工修正，形成类似生态环境热点问题解读、环境政策社会影响分析等成果。

在信息技术快速发展的背景下，网络数据也不断地增加，而互联网作为网络资源的发展平台，环境数据在其中大量发布及聚集。在大数据时代，在互联网上进行环境信息的采集是一项重要的工作，如果单纯靠人力进行信息采集，不仅低效烦琐，搜集的成本也会提高。网络爬虫技术可以代替人们自动地在互联网中进行环境数据信息的采集与整理。它可以按照设置的规则，自动地抓取网络信息的程序或者脚本，能够自动采集所有能够访问到的页面内容，以获取或更新这些网站的内容和检索方式。

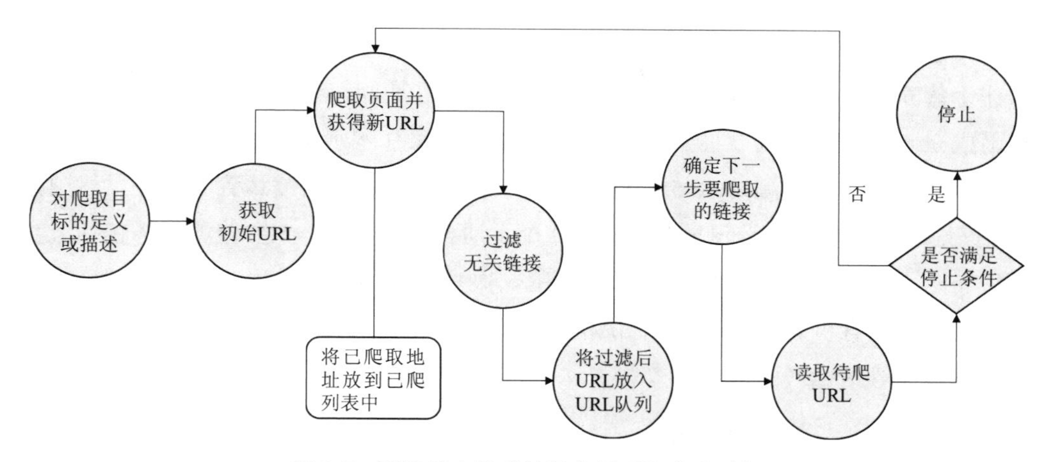

图 2-5　网络爬虫技术的基本原理和实现过程

早期爬虫结构由网页下载模块、内容分析模块、URL 去重以及 URL 分配 4 个部分组成，其基本原理和爬取过程如图 2-5 所示。随着互联网的飞速发展，网络爬虫技术逐渐发展为并行爬虫、分布式网页爬虫、主题爬虫等。根据爬取范围的不同，还可以分为增量爬虫和深度爬虫。网络爬虫技术可以针对互联网上公布的环境数据进行采集，包括前文总结的环境保护政府网站及其发布的各环境系统网站、媒体网站和科技期刊网站以及公共媒体发布的环境数据等。可以包括关于大气环境、水环境、土壤环境、海洋环境、固体废物、林业环境以及自然灾害等的各种宏观环境统计数据，如环境年鉴、环境统计年鉴、环境公报等，也包括以企业、家庭（个人）或站点为基础的个体数据等微观环境数据，以及其他在互联网上公布的环境相关数据等。

2.1.2　水环境大数据采集

水环境光学参数主要包括叶绿素 a、悬浮物、有色可溶性有机物（CDOM）、透明度、浊度等数据。常用的采集技术包括水环境监测站网和遥感采集技术等。

2.1.2.1　水环境监测站网

“十四五”国家地表水环境质量监测网共设置 3 641 个地表水考核（简称“国考”）断面，其中，在 1 824 条河流上设置监测断面 3 292 个，覆盖长江、黄河、珠江、松花江、淮河、海河和辽河七大流域，浙闽片河流、西北诸河和西南诸河，太湖、滇池和巢湖三湖的环湖河流等，同时包括在 223 条入海河流设置的入海水质监测断面 231 个；在太湖、滇池、巢湖等 210 个重点湖泊水库设置的监测点位 349 个（87 个湖泊 201 个点位，123 座水库 148 个点位）。监测指标为水温、pH、溶解氧、高锰酸盐指数、化学需氧量、五日生化需氧量、氨氮、总氮、总磷、铜、锌、氟化物、硒、砷、汞、镉、铬（六价）、铅、氰化物、挥发酚、石油类、阴离子表面活性剂、硫化物和粪大肠菌群，湖泊和水库为了评价营养状态加测叶绿素 a 和透明度。“十四五”期间，我国水文监测站从中华人民共和国成立之初的 353 处发展到 12.1 万处，其中国家基本水文站 3 154 处，地表水监测站 14 286 处，地下水监测站 26 550 处，2020 年水文站网总体密度达到了中等发达国家水平。国家地表水水质自动监测网设有 1 952 个水质自动监测站，主要监测指标包括五参数（水温、pH、溶解氧、电导率和浊度）、氨氮、高锰酸盐指数、总氮、总磷，部分水质自动监测站增测总有机碳、叶绿素 a、藻密度、挥发性有机物（VOCs）、生物毒性、粪大肠菌群和重金属等指标（图 2-6）。

图 2-6 地表水、地下水水质监测站

2.1.2.2 遥感采集技术

（1）无人机遥感

无人机监测是天空地一体化水环境监测中的重要部分，作为环保领域的新技术，无人机已逐步在水环境中得到应用，主要包括对地表水的水质监测、水生态的管理与调查、水环境预警应急及溯源监测等工作。无人机通过携带数码相机、多光谱仪等光学元件或搭载水质采样器等设备用于水质监测，实现对水环境光谱数据的采集，对叶绿素、悬浮物、总磷、总氮等多参数进行监测，快速地获得目标水域周边环境、地形地貌等各类相关信息。同时，无人机能够为一些无影像水域或水质超标无数据区域提供数据补充（图 2-7）。

图 2-7 无人机遥感示意

（2）卫星遥感

水色遥感经过几十年的发展，已经积累了大量观测数据，代表性的国外卫星传感器有美国的 SeaStar/SeaWiFS 和 EOS-TERRA&AQUA/MODIS、欧空局的 ENVISAT/MERIS、日本的 ADEOS/GLI 以及印度的 IRS/OCM 等，国产卫星有海洋卫星系列的 HY-1A、HY-1B、HY-1C 和风云卫星系列 FY-1C 和 FY-1D。水色卫星凭借高频次、大范围、波段丰富等特点可以为海洋提供及时、有效的监测数据。然而，在湖泊、河流、水库等内陆水体监测时，由于水域面积相对小且水体光学特性复杂，对空间分辨率和光谱分辨率要求较高，水色卫星在监测内陆水体时往往在空间分辨率方面难以满足要求，因此空间分辨率较高的陆地卫星系列（如美国的 Landsat 系列卫星、法国的 SPOT/HRV、印度的 IRS-1/LISSⅢ）常被用来进行内陆水体水环境参数监测。目前，基于陆地卫星的内陆水体监测已经成为水环境、水生态研究的热点内容，常用的水体监测指标如叶绿素 a、悬浮物、CDOM、透明度等，已经能够实现较高精度的反演和监测。

2.1.3　大气环境大数据采集

大气环境大数据包括温度、气压、风速、二氧化硫、二氧化氮、一氧化碳、臭氧、颗粒物等气象参数与大气成分。大气环境大数据采集技术包括地面气象观测、多种形式的遥感等。

2.1.3.1　地面气象观测

地面气象观测是利用各类仪器和目视方法，在地面观测平台上，对气象要素和天气现象进行定量测定和定性描述的技术和方法。地面气象观测数据是气象大数据的重要组成部分。随着工业自动化控制技术的进步，气象自动观测技术得到了快速发展，气象观测实现了从人工观测、自记观测到仪器自动观测、自动记录和自动传输的转变，观测过程无须人工干预，观测人员只负责日常维护。地面气象专业观测系统包括基准气候站、基本天气站、一般气候站、农业气象观测站、辐射观测站、酸雨观测站、沙尘暴观测监测站等。特种专业观测涉及大气本底、大气气溶胶、温室气体、反应性气体、臭氧、干湿沉降等要素。应急移动气象观测、车载地面观测、低空探测以及关于生态、海洋、城市、干旱的专项观测拓展了气象观测的领域。

2.1.3.2　遥感采集

（1）卫星遥感

卫星遥感可以从远距离连续地对大气中的温度、湿度、压力、风速、风向、云、水汽、气溶胶、臭氧、温室气体等要素进行非接触式的观测和测量，提供全天候、大尺度、高精度的数据产品。卫星大气遥感在监测大气成分时空分布特征、探究大气污染过程及形成机制、预防和治理大气污染等应用中起到了重要作用。卫星大气遥感的传感器可以分为主动遥感和被动遥感两种类型。主动遥感是指传感器发射电磁波，然后接收目标物体的反射或散射信号的技术，如雷达和激光等。被动遥感是指传感器接收目标物体自身发射或太阳辐射的电磁波的技术，如红外、可见光和微波等。卫星大气遥感的遥感平台可以分为陆地卫星、气象卫星和海洋卫星 3 种类型。陆地卫星主要用于观测地表和大气的反射及发射的电磁波，如高分系列和资源系列等；气象卫星主要用于观测大气的温度、湿度、压力、风场、云、降水等要素，如风云系列等；海洋卫星主要用于观测海洋的温度、盐度、色度、流场、浪高等要素，如海洋一号等。

（2）航天遥感

航天遥感是一种利用各种太空飞行器作为平台的遥感技术系统，以地球人造卫星为主体，包括载人飞船、航天飞机和太空站等（图 2-8）。航天遥感可以收集观测目标的辐射或反射的电磁波，通过分析电磁波的频谱，获取并判认太空、大气、陆地或海洋环境信息。航天遥感广泛应用于资源调查、环境监测、灾害预警、气象预报等领域。

图 2-8 航天遥感

除传统的卫星遥感、航天遥感外，近些年来激光雷达、无人机遥感的兴起为大气数据采集提供了新手段。

（3）激光雷达

激光雷达是传统的雷达技术与现代激光技术相结合的产物，其工作在红外和可见光波段。激光雷达的作用是精确测量目标位置（距离和角度）、运动状态（速度、振动和姿态）和形状，探测、识别、分辨和跟踪目标。20 世纪 60 年代自激光雷达测绘技术问世后迅猛发展，激光雷达具有波长短、方向性强、单色性好、抗干扰性高和体积小等特点，在应用中呈现较高的探测灵敏度、空间分辨率和抗干扰能力。激光雷达技术可以测量气溶胶、云、能见度、大气成分、空中风场、大气密度、大气温度和湿度的变化，对城市上空环境污染物的扩散和沙尘暴发生的过程等进行有效的监测。大气探测激光雷达如图 2-9 所示。

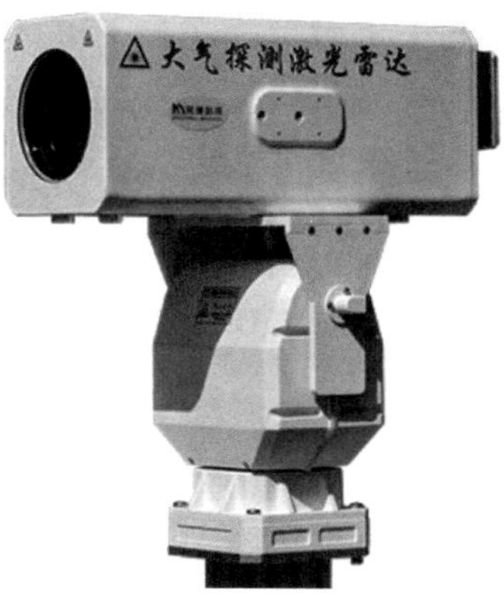

图 2-9 大气探测激光雷达

（4）无人机遥感

作为继航空、航天遥感后的第 3 代遥感技术的无人机遥感技术，具有立体监测、响应速度快、监测范围广、地形干扰小等优点，是今后进行大气突发事件污染源识别和浓度监测的重要发展方向之一。无人机主要测量下列气象数据：温度、气压、湿度、风、真高度、各种图像（数据）、云形成类型和大小、能见度、湍流发生和大小、积冰等。

2.1.4　生态大数据采集

生态大数据的种类包括生物多样性指数、植被覆盖度等。生态大数据的采集技术包括地面生态站、遥感采集技术等。

（1）地面生态站

地面生态站是生态数据获取的重要平台（图 2-10），主要承担科学研究、监测评估、数据积累和科学普及等任务。具体为对生态系统的基本生态要素进行长期连续观测，收集、保存并定期提供数据信息，为国家生态站网提供基础数据。同时，基于观测数据，依据相关技术标准，开展生态效益评价和生态服务功能量化评估。

图 2-10　地面生态站

（2）遥感采集技术

利用遥感进行生态环境的数据采集发展较为成熟，主要研究集中在土地利用/土地覆盖与城市扩展动态监测、生物物理参数信息提取[如植被指数（NDVI）、叶面积指数（LAI）、蒸散量（ET）、初级生产力（NPP）、地表反照率（Albedo）、陆地表面温度（LST）等]、大尺度生态系统状况评估等。

目前，生态环境卫星遥感监测常用的卫星主要有美国的 Landsat/TM 系列、法国的 SPOT 系列、美国的 EOS 系列、日本的 ADEOS 系列、印度的 IRS 系列、中巴资源卫星

CBERS 系列以及美国的 E0-I/ALI 高光谱卫星等。Landsat-7 于 1990 年发射，具有 1 个 15m 分辨率的全色谱段和 60m 分辨率的热红外波段，可广泛用于水穿透，叶绿素吸收和测深，植被类型区分，健康植被的峰值、植物活力估测，温度、含量、负氧离子吸收，植被热应力，薄云穿透等。SPOT-4 于 1998 年发射，主要遥感器有用于陆地、海洋、植被状态探测的 HRVIR（高分辨可见光和红外遥感器），用于植物水分、植物状况等探测的 Vegetation（植被仪）。EOS 是美国对全球陆地、海洋和大气进行综和观测的大型遥感卫星系统。我国主要有 HJ-1、资源一号、北京一号等国产卫星，针对 HJ-1 卫星数据，已构建了生态环境遥感监测指标体系，建立了土地生态自动分类以及生物物理参数、景观状态参数等遥感反演与信息提取的技术流程。

2.2 生态环境大数据预处理

2.2.1 数据质量问题及影响因素

高质量的数据是大数据发挥效能的前提和基础，强大、高端的数据分析技术是大数据发挥效能的重要手段。对大数据进行有效分析的前提是必须要保证数据的质量，专业的数据分析工具只有在高质量的大数据环境中才能提取出隐含的、准确的、有用的信息，基于这些高质量分析结果所做出的生态环境决策才不至于偏离正常轨道。否则，即使数据分析工具再先进，也只能提取出毫无意义的“垃圾”信息。因此，数据质量在大数据环境下显得尤其重要。

大数据质量的基本要素包括准确性、唯一性、完整性、一致性、及时性和关联性。准确性是指记录的大数据信息是否准确，是否存在异常或错误的信息。唯一性是指大数据信息是否唯一有效，是否存在重复数据、冗余数据。完整性是指获得的大数据信息是否完整、是否存在缺失的情况，比如某个字段信息的缺失、记录数据的缺失等。一致性是指数据记录的规范和数据逻辑的一致性。及时性是指大数据的时效性，有些大数据分析对时效性要求较高，一旦过时，数据的价值也就随之丧失。关联性是指大数据之间存在的数据关系，若数据关系缺失，会直接影响数据分析的结果。

然而，在大数据时代下，企业要想保证大数据的高质量却并非易事，很小的、容易被忽视的数据质量问题在大数据环境下会被不断放大，甚至引发不可恢复的数据质量灾难。

数据质量问题产生的原因，可以从流程、技术、管理等因素进行分析。

（1）流程因素

从流程的角度，即从数据生命周期角度来看，可以将数据生产过程分为数据收集、数据存储和数据使用 3 个阶段。

在数据收集方面，大数据的多样性决定了数据来源的复杂性。大量不同数据源的数据之间存在着冲突、不一致或相互矛盾的现象。大数据的变化速度较快，有些数据的“有效期”非常之短，如果没有实时地收集所需的数据，有可能收集到的就是“过期的”、无效的数据，在一定程度上会影响大数据的质量。

在数据存储方面，存储过程中，硬件与软件数据集成、结构化与非结构化集成、跨行业数据集成（由于一致性维度和术语、行业规则的差异）之间，一旦转化方式不当，将会直接影响到数据的完整性、有效性与准确性等。

在数据使用方面，数据价值的发挥在于对数据的有效分析和应用，大数据涉及的使用人员众多，很多时候是同步地、不断地对数据进行提取、分析、更新和使用，任何一个环节出现问题，都将严重影响企业系统中的大数据质量，影响最终决策的准确性。

（2）技术因素

当前，仍有一些单位或企业采用传统的关系型数据库数据处理方式或适用于小规模数据的数据分析和数据挖掘技术，然而传统的数据库技术、数据挖掘工具和数据清洗技术在处理速度和分析能力上已经无法应对大数据时代所带来的挑战，处理小规模数据质量问题的检测工具已经不能胜任大数据环境下数据质量问题的检测和识别任务。

（3）管理因素

在管理层层面，企业高层管理者缺乏大数据意识以及对大数据价值的正确理解，通常会给大数据管理带来阻碍。缺少高层管理者的支持，企业对大数据管理、分析和应用的重视程度就会有所降低，大数据的质量就无法得到全面、有效的保障。

在专业数据管理人员层面，专业数据管理人员的配备是保证大数据质量不可或缺的部分。首席数据官（Chief Data Officer，CDO）就是这类人才的典型代表。然而，对于我国传统的中小型企业来说，其拥有的数据规模较小，数据复杂程度较低，利用数据挖掘技术探究潜在市场机遇的情况并不多，因此它们对大数据的认识明显不足，不会意识到建立 CDO 职位的必要性和重要性。即使是在拥有大数据规模的大中型企业，数据管理和分析部门通常处于分散、被动、辅助的地位，没有得到企业的充分高度重视。

根据大数据质量的基本要素，常见的大数据质量问题包括数据无效或者不准确；重复数据、冗余数据；数据不完整，包括唯一性约束不完整、参照不完整；数据条目不完整、数据记录丢失或不可用等；数据不一致，如命名不一致、数据结构不一致、约束规则不一致、数据实体不一致等；数据滞后时间长或者过期；数据关系缺失或错误，如主外键关系、索引关系等。而基于数据源的数据质量问题可以分为两类，即单数据源问题和多数据源问题。而单、多数据源问题又可以继续分为模式层与实例层问题。

（1）单数据源问题

单数据源问题指的是来自单一数据源的数据出现的质量问题。这些问题可能是由数据输入错误、数据处理错误、应用程序错误、系统故障等原因造成的。单数据源问题通常可以通过数据清洗、数据校验、数据验证等方法来解决。

1）单数据源模式层问题。模式是数据的结构和组织方式，模式层问题通常是指数据模式的质量问题。单数据源的数据质量主要取决于它的模式对数据完整性约束的控制程度。由于数据模式和完整性约束控制了数据的范围，如果单数据源没有数据模式，就会对进入和存储的数据缺乏相应的限制，此时很有可能出现拼写错误的数据和不一致的数据。

2）单数据源实例层问题。单数据源的实例层问题是由数据在模式层无法预防的错误和不一致引起的。典型的单数据源实例层问题包括缺失值（一些记录在某些属性上没有值）、拼写错误（在数据输入时容易出现）、属性依赖冲突（不满足属性间的依赖关系，如城市名与邮政编码不满足对应关系等）以及相似重复记录（由数据输入错误等原因导致有多条记录表示现实世界中的同一个实体）。

（2）多数据源问题

多数据源问题指的是来自多个数据源的数据出现的质量问题，如数据集成、数据匹配、数据冲突等。这些问题可能是由数据来源不同、数据格式不同、数据质量不同等原因造成的。多数据源问题通常需要通过数据整合、数据标准化、数据匹配、数据清洗等方法来解决。

单数据源情况下出现的问题在多数据源情况下变得更加严重。每个数据源中都有可能包含“垃圾”数据，而且每个数据源中的数据表示方法都各自不同，还有可能出现数据重复或矛盾冲突。因为在很多情况下，各个数据源都是为了满足某一个特定需要而单独设计、配置和维护，这很大程度上导致数据库管理系统、数据模型、模式设计和实际数据的异构性。

1）多数据源模式层问题。多数据源中存在的与模式相关的质量问题主要是名字冲突和结构冲突。名字冲突表现在同一个名字表示不同的对象，或不同的名字表示同一个对象；结构冲突的典型表现是不同的数据源中同一对象用不同的方式表示。

2）多数据源实例层问题。除模式相关的质量问题外，许多质量问题只出现在实例层次上。单数据源中出现的各种问题都将以不同方式出现在不同的数据源中，如重复记录、矛盾记录等。即使在具有相同属性名称和数据类型的情况下，各异构数据源中的数据也可能有不同的表示方式，或不同的解释在不同的数据源中信息的聚集程度以及代表的时间点都有可能不同。

2.2.2　数据清洗

大数据并不全是有价值的，有些数据并不是我们所关心的内容，而另一些数据则是完全错误的干扰项，因此要对数据过滤“去噪”从而提取出有效数据。数据清洗是指在数据集中发现不准确、不完整或不合理数据，并对这些数据进行修补或移除以提高数据质量的过程。

数据清洗技术的基本原理：在分析数据源特点的基础上，找出数据质量问题原因，确定清洗要求，建立起清洗模型，将清洗算法、清洗策略和清洗方案对应到数据识别与处理中，最终清洗出满足质量要求的数据。数据清洗是数据分析、数据挖掘的前提，也是数据预处理的关键环节，可保证数据质量和数据分析的准确性。

数据清洗主要针对残缺数据、错误数据和重复数据，因此数据处理过程主要包括遗漏数据处理、噪声数据处理、不一致数据处理和重复数据处理 4 类。

（1）遗漏数据处理

对于在数据记录、存储、转移过程中遗失的数据，最简单的办法是将该无效记录删除。在不影响数据分析与挖掘过程的情况下，也可以通过默认值（如平均值）来填补，但这种方法在遗失值较多时可能引起较大误差。更为常用且相对合理的办法是，根据已有的正常数据记录作回归分析、贝叶斯计算公式或决策树分析，推断出缺失记录最大可能的取值，它最大限度地利用了当前数据所包含的信息。

（2）噪声数据处理

噪声是指被测变量的一个随机错误和异常变化。由于相似或相近的数据在一起往往形成聚类集合，而那些位于这些聚类集合之外的数据对象通常即异常数据，因此可以通过聚类分析有效地发现异常数据。对于这类噪声数据，一种方法是利用噪声数据的临近点，对一组排序数据进行平滑；另外一种方法是借助线性回归获得多个变量之间的拟合关系，利用已知变量值预测未知或异常变量值，从而达到平滑数据、去除噪声的目的。

（3）不一致数据处理

从多数据源集成的数据可能有语义冲突，导致数据库中常出现数据记录内容不一致的情况，可定义完整性约束用于检测不一致性，也可通过分析数据发现联系，从而使得数据保持一致。

（4）重复数据处理

数据冗余现象是数据库中一种常态，数据库中属性值相同的记录被认为是重复记录，可以通过判断记录间的属性值是否相等来检测记录是否重复，重复的记录将合并为一条记录（合并/清除）。不同数据的清洗原理和流程如图 2-11 和图 2-12 所示。

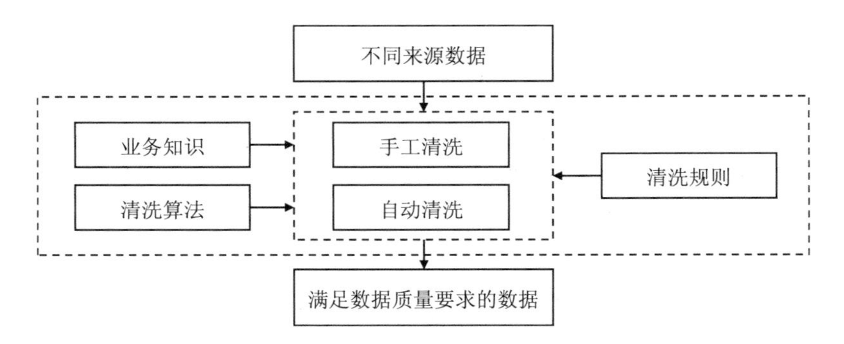

图 2-11　数据清洗原理

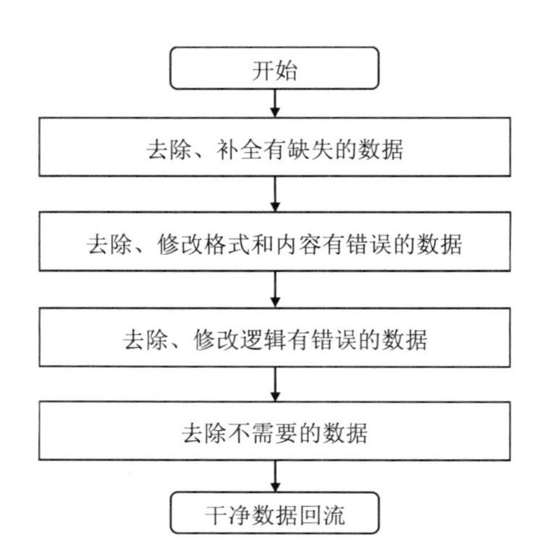

图 2-12　数据清洗流程

2.2.3　数据转换

数据转换是通过数学变换方法将数据转换成适合挖掘的形式。主要包括以下几种类型：①不一致数据转换。这是一个整合的过程，指将不同业务系统的相同类型数据进行统一编码。②数据粒度的转换。数据粒度是指数据仓库中保存数据的细化或综合程度，数据粒度转换会将业务系统数据按照数据仓库粒度进行聚合。③应用规则的计算。根据应用的目的，对数据指标进行一定的数学计算（如平均、求和、归一化等），存储于数据仓库中，以供后续分析使用。④属性泛化与构造。用更抽象（更高层次）的概念来取代低层次或数据层的数据对象，或根据需要利用已有属性集构造新的属性，如年龄属性可以映射到更高层次的概念，包括少年、青年、中年和老年等。

常用的数据转换方法包括平滑变换、聚集变换、属性构造、数据泛化和规范化。①平滑变换：主要通过采用分箱技术、聚类技术、线性回归等方法去除数据中的噪声。

②聚集变换：对数据进行汇总和聚集。③属性构造：通过现有属性构造新的属性。④数据泛化：使用概念分层，用高层概念替换低层或"原始"数据。⑤规范化：将属性数据按比例缩放，使之落入一个小的特定区间。常见的规范化方法有最小-最大规范化、Z-score 规范化和按小数定标规范化。

2.2.4　数据同化

在考虑数据时空分布的基础上，在大数据运行过程中融合新的观测数据的方法。

数据同化的目的：由于数据来源和尺度的不同，数据的利用受到不同程度的限制，需要梳理清楚数据关系，建立数据关系图谱。

数据同化技术是指结合观测和理论模型的数值结果，推导出更真实、更准确的数据。在生态环境的长时序大范围监测、模拟与预测的过程中，单一数据源和模型往往无法对生态环境进行高精度、全方位、不间断的监测，需要在考虑数据时空分布以及观测场和背景场误差的基础上，将新的观测数据融合进数值模型的动态运行过程中，实现数据同化。在这个过程中，数据同化算法不断融合时空上离散分布的不同来源和不同分辨率的直接或间接观测信息。生态环境大数据的数据同化方式多样，根据融合的数据源及其方式，主要包括以下三类：

1）普通同化法。该类方法将监测数据作为数据驱动场进行同化，动态过程模型的内部参数未做适应性改变。

2）遥感反演参数的同化法。该类方法将遥感反演的状态变量与模型模拟值比较，构建代价函数并采用优化算法调整模型的初始条件。

3）模型耦合的同化算法。该类方法由过程模型的输出值作为遥感模型的输入值，再将遥感所得的模拟反射率直接与遥感观测值进行比较，构建代价函数并采用最优算法来优化模型关键参数。

2.3　生态环境大数据存储与管理需求

传统存储分为线下和线上两大类。线下存储包括书面、表格、照片等，线上存储通常采用专用硬件平台等。传统存储比较注重硬件故障隔离，缓存做得也比较出色，稳定性和性能比较突出，但扩展性能力比较差，容易形成数据孤岛。

生态环境大数据存储管理系统是生态环境大数据处理的基础，应具备良好的兼容性、拓展性、先进性、稳定性和安全性，并能满足复杂条件下的不同需求，主要包括文件管理系统和数据库管理系统两类。

2.3.1 文件管理系统

文件管理系统是操作系统用于明确存储设备（常见的是磁盘）或分区上的文件的方法和数据结构，即在存储设备上组织文件的方法。操作系统中负责管理和存储文件信息的软件机构称为文件管理系统，简称文件系统。

2.3.2 数据库管理系统

数据库管理系统（data base management system，DBMS）是一种操纵和管理数据库的大型软件，用于建立、使用和维护数据库，也简称数据库系统。它对数据库进行统一的管理和控制，以保证数据库的安全性和完整性。

数据库系统成熟的标志就是 DBMS 的出现。DBMS 是管理数据库的一个软件，它充当所有数据的知识库，并对数据的存储、安全、一致性、并发操作、恢复和访问负责，是对数据库的一种完整和统一的管理和控制机制。DBMS 不仅让我们能够实现对数据的快速检索和维护，还为数据的安全性、完整性、并发控制和数据恢复提供了保证。DBMS 的核心是一个用来存储大量数据的数据库。DBMS 与文件系统在数据调用方面不同，如图 2-13 所示，DBMS 在全局调用方面更有优势。

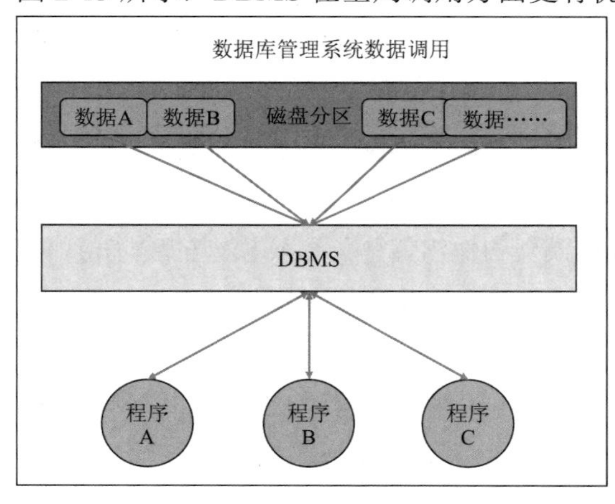

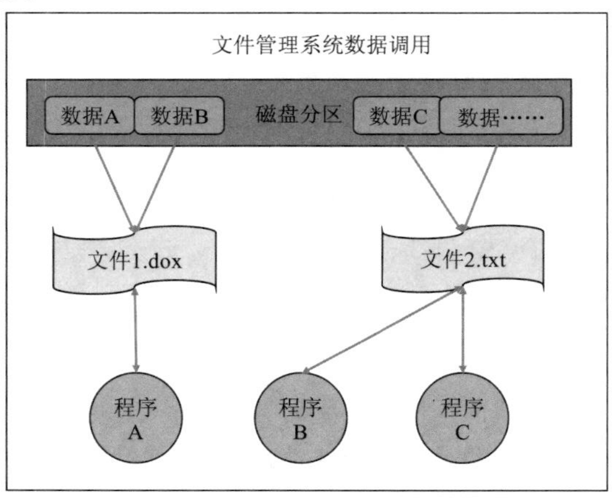

图 2-13　DBMS 与文件管理系统调用方式

DBMS 有一个数据字典（有时被称为系统表），用于储存它拥有的每个事物的相关信息，如名字、结构、位置和类型，这种关于数据的数据也被称为元数据。

数据库可分为关系型数据库和非关系型数据库。

（1）关系型数据库

关系型数据库管理系统（relational database management system，RDBMS），是将数据组织为相关的行和列的关系数据库，而管理关系型数据库的计算机软件就是关系数据库管理系统，它通过数据、关系和对数据的约束三者组成的数据模型来存放和管理数据（图 2-14）。常用的数据库软件有 Oracle、SQL Server 等。

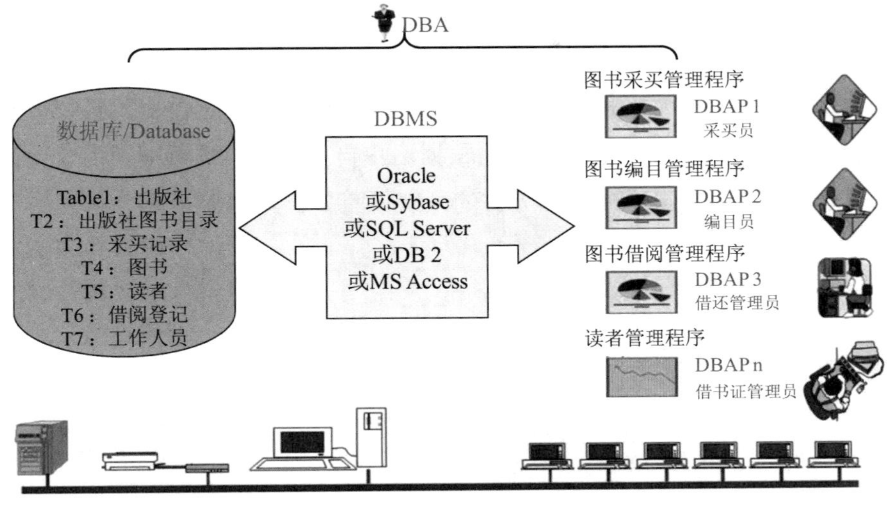

图 2-14　关系型数据库

关系型数据库通常需要数据保持一定的模式，所以它不直接支持存储非关系型模式的半结构化和非结构化数据。另外，在数据被插入或被更新时，会检查数据是否满足模式的约束以保障模式的一致性，这也会引起开销造成延迟。这种延迟使得关系型数据库不适用于需要高可用性、快速数据写入能力的数据库存储设备的高速数据。由于它的缺点，在大数据环境下，传统的关系型数据库管理系统通常并不适合作为主要的存储设备。

（2）非关系型数据库

即 NoSQL 数据库，将会在下节介绍。

2.4　生态环境大数据存储与管理系统

大数据存储以分布式存储为主，包括分布式文件系统（distributed file system，DFS）、NewSQL 与 NoSQL 等。

2.4.1　DFS

DFS 是最常用的存储方式之一。传统文件系统构建于单台物理计算机上，随着数据的增加，其需要通过挂载新的存储介质来扩容。对于超过单台物理计算机存储能力的大型数据集，需要将其划分为若干部分分别存储在网络中的不同计算机中。

DFS 是指文件系统管理的物理存储资源不一定直接连接在本地节点上，而是通过计算机网络与节点（可简单地理解为一台计算机）相连；或是若干不同的逻辑磁盘分区或卷标组合在一起而形成的完整的有层次的文件系统。DFS 可以为分布在网络上任意位置的资源提供一个逻辑上的树形文件系统结构，从而使用户访问分布在网络上的共享文件更加简便。DFS 作为一个软件框架，其容量较大，但其应用对于硬件设备的要求并不高，具有较强的灵活性和可调整性，并且还可根据用户自身实际需求对框架内容进行调整以及改动。传统存储方式与分布式存储方式的区别见图 2-15。

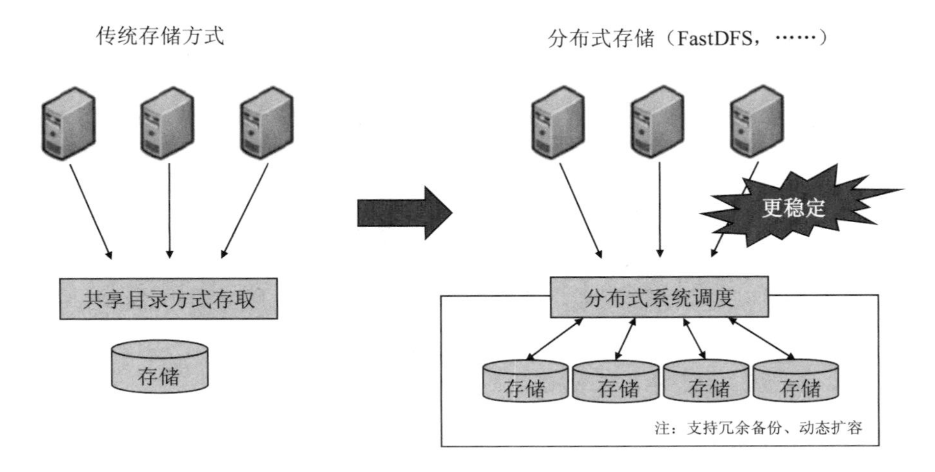

图 2-15 传统存储与分布式存储区别

Hadoop 是一种分析和处理大数据的软件平台，是一个用 Java 语言实现的 Apache 的开源软件框架，在大量计算机组成的集群中实现了对海量数据的分布式计算。Hadoop 大数据管理框架以 HDFS（Hadoop Distributed File System）和 MapReduce 开源计算系统为核心，为用户提供系统底层细节透明的分布式基础架构。雅虎（Yahoo）、脸书（Facebook）、亚马逊（Amazon），以及国内的百度、阿里巴巴等众多互联网公司都以 Hadoop 为基础搭建了自己的分布式计算系统。

HDFS 是 Hadoop 技术框架中的 DFS，对部署在多台独立物理机器上的文件进行管理。HDFS 将大文件和大批量文件分布式存放在大量独立的服务器上，以便采取分而治之的方式对海量数据进行运算分析。HDFS 是一个主、从体系结构，它就像传统的文件系统一样，可以通过目录路径对文件执行创建、读取、更新、删除等操作。

HDFS 内部架构：①Name Node：存储元数据信息，负责管理 Data Node，给从节点分配任务，并起到监控从节点心跳的作用。②Secondary Name Node：辅助 Name Node 管理，主节点启动时会把元数据信息存在 FSI mage 中，同时每次对主节点有操作记录的行为都存储在 Edits 中，那么这些小文件肯定会越来越多，占据的空间也就会越来越大，这个时候就需要看时间长短和文件大小来决定什么时候这些小文件合并，合并之后主节点将这些文件交由 Secondary Name Node 辅助管理。③Data Node：从节点，主要用于存储具体的数据，负责执行主节点分配的任务（图 2-16）。

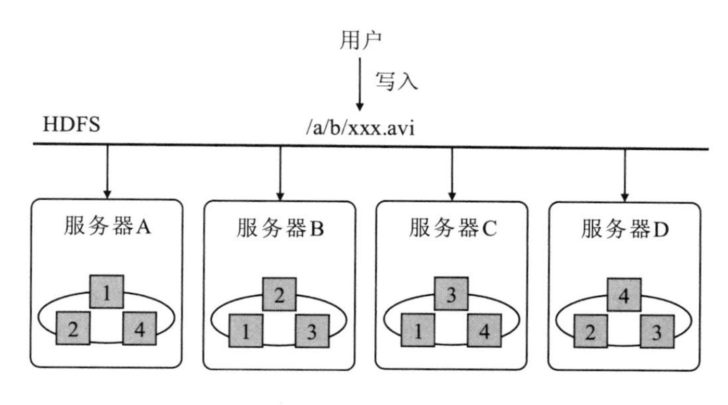

图 2-16　HDFS 内部架构

HDFS 内部工作原理：客户端上传文件，把文件需要切分成若干个 Block 块，然后向主节点发出创建文件夹的请求，主节点创建成功后将消息告知给客户端，同时主节点查找闲置的从节点，同时把从节点的地址信息告知给客户端，从节点同时需要保证时刻和主节点的心跳汇报，然后客户端按照主节点告知的具体存储地址寻找从节点，然后 Block 块依次进行上传，上传文件时每台服务器上需要保证至少有 3 个副本信息，也就是为什么 HDFS 能保证数据不丢失的原因（图 2-17）。

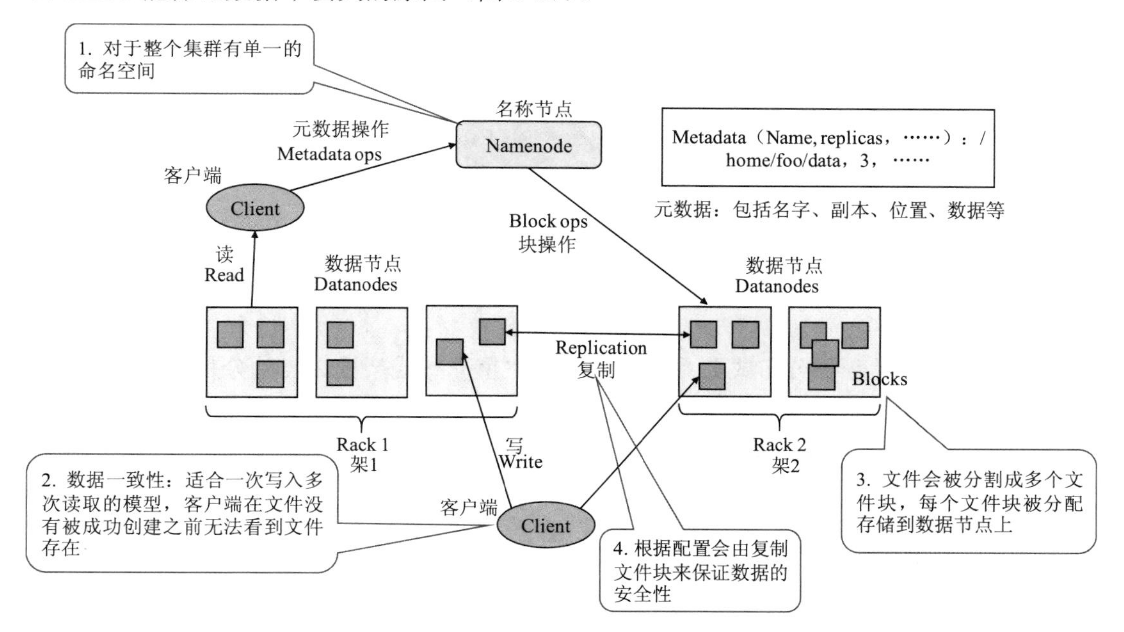

图 2-17　HDFS 内部工作原理

2.4.2 NewSQL 数据库

NewSQL 数据库是指各种新的可扩展、高性能数据库的简称。传统的关系型数据库主要有 Oracle、DB2、SQL Server、MySQL 等，这些数据库可以较好地支持结构化数据存储与管理。随着大数据时代的到来，数据类型繁多，非结构化数据所占比例较高，传统的关系型数据库已不能满足各种类型非结构化数据大规模存储需求。在此背景下，各种新型的数据库不断涌现，最常见的包括 NewSQL 与 NoSQL。

目前具有代表性的 NewSQL 数据库主要有 Google Spanner、CockroachDB、NuoDB、ClustrixDB 和 ScaleDB 等。虽然不同 NewSQL 数据库的内部结构差异较大，但均支持关系数据模型，都使用 SQL 作为其主要的接口。

（1）Google Spanner

Google Spanner 是一种全球性分布式数据库，以其卓越的水平扩展性和 ACID 事务支持而著称。该数据库采用全球一致性时间戳，使得跨多个地理位置执行复杂事务成为可能。Spanner 结合了传统关系型数据库和 NoSQL 数据库的优势，适用于需要高可用性、全球性事务和分布式数据存储的大规模应用。其弹性架构和自动分片技术确保了系统的可伸缩性，使其在处理全球性应用上具有优势。

（2）CockroachDB

CockroachDB 是一种分布式 NewSQL 数据库，注重强一致性、高可用性和水平扩展。CockroachDB 使用自动分片技术，使数据分布在多个节点上，实现负载均衡和高性能。具备 ACID 事务支持，CockroachDB 适用于需要全局分布式事务、水平扩展和高可用性的场景，特别在容错性和可伸缩性方面表现出色。

（3）NuoDB

NuoDB 是一种分布式弹性 SQL 数据库，具备 ACID 事务、自动分片和水平可扩展性。其特色在于适应云原生环境，提供灵活性、可伸缩性和高可用性。NuoDB 的弹性架构使得动态变化的负载和资源需求能够得到良好的支持，适用于云环境数据管理。

（4）ClustrixDB

ClustrixDB 是一种分布式关系型数据库，注重分布式架构、自动分片、高可用性和 ACID 事务。其设计目标是提供高性能的在线事务处理，尤其在高并发写入和查询的场景中表现良好。ClustrixDB 的自动分片技术和水平可扩展性使其适用于需要大规模、高性能的事务处理应用。

（5）ScaleDB

ScaleDB 是一种分布式数据库，支持 ACID 事务、水平可扩展性和多版本并发控制。强调可伸缩性和高性能，适用于需要处理大规模数据的环境。ScaleDB 为需要可扩展性、高性能数据处理和分析提供有效的解决方案。

2.4.3　NoSQL 数据库

NoSQL 数据库是一个非关系型数据库，具有高度的可扩展性、容错性，并且专门设计用来存储半结构化和非结构化数据。它采用的数据模型不同于传统数据库的关系模型，而是类似键值、列簇、文档等非关系模型，包括键值数据库、列簇数据库、文档数据库和图数据库。NoSQL 数据具有灵活的可扩展性、灵活的数据模型、与云计算紧密结合等特点。

（1）键值数据库

键值数据库是形式最简单的 NoSQL 数据库，以键值对的形式存储数据，运行机制和散列表类似。该表是一个值列表，其中每个值由一个键来标识。值对数据库不透明并且通常以 BLOB 形式存储。存储的值可以是任何从传感器数据到视频数据的集合。只能通过键查找值，因为数据库对所存储的数据集合的细节是未知的。不能部分更新，更新操作只能是删除或者插入。键值存储设备通常不含有任何索引，所以写入非常快。基于简单的存储模型，键值存储设备高时可扩展。

由于键是检索数据的唯一方式，为了便于检索，所保存值的类型经常被附在键之后，如 123_sensorl。

（2）列簇数据库

大多数数据库系统存储一组数据记录，这些记录由表中的列和行组成。字段是列和行的交集：某种类型的单个值。属于同一列的字段通常具有相同的数据类型。例如，如果我们定义了一个包含用户数据的表，那么所有的用户名都将是相同的类型，并且属于同一列。在逻辑上属于同一数据记录（通常由键标识）的值的集合构成一行。对数据库进行分类的方法之一是按数据在磁盘上的存储方式进行分类：按行或按列进行分类。表可以水平分区（将属于同一行的值存储在一起），也可以垂直分区（将属于同一列的值存储在一起）。图 2-18 描述了这种区别。

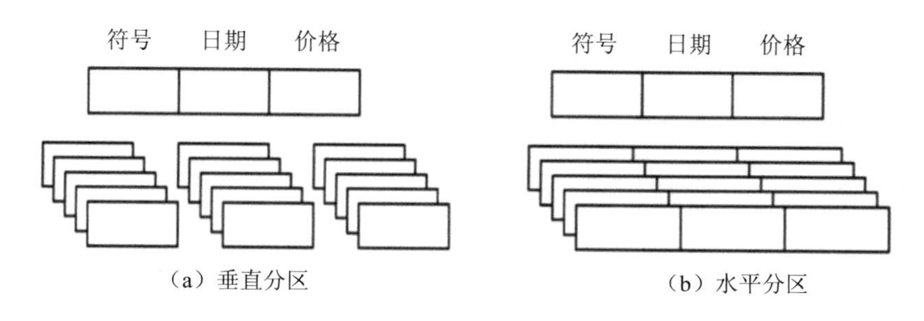

图 2-18　面向列和行的存储数据布局

列簇数据库像传统 RDBMS 一样存储数据，但是会将相关联的列聚集在一行中，从而形成列簇。每一列都可以是一系列相关联的集合，被称为超列。

每个超列可包含任意数量的相关列，这些列通常作为一个单元被检索或更新。每行都包括多个列簇，并且含有不同的列的集合，所以有灵活的模式支持。每行被行键标识。

列簇存储设备提供快速数据访问，并带有随机读写能力。它们把列簇存储在不同的物理文件中，这会提高查询响应速度，因为只有被查询的列簇才会被搜索到。

（3）文档数据库

文档数据库也存储键值对。但是，与键值存储设备不同，存储的值可以是数据库查询的文档。这些文档可以具有复杂的嵌套结构，如发票。这些文档可以使用基于文本的编码方案，如 XML 或 JSON，或者使用二进制编码方案，如 BSON（Binary JSON）进行编码。

（4）图数据库

图数据库被用于持久化互联的实体。不像其他的 NoSQL 存储设备那样注重实体的结构，图数据库更强调存储实体之间的联系。

存储的实体被称作节点，也被称为顶点，实体间的联系称为边。按照 RDBMS 的规则，每个节点可被认为是一行，而边可表示连接。节点之间通过多条边形成多种类型的链路，每个节点有如键值对的属性数据，例如，顾客可以有 ID、姓名和年龄属性。

第3章 生态环境大数据处理

3.1 生态环境大数据处理技术

在21世纪的大数据时代，生态环境领域已经积累了海量的多样化数据，这些数据是我们深入理解和保护生态环境的重要资源。从获取包括气候、生物分布、土壤类型等数据的初步收集，到通过识别处理缺失值、异常值和重复值的数据清洗和预处理，再到需要高效、可扩展的存储解决方案的数据存储和管理，每一个步骤都至关重要。同时，为了保证数据的安全性和易用性，还需要实施有效的数据管理策略。然后，可以运用先进的数据分析和挖掘技术，如机器学习和深度学习，从中挖掘有价值的信息，以支持更准确和高效的环保决策。最后，通过使用现代的可视化工具如地理信息系统（GIS）进行数据的可视化，可以更直观地理解和利用数据分析的结果，从而更好地揭示生态环境的状况和变化。总的来说，处理生态环境大数据需要多种技术的综合应用，每个环节都是实现大数据在环保决策中价值的重要步骤。通过这些技术，可以更有效地利用生态环境大数据，以更好地提升环境治理能力。

大数据在生态环境领域的应用、积累，形成了生态环境相关的海量观测数据。这些数据来源于与生态环境相关的不同部门和领域，来源多样、结构各异。一般认为，生态环境大数据是为生态环保决策问题提供服务的大数据集、大数据技术和大数据应用的总称。生态环境大数据除了具有大数据的“6V”特征，即海量规模（volume）、形式种类繁多（variety）、处理速度快（velocity）、高价值性（value）、真实性（veracity）、易受攻击性（vulnerable），还更加复杂多变，具有高维、高复杂性、高不确定性的“三高”特性。因此，大数据计算是发现信息、挖掘知识、满足应用的必要途径，也是大数据从收集、传输、存储、计算到应用等整个生命周期中最关键、最核心的环节。只有有效的大数据计算，才能满足大数据的上层应用需要，才能挖掘出大数据的内在价值，才能使大数据具有意义。生态环境大数据的计算主要包括批量计算和实时计算两种方式，其计算模式则根据数据的特性和计算需求，针对各种环境问题进行高层次的抽象（abstraction）和模型（model）构建，以实现有效、高效的数据分析和利用。

大数据处理面向的是大规模的海量数据，需要特殊的处理与分析技术，包括批处理计算、流计算、图计算、查询分析计算（表 3-1、图 3-1）。

表 3-1　不同处理技术区别

处理模式	试卷跨度	应用场景	Spark 生态系统中组件	其他框架
批处理	小时级	批量数据处理	Spark Core	MapRuduce Hive
交互式查询	分钟级、秒级	历史数据交互式查询	Spark SQL	Impala Dremel Drill
流处理	毫秒级、秒级	实时数据流处理	Spark Streaming	Storm
图处理		图结构数据处理	GraphX	Pregel

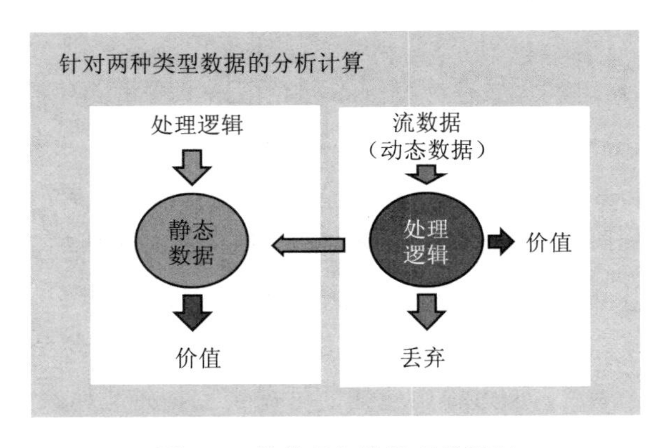

图 3-1　批处理与流处理的区别

3.1.1　批处理计算

批处理计算在处理海量、复杂和多样的生态环境大数据中起着关键角色。它将一组相关的数据任务集成为一个整体，以集群或分布式的方式对大量生态环境数据进行计算，包括历史的气候变化数据、生物多样性的地理数据和污染源的监测数据等。由于这些数据往往不需要实时分析，且其内容丰富，批处理计算可以有效地处理并从中提取有价值的信息。例如，科学家们可以利用批处理计算对过去几十年的气候数据进行深度分析，探究全球气候变化的模式和趋势。此外，批处理计算的应用也可以推动跨领域研究，如环境科学家和生物学家可以联合使用这种方法来分析环境数据和生物分布数据，探寻环境因素对生物多样性的影响，为生物保护提供科学依据。总的来说，批处理计算不仅能高效处理海量的生态环境大数据，还能深度挖掘其中的价值，对环保决策和生态环境研究产生重要影响。

对有界数据集的数据处理方式被称为批计算（batch processing），例如将数据从 RDBMS 或文件系统等系统中读取出来，然后在分布式系统内处理，最后再将处理结果写入存储介质中，整个过程就被称为批处理过程。典型的批处理计算为 Apache Hadoop。

批处理主要操作大容量静态数据集，并在计算过程完成后返回结果。数据特征如下：

有界——数据的有限集合；

持久——数据始终存储在某种存储类型的持久存储位置中；

大量——极为海量的数据集。

批处理非常适合需要访问全套记录才能完成的计算工作。例如，在计算总数和平均数时，必须将数据集作为一个整体加以处理，而不能将其视作多条记录的集合。这些操作要求在计算进行过程中数据维持自己的状态。

需要处理大量数据的任务通常最适合用批处理操作进行处理。无论直接从持久存储设备处理数据集，或首先将数据集载入内存，批处理系统在设计过程中就充分考虑了数据的量，可提供充足的处理资源。由于批处理在应对大量持久数据方面的表现极为出色，因此经常被用于对历史数据进行分析。大量数据的处理需要付出大量时间，因此批处理不适合对处理时间要求较高的场合。

Apache Hadoop 是一种专用于批处理的处理框架。Hadoop 是首个在开源社区获得极大关注的大数据框架。基于谷歌有关海量数据处理所发表的多篇论文与经验的 Hadoop 重新实现了相关算法和组件堆栈，让大规模批处理技术变得更易用。

Apache Hadoop 及其 MapReduce 处理引擎提供了一套久经考验的批处理模型，最适合处理对时间要求不高的规模非常大的数据集。通过非常低成本的组件即可搭建完整功能的 Hadoop 集群，使得这一廉价且高效的处理技术可以灵活应用在很多案例中。与其他框架和引擎的兼容与集成能力使得 Hadoop 可以成为使用不同技术的多种工作负载处理平台的底层基础。

3.1.2　流计算

流计算在生态环境大数据中的应用逐渐受到关注，因为它能够为我们实时处理和分析数据，为生态环保决策提供即时信息。流计算是一种处理实时数据流的技术，它能够实时接收和处理数据，输出实时的分析结果。在生态环境领域，许多应用场景都需要实时的环境数据，如环境监测、灾害预警、污染控制等。流计算技术可以帮助我们实时处理这些数据，及时响应环境问题，从而提高环保决策的效率和准确性。以环境监测为例，环境监测系统常常需要实时接收和处理大量的监测数据，如空气质量数据、水质数据、噪声数据等。通过流计算技术，我们可以实时分析这些数据，及时发现环境问题（如污染超标、噪声超标等）并及时采取应对措施。另外，流计算技术在灾害预警中也有着重要的应用。例如，地震预警系统可以通过流计算实时分析地震监测数据，预测地震可能发生的地点和时间，从而提前做好防灾准备。总的来说，流计算在生态环境大数据中的应用，可以帮助我们实时处理和分析环境数据，提高环保决策的效率和准确性，对于环境保护具有重要的价值。

流计算的产生来源于对于数据加工时效性的严苛需求，数据的业务价值随着时间的流逝而迅速降低，因此在数据发生后必须尽快对其进行计算和处理。而传统的大数据处理模式对于数据加工均遵循传统日清日毕模式，即以小时甚至以天为计算周期对当前数据进行累计并处理，显然这类处理方式无法满足数据实时计算的需求。在诸如实时大数据分析、风控预警、实时预测、金融交易等诸多业务场景领域，批量（或者说离线）处理对于上述数据处理时延要求苛刻的应用领域而言是完全无法胜任其业务需求的。而流计算作为一类针对流数据的实时计算模型，可有效缩短全链路数据流时延、实时化计算逻辑、平摊计算成本，最终有效满足实时处理大数据的业务需求。例如，阿里巴巴“双十一”的可视化大屏上的数据展现是根据浏览、交易数据，经过实时计算后展现在可视化大屏上的一种应用。

流数据具有如下特征：①数据快速持续到达，潜在大小也许是无穷无尽的；②数据来源众多，格式复杂；③数据量大，但是不十分关注存储，一旦经过处理，要么被丢弃，要么被归档存储（存储于数据仓库）；④注重数据的整体价值，不过分关注个别数据；⑤数据顺序颠倒，或者不完整，系统无法控制将要处理的新到达的数据元素的顺序。

流计算基本理念：①数据的价值随着时间的流逝而降低。如用户点击流；②当事件出现时就应该立即进行处理，而不是缓存起来进行批量处理。

流计算系统一般要达到高性能、海量式、实时性、分布式、易用性和可靠性等多种需求。高性能方面主要是处理大数据的基本要求方面；海量式主要是支持的数据规模可以达到 PB 级或 PB 级以上；实时性主要是延迟时间方面，可以达到秒级别，甚至是毫秒级别；分布式主要是支持大数据的基本架构，必须能够平滑扩展；易用性主要是指能够快速进行开发和部署；可靠性主要是指能够可靠地处理流数据。

流计算处理流程主要分为 3 个环节：数据实时采集、数据实时计算、实时查询服务。

（1）数据实时采集

通常采集多个数据源的海量数据，需要保证实时性、低延迟与稳定可靠。

开源分布式日志采集系统包括 Scibe、Kafka、Flume。

（2）数据实时计算

数据实时计算是对采集的数据进行实时的分析和计算并反馈实时结果。经流处理系统处理后的数据，可以流出给下一个环节继续处理，可以把相关结果处理完以后就丢弃掉，或者存储到相关的存储系统中去。

（3）实时查询服务

经过流计算框架得出的结果让用户能够进行实时的查询展示和存储。用户需要主动去查询，而流处理计算结果会不断更新，不断实时推动给用户。

流处理系统会对随时进入系统的数据进行计算。相比批处理模式，这是一种截然不同的处理方式。流处理方式无须针对整个数据集执行操作，而是对通过系统传输的每个数据项执行操作（图 3-2）。

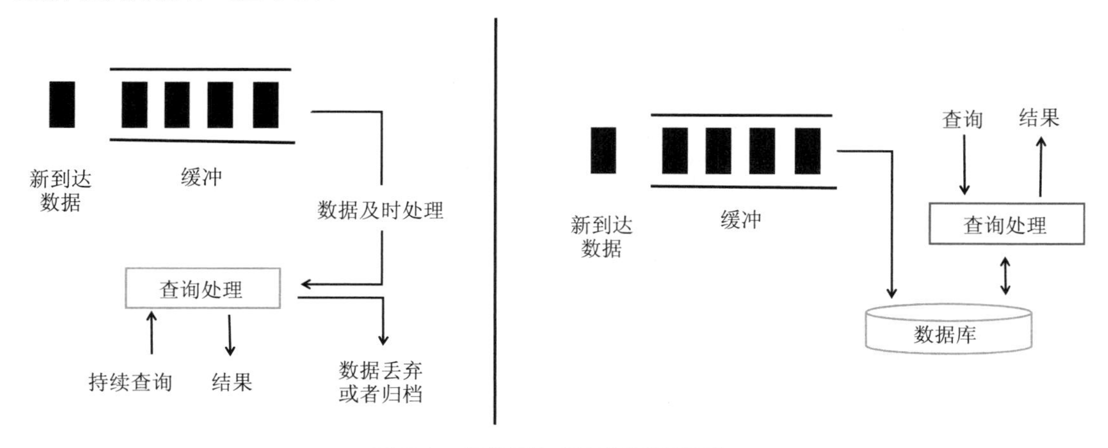

图 3-2　批处理与流处理过程区别

流处理中的数据集是“无边界”的，这就产生了几个重要的影响：

1）完整数据集只能代表截至目前已经进入系统中的数据总量。

2）工作数据集也许更相关，在特定时间只能代表某个单一数据项。

3）处理工作是基于事件的，除非明确停止，否则没有“尽头”。处理结果立刻可用，并会随着新数据的抵达继续更新。

流处理系统可以处理几乎无限量的数据，但同一时间只能处理一条（真正的流处理）或很少量（微批处理，micro-batch processing）数据，不同记录间只维持最少量的状态。虽然大部分系统提供了用于维持某些状态的方法，但流处理主要针对副作用更少、更加功能性的处理（functional processing）进行优化。

此类处理非常适合某些类型的工作负载。有近实时处理需求的任务很适合使用流处理模式。分析、服务器或应用程序错误日志，以及其他基于时间的衡量指标是最适合的类型，因为对这些领域的数据变化做出响应对于业务职能来说是极为关键的。流处理很适合用来处理必须对变动或峰值做出响应，并且关注一段时间内变化趋势的数据。

Apache Storm 是一种侧重于极低延迟的流处理框架，也许是要求近实时处理的工作负载的最佳选择。该技术可处理非常大量的数据，通过比其他解决方案更低的延迟提供结果。该技术可以保证每条消息都被处理，可配合多种编程语言使用。由于 Storm 无法进行批处理，如果需要这些能力可能还需要使用其他软件。如果对严格的一次处理保证有比较高的要求，此时可考虑使用 Trident。不过这种情况下其他流处理框架也许更适合。

3.1.3 查询计算

查询计算是生态环境大数据应用中的一项核心技术，它为我们提供了一种快速有效地获取和分析数据的手段。查询计算主要是对存储在数据库中的数据进行查询和分析。通过编写查询语句，我们可以快速获取需要的数据，进行各种复杂的数据分析。在生态环境领域，查询计算广泛应用于数据报告、环保政策分析、环境研究等多个领域。比如，在环保政策分析中，政策制定者可以通过查询计算，快速获取历史环保政策的执行效果数据，进行效果评估，从而为新的环保政策的制定提供数据支持。再如，在环境研究中，研究者可以通过查询计算，获取需要的环境数据，比如某个地区的历史气候数据、污染物排放数据等，进行科学研究。此外，查询计算还在环境教育中发挥了重要作用。教师和学生可以通过查询计算，获取丰富的环境教育资源，如环境案例、环保新闻、环境科普知识等，提高环境教育的质量和效果。总的来说，查询计算在生态环境大数据中的应用，为我们提供了一种快速有效的数据获取和分析手段，为环保决策、环境研究和环境教育等领域提供了重要的支持。

查询计算是决策支持的基础，交互式查询是终端用户的最基本需求，准确完备的检索条件可以更好地帮助用户从数据库获取最需要的信息。

交互式查询是提供易使用的交互式查询语言，如 SQL DBMS 负责执行查询命令，并将查询结果显示在屏幕上。主要用于对超大规模数据的存储管理和查询分析，提供实时或准实时的响应。所谓超大规模数据，其比大规模数据的量还要庞大，多以 PB 级计量，如谷歌公司的系统存有 PB 级数据，为了对其数据进行快速查询，谷歌开发了 Dremel 实时查询系统，用于对只读嵌套数据的分析，能在几秒内完成对万亿张表的聚合查询；Cloudera 公司参考 Dremel 系统开发了一套名为 Impala 的实时查询引擎，能快速查询存储在 Hadoop 的 HDFS 和 HBase 中的 PB 级超大规模数据。此外，类似产品还有 Cassandra、Hive 等。

目前，交互式查询的解决方案主要有两种：①实现交互式查询运算的工具，最通用的就是通过 SQL 语句，直接由数据库查询；②进行交互式查询运算，也可以通过直接编写程序来实现。

3.1.4 图计算

图计算是一种能够处理和分析复杂关系数据的技术，它在生态环境大数据中的应用展现出独特的优势和价值。图计算将数据和数据之间的关系表示为图，通过图的分析，可以揭示数据之间的复杂联系和深层次的信息。在生态环境领域，许多数据都有着复杂的关系，比如生物间的食物链关系、环境因素对生物分布的影响关系、污染物的传播关系等，这些关系往往难以通过传统的数据梳理方法来分析，而图计算则可以提供有效的解决方案。以生物间的食物链关系为例，通过图计算，我们可以将食物链关系建模为一个有向图，然后通过图的分析，我们可以快速理解各种生物之间的关系，比如哪些生物是关键物种，哪些生物可能因为某种生物的缺失而受到影响等，这对于生态保护具有重要的指导意义。另外，图计算在环境监测和预警中也有重要的应用。例如，我们可以将环境监测站点和它们之间的地理距离关系建模为一个图，通过图的分析，我们可以预测污染物可能的传播路径和影响范围，为环境保护和灾害应对提供数据支持。总的来说，图计算在生态环境大数据中的应用，为我们揭示数据之间的复杂关系提供了新的视角和工具，对于环境保护和生态研究有着重要的价值。

图计算的概念和方法对于处理生态环境大数据尤为关键。在复杂的生态系统中，生物种群、气候条件、污染源等构成的各种关系可以被抽象成图的形式，即在图的表示中，各个实体被视为节点，而它们之间的关系则被视为边。更进一步，这些节点和边都可以赋予各种属性，用于深入描绘生态系统中的细节和复杂性。以下将深入探讨图计算在生态环境大数据处理中的一些关键应用，以及相关的数学公式或模型。

（1）生态网络分析

在生态学研究中，生物种群之间的相互作用可以被构造成一个网络，其中节点代表种群，边代表相互作用。通过这种方式，可以使用图计算来研究生态网络的结构特性，如中心性、聚类系数等，这些指标可以帮助理解物种的关键角色和生态系统的稳定性。以度中心性为例，它是一种测量一个节点在网络中的重要性的指标，可以定义为节点的度（与该节点相连的边的数量）。度中心性的计算公式为

$$C_{D(v)} = \deg(v) \tag{3-1}$$

式中，$C_{D(v)}$——节点 v 的度中心性；

$\deg(v)$——节点 v 的度。

式（3-1）显示，一个种群的度中心性与其在生态网络中的位置有关，也反映了这个种群与其他种群的相互作用数量。

（2）污染扩散模型

图计算同样可以用于模拟污染扩散。污染源和受影响的环境元素可以被抽象为图中的节点，污染物的扩散路径则被视为图中的边。在这种图模型中，污染物的扩散可以被建模为一个动态过程，即在每个时间步，每个节点的污染物浓度会根据其相邻节点的污染物浓度和相应的边的权重进行更新。这可以被表达为式（3-2）：

$$\mathrm{PR}\left(t+1,v\right) = \sum_{\{u\in N(v)\}} \left\{\left(P\left(t,v\right)\times w(u,v)\right\}\right. \tag{3-2}$$

式中，$P(t,v)$——在时间 t，节点 v 的污染物浓度；

$N(v)$——节点 v 的邻居节点集合；

$w(u,v)$——节点 u 和 v 之间的边的权重，表示污染物的流动速度。

（3）生态食物网分析

生态食物网是描述生物种群之间捕食关系的网络模型。在这个模型中，节点代表生物种群，有向边代表捕食关系，即边的方向是从捕食者指向被捕食者。食物网中的节点被分为不同的营养层级，如生产者、一级消费者、二级消费者等。图计算可以用来研究食物网的结构和稳定性。例如，可以通过计算图的强连通分量（strongly connected components）来识别食物网中的循环链，在生态食物网中，节点代表生物种群，有向边代表捕食关系。利用图计算，可以识别食物网中的循环链，评估食物网的稳定性。食物网中节点的稳定性可以通过其 Pagerank 值来衡量，其中 Pagerank 的计算公式如下：

$$\mathrm{PR}(v)=(1-d)+d\times\sum_{\{u\in N(v)\}}\left[\frac{\mathrm{PR}(u)}{L(u)}\right] \tag{3-3}$$

式中，$\mathrm{PR}(v)$——节点 v 的 Pagerank 值；

d——阻尼因子，一般取 0.85；

$N(v)$——节点 v 的入度邻居节点集合；

$L(u)$——对于食物链中的节点 u，$L(u)$ 表示从节点 u 发出的边的数量，这可以理解为节点 u 捕食的生物种群数量；

$\sum_{\{u\in N(v)\}}\left[\frac{\mathrm{PR}(u)}{L(u)}\right]$——计算节点 v 的所有捕食者 u 的 Pagerank 值除以 u 捕食的生物种群数量之和，这部分体现了生物种群 v 的重要性。

（4）气候网络分析

气候系统是一个复杂的动态系统，包含多种相互关联的气候变量。这些气候变量之间的关系可以被建模为一个复杂网络，即气候网络，其中节点代表地理位置，边代表气候变量之间的统计关系。通过对这个网络的拓扑特性进行分析，如节点度分布、聚类系数和网络直径等，可以从宏观尺度上理解气候系统的结构和动态特性。

（5）生态系统服务评估

生态系统服务是生态系统为人类社会提供的各种直接或间接的利益。这些服务包括支持服务（如土壤形成和养分循环）、调节服务（如气候调节和洪水调节）、供给服务（如食物和水）和文化服务（如休闲和精神满足）。这些服务之间存在着复杂的交互和影响关系，可以被建模为一个有向图，图中的节点代表各种生态系统服务，边代表这些服务之间的影响关系。通过分析这个图的拓扑结构和动态特性，可以更好地理解生态系统服务之间的依赖和反馈关系，为生态系统管理和决策提供科学依据。

图计算主要是针对大规模图结构数据的处理，其关键技术主要有数据融合和图分割等，是一种可以表达为有向图的大数据计算，如社交网络数据等，解决了传统的计算模式下关联查询的低效率问题。

图（graph）是描述个体之间相互关系的最自然也最合适的数据结构，包含了一系列的顶点（个体）与边（个体之间的关系），同时顶点或者边都可以附带一些描述自身的信息（特征）。图计算系统中最基础的数据结构由顶点 *V*（或节点）、边 *E*、权重 *D* 这 3 个因素组成，即 *G*=（*V*，*E*，*D*），其中 *V* 为顶点（vertex），*E* 为边（edge），*D* 为权重（data）。

针对大型图的计算，目前通用的图计算软件主要包括两种：第一种主要是基于遍历算法的、实时的图数据库，如 Neo4j、OrientDB、DEX 和 Infinite Graph。第二种则是以图顶点为中心的、基于消息传递批处理的并行引擎，如 GoldenOrb、Giraph、Pregel 和 Hama，这些图处理软件主要是基于 BSP 模型实现的并行图处理系统。一次块同步并行计算模型 BSP（bulk synchronous parallel）Computing Model（又称“大同步”模型）计算过程包括一系列全局超步（所谓的超步就是计算中的一次迭代），每个超步主要包括 3 个组件：①局部计算。每个参与的处理器都有自身的计算任务。②通信。处理器群相互交换数据。③栅栏同步（barrier synchronization）。当一个处理器遇到“路障”（或栅栏），会等到其他所有处理器完成它们的计算步骤。典型产品主要有 Pregel、Trinity、GraphX、GraphLab 等（图 3-3）。

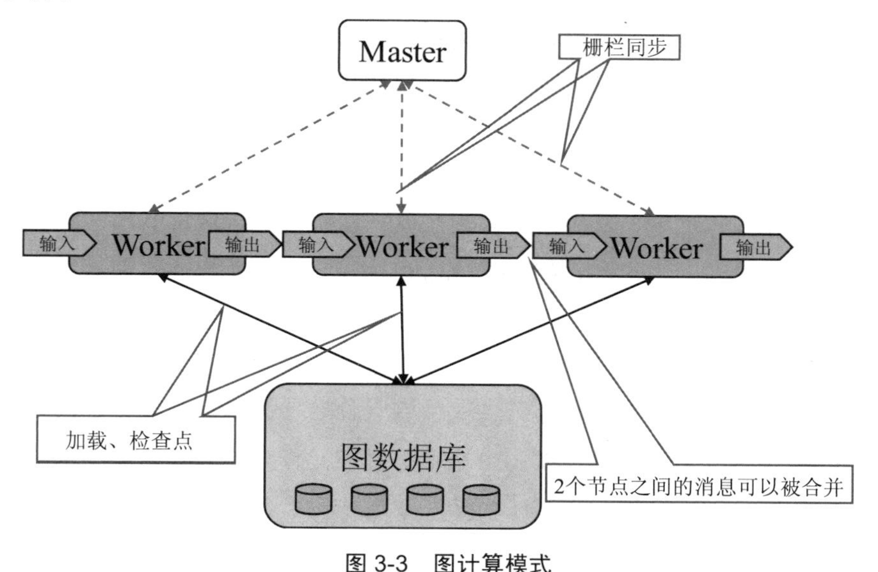

图 3-3　图计算模式

主要的图算法有以下几种：

（1）遍历算法

图遍历算法是一种专门处理图形数据的算法，它的主要目的是遍历图中的所有节点。

遍历图中节点的复杂性体现在多个方面。图形数据结构没有明确的首节点，可以选择图中任何一个顶点作为第一个被访问的节点，因此，我们需要有一个策略来确定起始节点。具体的选择策略可能取决于问题的性质和目标。

在非连通图中，从一个顶点出发，只能访问到它所在的连通分量中的所有顶点。在这种情况下，我们需要考虑如何选择下一个出发点，以便访问图中的其他连通分量。

此外，图结构中可能存在回路，这就导致一个顶点可能会被多次访问。为避免这种情况，我们需要在访问节点前判断该节点是否已被访问过。此外，当一个顶点与多个其他顶点相连时，我们需要选择下一个要访问的顶点。

通常情况下，图的遍历算法可以分为深度优先搜索（DFS）和广度优先搜索（BFS）。DFS 遵循的原则是尽可能深入地访问图的分支，直到当前分支中的所有节点都被访问过，然后再回溯到前一个节点，进行新的分支的访问。BFS 则是从根节点开始，先访问离它最近的节点。一旦所有的兄弟节点都被访问过，再访问离根节点第二近的节点。

（2）社区发现（community detection）

社区发现是网络科学中的一个重要课题，主要用于识别网络中的群体结构，也可以被视为一种聚类算法。社区是网络中一组节点，这些节点之间的内部连接密度要高于与网络其余部分的连接密度。

社区发现的一个主要应用是在社交网络中识别用户的社区结构。社区发现算法可以计算网络中的三角形的数量，这可以用来衡量社区的紧密程度。在社交网络中，一个三角形通常表示 3 个人都彼此认识，因此，一个社区中三角形的数量越多，表明该社区的社交关系越稳固、紧密。为了找到社区，我们可以使用诸如模块性优化、谱聚类和层次聚类等方法。

（3）PageRank

PageRank 是由 Google 创始人拉里 • 佩奇和谢尔盖 • 布林发明的链接分析算法，用于确定网络页面的重要性。PageRank 算法的核心思想是通过链接的数量和质量来度量网页的重要性。每个链接都被视为一种对目标页面重要性的投票，链接的来源页面越重要，该链接对目标页面的投票权重就越大。

PageRank 的数学形式可以表示为

$$\mathrm{PR}(A)=(1-d)+d\left[\frac{\mathrm{PR}(Ti)}{C(Ti)}+\ldots+\mathrm{PR}(Tn)/C(Tn)\right] \tag{3-4}$$

式中，$\mathrm{PR}(A)$——页面 A 的 PageRank 值；

$\mathrm{PR}(Ti)$——链接到页面 A 的页面 Ti 的 PageRank 值；

$C(Ti)$——页面 Ti 的出链接数；

d——阻尼因子，通常设置为 0.85。

（4）最短路径

在图论和计算理论中，最短路径问题是指寻找图中两个顶点之间的最短路径。最短路径算法的一个主要应用是在网络或道路系统中找到两点间的最短路线。

最著名的最短路径算法是 Dijkstra 算法，这是一个用于带权重有向图的算法，可以找到从源节点到图中所有其他节点的最短路径。Dijkstra 算法的主要思想是，每次找到距离源节点最近的一个节点，然后更新它的邻居节点的距离。

3.2　Hadoop 计算框架

Hadoop 计算框架在生态环境大数据处理中发挥着关键作用，它是一种高效、可扩展的大数据计算平台，能够有效处理和分析生态环境大数据。Hadoop 由两个主要的组件构成：Hadoop 分布式文件系统（HDFS）和 MapReduce 计算模型。HDFS 可以将大量的生态环境数据分布存储在多台服务器上，而 MapReduce 则可以在这些服务器上并行计算，从而高效处理大量的生态环境数据。在生态环境领域，Hadoop 的应用非常广泛。例如，气候科学家可以使用 Hadoop 处理和分析大量的气候模型数据，预测未来的气候变化。环保部门可以使用 Hadoop 分析大量的污染源数据，找出主要的污染物，为环保政策制定提供数据支持。再如，生态学家可以使用 Hadoop 分析大规模的生物种群数据，揭示生物分布的规律，为生物保护提供科学依据。此外，Hadoop 的可扩展性使得它可以随着数据量的增长而增加计算和存储资源，这对于处理不断增长的生态环境大数据非常重要。Hadoop 计算框架在生态环境领域中的应用，能够高效处理和分析大量的生态环境数据，为环保决策和生态研究提供强大的数据支持。

3.2.1　Hadoop 概述

Hadoop 是一个由 Apache 基金会所开发的分布式系统基础架构，是一个能够对大量数据进行分布式处理的软件框架，带有用 Java 语言编写的框架，适合运行在 Linux 生产平台，具有高可靠性、高扩展性、高效性、高容错性的优点。

Hadoop 的官方定义，是开源的大数据框架，可运行在大规模集群上，进行分布式的存储和计算。基于 Hadoop，能够高效地处理海量数据的分布式并行程序，将其运行于成百上千个节点组成的大规模计算机集群上。

3.2.2　Hadoop 工作原理与特点

Hadoop 是一个能够让用户轻松架构和使用的分布式计算平台。它主要有以下几个优点：

1）高可靠性。Hadoop 按位存储和处理数据的能力值得人们信赖。

2）高扩展性。Hadoop 是在可用的计算机集簇间分配数据并完成计算任务的，这些集簇可以方便地扩展到数以千计的节点中。

3）高效性。Hadoop 能够在节点之间动态地移动数据，并保证各个节点的动态平衡，因此处理速度非常快。

4）高容错性。Hadoop 能够自动保存数据的多个副本，并且能够自动将失败的任务重新分配。

Hadoop 是一个开源框架，工作主要包括三大块内容：分布式文件存储系统（HDFS）、资源管理和任务调度系统（YARN）、分布式计算框架（MapReduce）（图 3-4）。

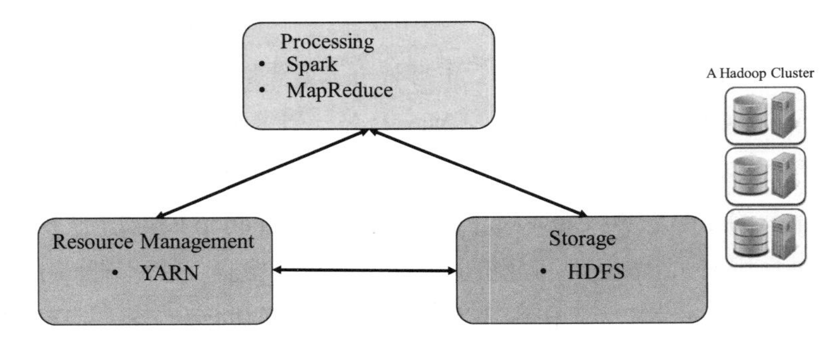

图 3-4 Hadoop 核心组件

（1）HDFS

HDFS 是 Hadoop 生态系统的核心之一，可以创建、删除、移动或重命名文件等。HDFS 具有高度容错能力，旨在部署在低成本的硬件上。HDFS 提供对应用程序数据的高吞吐量访问，适用于具有大型数据集的应用程序。

1）HDFS 内部架构：

◆ Name Node：存储元数据信息，负责管理 Data Node，给从节点分配任务，并起到监控从节点心跳的作用。

◆ Secondary Name Node：辅助 Name Node 管理，主节点启动时会把元数据信息存在 FSImage 中，同时每次对主节点有操作记录的行为都存储在 Edits 中，那么这些小文件肯定会越来越多，占据的空间也就会越来越大，这个时候就需要看时间长短和文件大小来决定什么时候对这些小文件进行合并，合并之后主节点将这些文件交由 Secondary Name Node 辅助管理。

◆ Data Node：从节点，主要用于存储具体的数据，负责执行主节点分配的任务。

2）HDFS 内部工作流程。客户端上传文件，把文件需要切分成若干个 block 块，然后向主节点发出创建文件夹的请求，主节点创建成功后将消息告知给客户端，同时主节点查找闲置的从节点，同时把从节点的地址信息告知给客户端，从节点同时需要保证时刻和主节点的心跳汇报，然后客户端按照主节点告知的具体存储地址寻找从节点，然后 block 块依次进行上传，上传文件的时候每台服务器上需要保证至少有 3 个副本信息，这也就是 HDFS 能保证数据不丢失的原因，是 HDFS 的内部工作流程。

（2）YARN

YARN 是开源 Hadoop 分布式处理框架中的资源管理和作业调度技术，它主要负责将系统资源分配给在 Hadoop 集群中运行的各种应用程序，并调度要在不同集群节点上执行的任务。

1）YARN 内部架构：

◆ Resource Manager（主节点）：负责资源管理和任务调度，监控着所有资源。

◆ Application Master：负责具体每个应用程序的任务调度协调。

◆ Node Manager（从节点）：负责对自己节点的维护。

◆ Container：资源容器，容器中运行 Task 任务，或者更通俗点来说就是 MapReduce 计算的容器。

2）YARN 工作原理。客户端向主节点发出请求运行时所需的计算机资源，然后主节点 Resource Manager 开始启动最近的一个从节点，启动该从节点的 Container，运行 Application Master，然后 AM 向主节点注册自己，并且保持心跳信息的实时通信，AM 向主节点申请需要的若干数目的 Container 容器，主节点向每个容器分配资源，同时 AM 把申请的容器地址告知给客户端，客户端把资源完整的发给每个容器，而 AM 就是负责对从节点进行监控管理（图 3-5）。

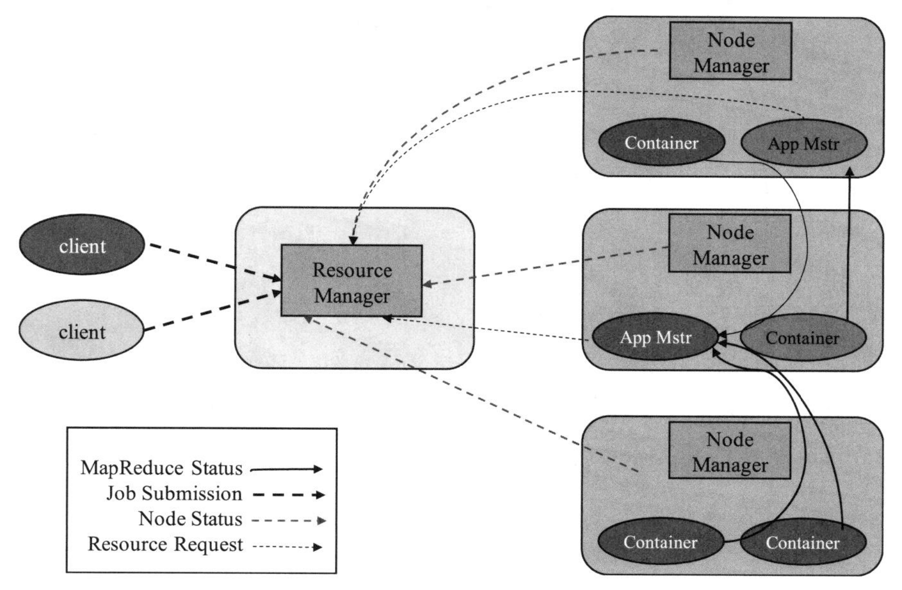

图 3-5　YARN 架构

（3）MapReduce

MapReduce 是一个软件框架，用于轻松编写应用程序，以可靠容错的方式在大型集群的商用硬件上并行处理大量数据。

1）MapReduce 内部架构：

◆ Map：负责将文件分片处理，然后转化成 Map 阶段自定义逻辑的 K、V 键值对形式。

◆ Shuffle：分区，排序，规约，分组，简单直白点说就是 Map 阶段的输出到 Reduce 阶段的输入的中间过程就是 Shuffle 阶段。

◆ Reduce：对数据进行全局汇总。

2）MapReduce 内部原理。在 Hadoop 中，一个 MapReduce 作业会把输入的数据集切分为若干独立的数据块，由 Map 任务以完全并行的方式处理。框架会对 Map 的输出先进行排序，然后把结果输入给 Reduce 任务。作业的输入和输出都会被存储在文件系统中，整个框架负责任务的调度和监控，以及重新执行已关闭的任务。MapReduce 框架和分布式文件系统是运行在一组相同的节点，计算节点和存储节点都是在一起的（图 3-6）。

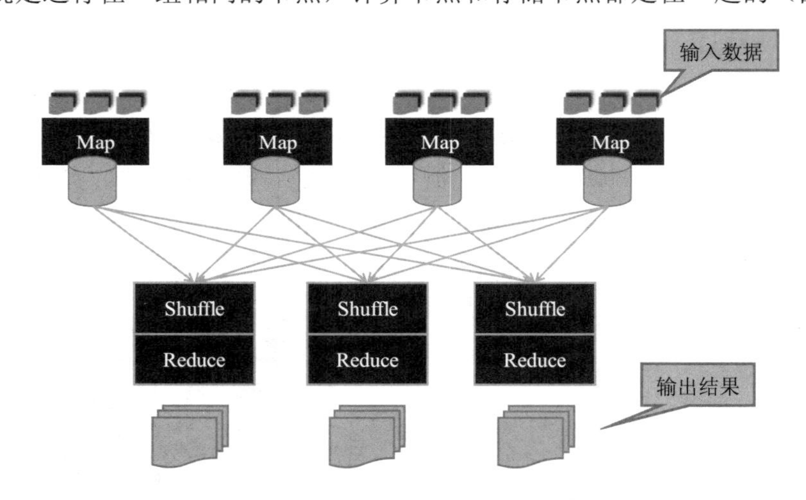

图 3-6　MapReduce 处理模型的基本框架

3.2.3　Hadoop 生态系统

Hadoop 生态系统除 HDFS、MapReduce、YARN 外，还包括数据迁移工具（Sqoop）、数据挖掘算法库（Mahout）、实时分布式数据库（HBase）、分布式协作服务（Zookeeper）、数据仓库（Hive）和日志收集工具（Flume）等（图 3-7）。

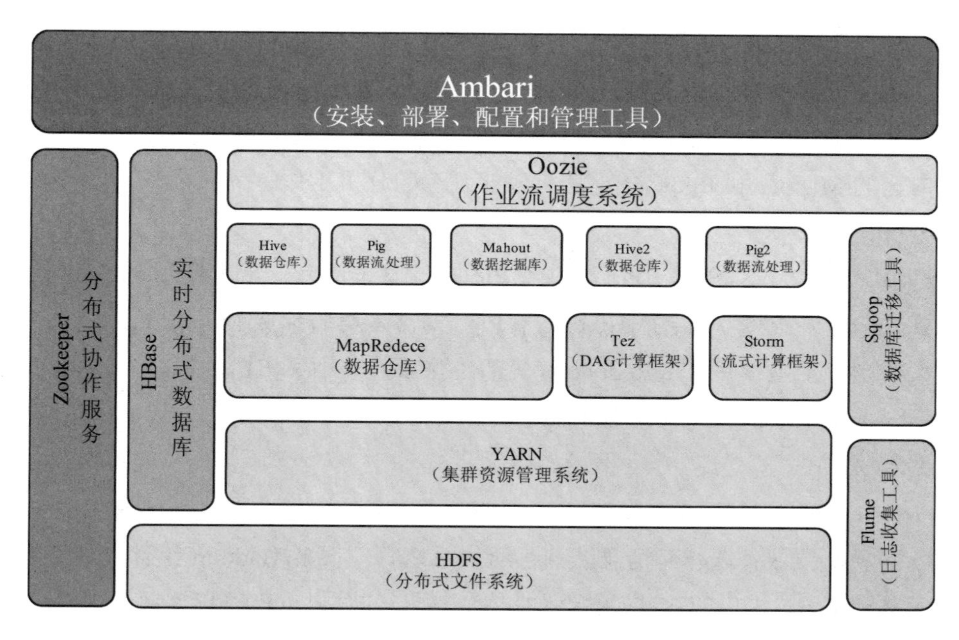

图 3-7　Hadoop 生态系统

在 Hadoop 系统中，每种服务一般都有若干种角色，在分布式环境中负责不同的功能。每种角色的实例都是一个进程，不同的进程可以在同一台机器上运行，也可以根据配置运行在不同的机器上。

Hadoop 生态系统不仅仅是一套软件工具的集合，它实际上是一个强大的分布式计算框架，以及一个以数据为核心的平台。Sqoop 作为数据迁移工具，其实还能够作为各种数据源和 Hadoop 之间的桥梁，实现数据的无缝集成。例如，我们可以将气候监测站、卫星遥感等不同来源的环境数据通过 Sqoop 迁移到 Hadoop 平台进行联合分析。Mahout 不仅仅是一个数据挖掘算法库，更是一种强大的智能化工具。借助 Mahout，我们可以对生态环境大数据进行深度学习、聚类分析、回归分析等复杂的数据挖掘任务，揭示出更深层次的环境规律。HBase 和 Hive 不仅仅是存储和查询工具，它们还可以支持复杂的数据处理和分析任务。例如，我们可以使用 HBase 存储的生态环境数据进行时空分析，或者使用 Hive 进行环境质量的统计分析。Flume 和 Zookeeper 在生态环境大数据处理中的角色不仅限于日志收集和协调服务，它们也能保证 Hadoop 生态系统的稳定性和可靠性，这对于大规模的生态环境数据处理是至关重要的。Hadoop 生态系统的每个组件都可以在处理生态环境大数据时发挥更深层次的作用。而且，这些组件之间可以协同工作，形成一个全面、强大的生态环境大数据处理平台。

（1）Hive

Hive 是建立在 Hadoop 上的数据仓库基础构架。它提供了一系列的工具，可以用来进行数据提取转化加载，这是一种可以存储、查询和分析存储在 Hadoop 中的大规模数据的机制。Hive 定义了简单的类 SQL 查询语言，称为 HQL，它允许熟悉 SQL 的用户查询数据。同时，这个语言也允许熟悉 MapReduce 开发者的开发自定义的 Mapper 和 Reducer 来处理内建的 Mapper 和 Reducer 无法完成的复杂的分析工作。

（2）Pig

Pig 是一个高级过程语言。Pig 提供了 PigLatin 脚本语言，可以用命令式（imperative）编程的模式来查询数据。无论是 Hive 还是 Pig，最终都会转换成 MapReduce 任务来执行，但是大大减少了手工编写 MapReduce 任务的工作量，减小了出错的机会。Hive 和 Pig 对从事数据分析的用户而言是非常有用的工具。

（3）Zookeeper

Zookeeper 提供了编写分布式软件所需的常用工具，包括分布式系统的名字服务、配置管理、同步、领导者选举、消息队列、通知系统等。很多 Hadoop 组件（如 HBase），就使用了 Zookeeper 提供的这些功能。如果有需要，开发者也可以直接调用这些功能，编写的分布式软件可以运行在 Hadoop 系统上。

（4）HBase

HBase 是一个分布式的、面向列的开源数据库，是基于 HDFS 之上的 NoSQL 数据库。HBase 的数据保存在 HDFS 之上，可以看成是一种 HDFS 的“客户端”。

HBase 实现了基于列的分布式存储。在 HBase 中，数据以表（table）的形式组织，每个表可以有很多行（row），每行可以有若干个列簇（columnfamily），而每个列簇可以包含多个列（column）。列簇需要事先定义，而列可以在使用中随时添加，无须事先定义。每行每列会对应一个单元（cell），而一个单元的值可以有多个版本，用不同的时间戳来区分。每个值是一个任意长度的字节串，因此可以用来保存任何类型的数据。每行都有一个用户自定义的主键，作为引用该行的 ID。

（5）Mahout

Mahout 是用 Hadoop 实现的机器学习算法库，包括聚类、分类、推荐，以及线性代数中的一些常用的算法。用户可以直接调用 Mahout 提供的算法，而不必自己再用 MapReduce 实现一遍。老版本的 Mahout 中的算法主要用 MapReduce 来实现，新版本中的算法使用一种支持线性代数操作的领域特定语言（domain specific language，DSL）来实现，用这种 DSL 实现的算法可以很容易地在 Spark 平台（见下文）上自动优化和并行执行。有意思的是，Mahout 在印度语中是骑象人的意思，而 Hadoop 则是作者 Doug Cutting 孩子的玩具象的名字。

（6）Sqoop

Sqoop 是一个命令行工具，用于在 Hadoop 和传统的关系型数据库之间传输数据。通过它可以增量式地把数据从 MySQL 等数据库的表格导入 HDFS 或 HBase 中，也可以反过来把数据从 Hadoop 系统导出到数据库，实现了 Hadoop 系统与传统软件的数据交换。

（7）Flume

Flume 是 Cloudera 提供的一个高可用性的、高可靠、分布式的海量日志采集、聚合和传输的软件。Flume 的核心是把数据从数据源收集过来，再将收集到的数据送到指定的目的地。为了保证输送的过程一定成功，在送到目的地之前，会先缓存数据，待数据真正到达目的地后，再删除自己缓存的数据。

日志的收集和分析是 Hadoop 平台的一个重要应用。在 Hadoop 生态系统中，Chukwa、Flume、Kafka、Scribe 都能进行日志的收集，收集的结果会导入 HDFS。这些软件由不同的公司主导开发，各有特点，可以根据需要选取使用。

（8）Ambari

Ambari 是 Hadoop 分布式集群配置管理工具，是由 Hortonworks 主导的开源项目，它已经成为了 apache 基金会的开源项目，是 Hadoop 运维系统中的得力助手。Ambari 支持大多数 Hadoop 组件，包括 HDFS、MapReduce、Hive 等。

3.3　Spark 计算框架

Apache Spark 是一种强大的分布式计算框架，它被广泛应用于生态环境大数据的处理和分析。Spark 的优势在于其高速度、易用性和全面的大数据处理能力。Spark 提供了强大的数据处理速度，其核心是基于内存计算的，能够迅速处理和分析生态环境大数据。例如，海量的气候监测数据、卫星遥感数据等，可以通过 Spark 迅速进行预处理和分析，有效缩短数据处理时间，快速响应环境变化和突发事件。Spark 的易用性也得到了广泛的认可。它支持多种编程语言，如 Java、Scala 和 Python，可以方便地进行大数据处理和分析任务的编程。同时，Spark 提供了丰富的数据处理和机器学习库，如 Spark SQL、Spark Streaming、MLlib 和 GraphX 等，可以满足各种生态环境大数据的处理需求。此外，Spark 还具有强大的容错能力和扩展性。它可以在大规模的计算集群上运行，有效处理和分析海量的生态环境大数据。同时，如果在数据处理过程中某个节点出现故障，Spark 可以自动重新调度任务，确保数据处理的完整性和正确性。Spark 计算框架在生态环境大数据处理中发挥着重要作用。它提供了高速、易用、全面的大数据处理能力，为生态环境研究和保护提供了强有力的技术支持。

3.3.1　Spark 概述

Spark 是一种快速、通用、可扩展的大数据分析引擎，它的一个含义是“电光火石”，表示运行速度非常快，它以高效的方式处理分布式数据集，为分布式数据集的处理提供了一个有效的框架。Spark 是一种与 Hadoop 相似的开源集群计算环境，但是两者之间还存在一些不同之处，这些有用的不同之处使 Spark 在某些工作负载方面表现得更加优越，换句话说，Spark 启用了内存分布数据集，除能够提供交互式查询外，它还可以优化迭代工作负载。Spark 是在 Scala 语言中实现的，它将 Scala 用作其应用程序框架。与 Hadoop 不同，Spark 和 Scala 能够紧密集成，其中的 Scala 可以像操作本地集合对象一样轻松地操作分布式数据集。

近几年来，大数据机器学习和数据挖掘的并行化算法研究成为大数据领域一个较为重要的研究热点。早几年国内外研究者和业界比较关注的是在 Hadoop 平台上的并行化算法设计。然而 Hadoop MapReduce 平台由于网络和磁盘读写开销大，难以高效地实现需要大量迭代计算的机器学习并行化算法。随着 UC Berkeley AMPLab 推出的新一代大数据平台 Spark 系统的出现和逐步发展成熟，近年来国内外开始关注在 Spark 平台上如何实现各种机器学习和数据挖掘并行化算法设计。为了方便一般应用领域的数据分析人员使用所熟悉的 R 语言在 Spark 平台上完成数据分析，Spark 提供了一个称为 SparkR 的编程接口，使得一般应用领域的数据分析人员可以在 R 语言的环境里方便地使用 Spark 的并行化编程接口和强大的计算能力。

Spark 是一种通用的大数据计算框架，正如传统大数据技术 Hadoop 的 MapReduce、Hive 引擎等，Spark 包含了大数据领域常见的各种计算框架：比如 Spark Core 用于离线计算，Spark SQL 用于交互式查询，Spark Streaming 用于实时流式计算，Spark MLlib 用于机器学习，Spark GraphX 用于图计算。

Spark 内存计算框架适合各种迭代算法和交互式数据分析，能够提升大数据处理的实时性和准确性，现已逐渐获得很多企业的支持，如阿里巴巴、百度、网易、英特尔等。

3.3.2 Spark 工作原理与特点

Spark 使用 Spark Core、Spark SQL、Spark Streaming、MLlib、GraphX 成功解决了大数据领域中，离线批处理、交互式查询、实时流计算、机器学习与图计算等最重要的任务和问题。其特点在于一站式计算，通用的大数据快速处理引擎（图 3-8）。

（1）Spark Core

Spark Core 是 Spark 的核心与基础，实现了 Spark 的基本功能，包含任务调度、内存管理、错误恢复与存储系统交互等模块。Spark Core 中包含了对 Spark 核心 API——弹性分布式数据集（RDD API）的定义：RDD 表示分布在多个计算节点上可以并行操作的元素集合，是 Spark 的核心抽象。

Spark Core 提供 Spark 最基础与最核心的功能，主要包括以下功能：

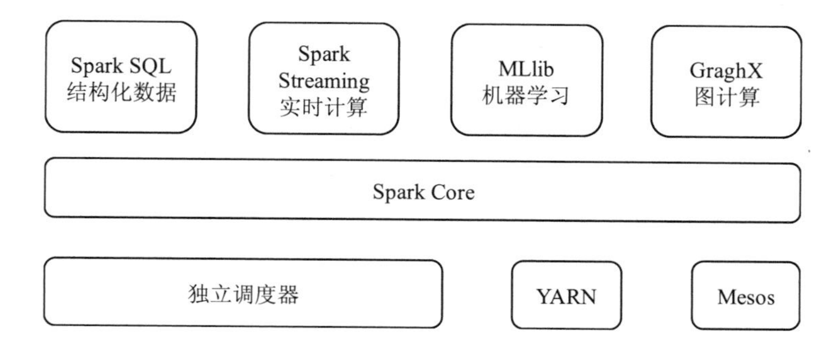

图 3-8　Spark 整体架构

1）Spark Context。通常而言，Driver Application 的执行与输出都是通过 Spark Context 来完成的。在正式提交 Application 之前，首先需要初始化 Spark Context。Spark Context 隐藏了网络通信、分布式部署、消息通信、存储能力、计算能力、缓存、测量系统、文件服务、Web 服务等内容，应用程序开发者只需要使用 Spark Context 提供的 API 完成功能开发。Spark Context 内置的 DAG Scheduler 负责创建 Job，将 DAG 中的 RDD 划分到不同的 Stage，提交 Stage 等功能。内置的 Task Scheduler 负责资源的申请、任务的提交及请求集群对任务的调度等工作。

2）存储体系。Spark 优先考虑使用各节点的内存作为存储，当内存不足时才会考虑使用磁盘，这极大地减少了磁盘 IO，提升了任务执行的效率，使得 Spark 适用于实时计算、流式计算等场景。此外，Spark 还提供了以内存为中心的高容错的分布式文件系统 Tachyon 供用户进行选择。Tachyon 能够为 Spark 提供可靠的内存级的文件共享服务。

3）计算引擎。计算引擎由 Spark Context 中的 DAG Scheduler、RDD 以及具体节点上的 Executor 负责执行的 Map 和 Reduce 任务组成。DAG Scheduler 和 RDD 虽然位于 Spark Context 内部，但是在任务正式提交与执行之前会将 Job 中的 RDD 组织成有向无环图（DAG），并对 Stage 进行划分，决定了任务执行阶段任务的数量、迭代计算、shuffle 等过程。

4）部署模式。由于单节点不足以提供足够的存储和计算能力，所以作为大数据处理的 Spark 在 Spark Context 的 Task Scheduler 组件中提供了对 Standalone 部署模式的实现和 YARN、Mesos 等分布式资源管理系统的支持。通过使用 Standalone、YARN、Mesos 等部署模式为 Task 分配计算资源，提高任务的并发执行效率。

（2）Spark SQL

Spark SQL 提供了基于 SQL 的数据处理方法，使得分布式的数据集处理变得更加简单，这也是 Spark 广泛使用的重要原因。目前，大数据相关计算引擎一个重要的评价指标就是是否支持 SQL，这样才会降低使用者的门槛。Spark SQL 提供了两种抽象的数据集合 DataFrame 和 DataSet。

（3）Spark Streaming

这个模块主要是对流数据的处理，支持流数据的可伸缩和容错处理，可以与 Flume 和 Kafka 等已建立的数据源集成。Spark Streaming 的实现也使用 RDD 抽象的概念，使得在为流数据编写应用程序时更为方便。

（4）GraphX

Spark 提供的分布式图计算框架。GraphX 主要遵循整体同步并行（bulk synchronous parallel，BSP）计算模式下的 Pregel 模型实现。GraphX 提供了对图的抽象 Graph，Graph 由顶点（Vertex），边（Edge）及继承了 Edge 的 Edge Triplet 3 种结构组成。GraphX 目前已经封装了最短路径、网页排名、连接组件、三角关系统计等算法的实现，用户可以选择使用。

（5）MLlib

Spark 提供的机器学习框架。机器学习是一门设计概率论、统计学、逼近论、凸分析、算法复杂度理论等多领域的交学科。MLlib 目前已经提供了基础统计、分析、回归、决策树、随机森林、朴素贝叶斯、保序回归、协同过滤、聚类、维数缩减特征提取与转型、频繁模式挖掘、预言模型标记语言、管道等多种数理统计、概率论、数据挖掘方面的数学算法。

作为一个通用大数据引擎，Spark 具有以下特点：

◆ 速度快：Spark 基于内存进行计算（当然也有部分计算基于磁盘，如 shuffle），与 Hadoop 的 MapReduce 相比，Spark 基于内存的运算要快 100 倍以上，基于硬盘的运算也要快 10 倍以上。Spark 实现了高效的 DAG（有向无环）执行引擎，可以通过基于内存来高效处理数据流。

◆ 易用（容易上手开发）：MapReduce 只支持一种计算（算法），Spark 支持多种算法。Spark 基于 RDD 的计算模型，比如 Hadoop 基于 MapReduce 的计算模型要更加易于理解，更加易于上手开发，实现各种复杂功能，如二次排序、TopN 等复杂操作时，更加便捷。支持 Java、Python、R 和 Scala 的 API，还支持超过 80 种高级算法，使用户可以快速构建不同的应用。而且 Spark 支持交互式的 Python 和 Scala 的 shell，可以非常方便地在这些 shell 中使用 Spark 集群来验证解决问题的方法。

◆ 通用：Spark 提供了统一的解决方案。Spark 可以用于批处理（Spark RDD）、交互式查询（Spark SQL）、实时流处理（Spark Streaming）、机器学习（Spark MLlib）和图计算（GraphX）等技术组件。这些不同类型的处理都可以在同一个应用中无缝使用。Spark 统一的解决方案非常具有吸引力，毕竟任何公司都想用统一的平台去处理遇到的问题，减少开发和维护的人力成本和部署平台的物力成本（图 3-9）。

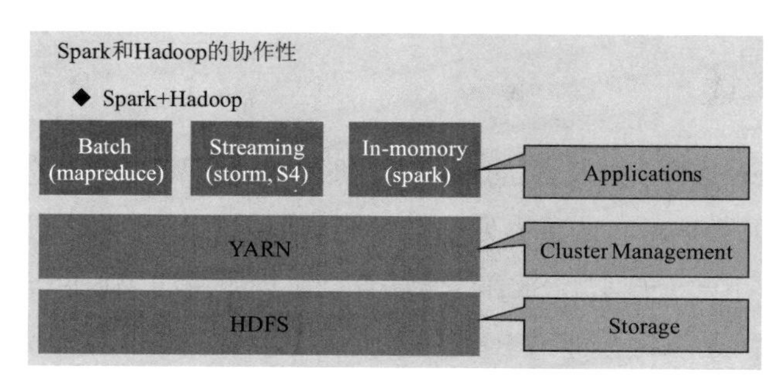

图 3-9　Spark 与 Hadoop 的协作性

◆ 集成 Hadoop：Spark 并不是要成为一个大数据领域的“独裁者”，一个人霸占大数据领域的所有“地盘”，而是与 Hadoop 进行了高度的集成，两者可以完美地配合使用。Hadoop 的 HDFS、Hive、HBase 负责存储，YARN 负责资源调度；Spark 负责大数据计算。实际上，Hadoop+Spark 的组合，是一种“Double Win”的组合。

◆ 兼容性：Spark 可以非常方便地与其他的开源产品进行融合。比如，Spark 可以使用 Hadoop 的 YARN 和 Apache Mesos 作为它的资源管理和调度器，并且可以处理所有 Hadoop 支持的数据，包括 HDFS、HBase 和 Cassandra 等。

◆ 极高的活跃度：Spark 目前是 Apache 基金会的顶级项目，全世界有大量的优秀工程师是 Spark 的 Committer。并且世界上很多顶级的 IT 公司都在大规模地使用 Spark。

3.4　Storm 计算框架

Apache Storm 是一种高度可扩展、可容错的实时计算系统，其在生态环境大数据处理中发挥了重要作用。Storm 的实时计算能力对于处理流动的生态环境大数据至关重要。例如，监测站或传感器网络实时收集的环境数据，如空气质量、气象条件、水质等，可以通过 Storm 进行实时分析。这种实时性允许我们对环境状况进行即时的反馈和响应，从而更好地进行环境保护和管理。Storm 的容错性和扩展性对于大规模生态环境大数据处理具有显著优势。在分布式环境中，如果某个节点发生故障，Storm 可以自动重新分配任务，保证数据处理的连续性和准确性。同时，Storm 的分布式架构使其能够轻松扩展，适应生态环境大数据的增长。Storm 还具有优秀的易用性。其支持多种编程语言，包括 Java、Python 和 Ruby 等，可以方便地实现复杂的数据处理逻辑。此外，Storm 提供了丰富的接口和 API，可以方便地与其他大数据技术如 Hadoop、Spark 等进行整合，为生态环境大数据的处理提供了更大的灵活性。Storm 以其实时计算能力、容错性和易用性，在生态环境大数据处理中起到了重要作用。它为我们提供了处理实时环境数据，对环境变化做出快速响应的能力，对于生态环境保护和管理具有重要意义。

3.4.1 Storm 概述

Storm 是 Apache 旗下免费开源的分布式实时计算框架。Storm 有许多应用领域，包括实时分析，在线机器学习，信息流处理（如可以使用 Storm 处理新的数据和快速更新数据库），连续性的计算（如使用 Storm 连续查询，然后将结果返回给客户端，如将微博上的热门话题转发给用户），分布式 RPC（远程调用协议，通过网络从远程计算机程序上请求服务），数据抽取、转换和加载（Extraction Transformation Loading，ETL）等。

3.4.2 Storm 工作原理与特点

Storm 是一个分布式的、可靠的、零失误的流式数据处理系统。它的工作就是委派各种组件分别独立地处理一些简单任务。具有低延迟、高性能、分布式、可扩展、容错等特性，可确保消息不丢失且严格有序。

Storm 内部组件：①Nimbus 负责在集群分发的代码。②Topology 只能在 Nimbus 机器上提交，将任务分配给其他机器和故障监测。③Supervisor，负责监听分配给它的节点，根据 Nimbus 的委派在必要时启动和关闭工作进程。每个工作进程执行 Topology 的一个子集。一个运行中的 Topology 由运行在很多机器上的工作进程组成（图 3-10）。

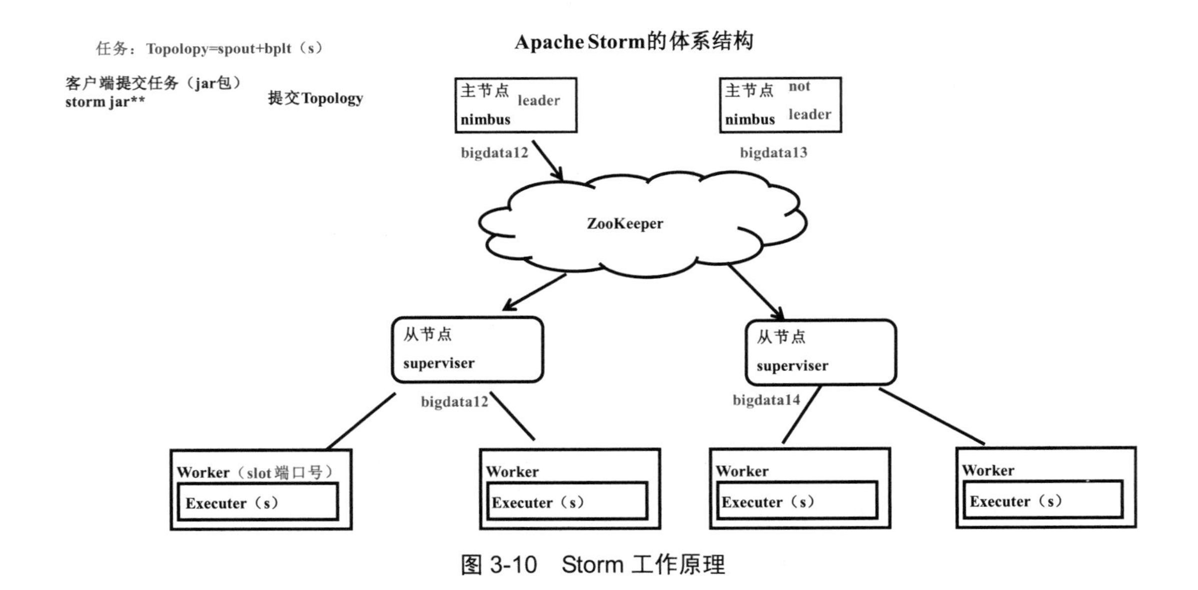

图 3-10 Storm 工作原理

Storm 的流处理可对框架中名为 Topology（拓扑）的 DAG（Directed Acyclic Graph，有向无环图，数据转换执行的过程，有方向，无闭环）进行编排。这些拓扑描述了当数据片段进入系统后，需要对每个传入的片段执行的不同转换或步骤（图 3-11）。

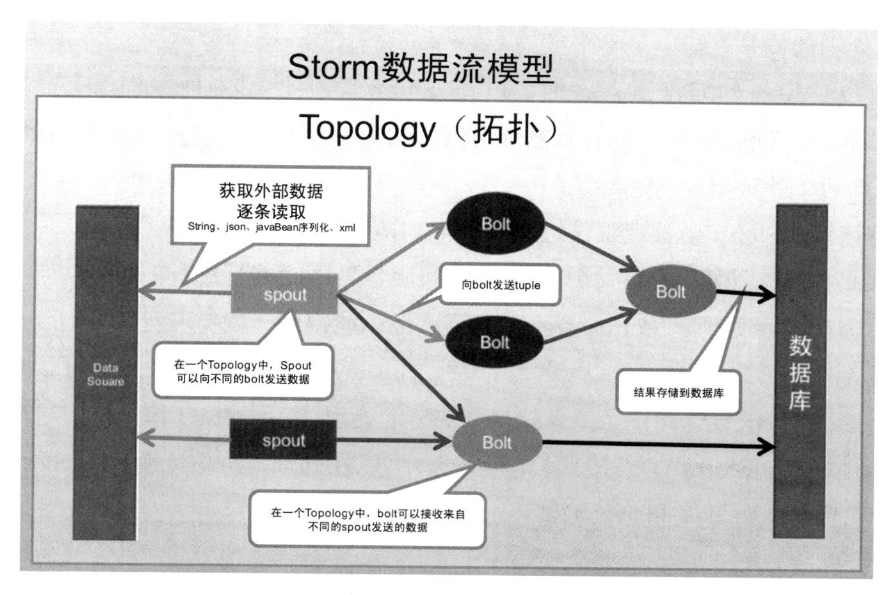

图 3-11　Storm 数据流模型

拓扑包含：

◆ Stream：普通的数据流，这是一种会持续抵达系统的无边界数据。

◆ Spout：位于拓扑边缘的数据流来源，如可以是 API 或查询等，从这里可以产生待处理的数据。

◆ Bolt：Bolt 代表需要消耗流数据，对其应用操作，并将结果以流的形式进行输出的处理步骤。Bolt 需要与每个 Spout 建立连接，随后相互连接以组成所有必要的处理。在拓扑的尾部，可以使用最终的 Bolt 输出作为相互连接的其他系统的输入。

在 Storm 集群中处理输入流的是 Spout 组件，而 Spout 又把读取的数据传递给叫 Bolt 的组件。Bolt 组件会对收到的数据元组进行处理，也有可能传递给下一个 Bolt。我们可以把 Storm 集群想象成一个由 bolt 组件组成的链条集合，数据在这些链条上传输，而 Bolt 作为链条上的节点来对数据进行处理。也可以认为 Spout 就是水龙头，并且每个水龙头里流出的水是不同的，我们想拿到哪种水就拧开哪个水龙头，然后使用管道将水龙头的水导向到一个水处理器（Bolt），水处理器处理后再使用管道导向另一个处理器或者存入容器中。

Storm 背后的想法是使用上述组件定义大量小型的离散操作，随后将多个组件组成所需拓扑。默认情况下 Storm 提供了“至少一次”的处理保证，这意味着可以确保每条消息至少可以被处理一次，但某些情况下如果遇到失败可能会处理多次。Storm 无法确保可以按照特定顺序处理消息。

Storm 的主要特点如下：

◆ 简单的编程模型。类似于 MapReduce 降低了并行批处理的复杂性，Storm 降低了进行实时处理的复杂性。

- 可以使用各种编程语言。你可以在 Storm 之上使用各种编程语言。默认支持 Clojure、Java、Ruby 和 Python。要增加对其他语言的支持，只需实现一个简单的 Storm 通信协议即可。
- 容错性。Storm 会管理工作进程和节点的故障。
- 水平扩展。计算是在多个线程、进程和服务器之间并行进行的。
- 可靠的消息处理。Storm 保证每个消息至少能得到一次完整处理。任务失败时，它会负责从消息源重试消息。
- 快速。系统的设计保证了消息能得到快速的处理，使用 ØMQ 作为其底层消息队列。
- 本地模式。Storm 有一个“本地模式”，可以在处理过程中完全模拟 Storm 集群。这让你可以快速进行开发和单元测试。

3.5 案例分析——基于 Hadoop 的中国区域的 $PM_{2.5}$ 大气环境大数据应用

在 21 世纪的今天，大数据已经渗透到各行各业，包括生态环境保护。生态环境大数据，特别是大气环境数据，对于研究环境变化、制定环境政策，以及预测环境趋势具有重要的意义。然而，大气环境数据的收集和处理面临着巨大的挑战，因为这些数据的规模通常非常大，而且需要在实时或近实时的条件下进行处理和分析。为了解决这个问题，需要借助大数据处理技术，如 Hadoop 等。本章将通过一个具体的案例——“基于 Hadoop 的中国区域的 $PM_{2.5}$ 大气环境大数据应用”阐述如何利用大数据处理技术对环境数据进行收集、处理、分析和呈现。这个案例将从总体框架设计、大气环境大数据平台模块设计及实现、基于大数据平台的 $PM_{2.5}$ 污染预测模型 3 个方面进行概述。

3.5.1 总体框架设计

针对大气污染大数据平台需求分析，为满足大气污染数据的采集、存储以及分析应用，本节集成 Hadoop 与 Spark 等大数据组件构建了一种能满足实时处理的大数据平台，其中数据采集和预处理、数据存储、数据分析、数据可视化模块共同构成了整个大数据平台（图 3-12）。

数据采集和预处理模块需要满足对数据进行采集和预处理的功能需求，目的是将数据传输到平台集群之上。采用了 Flume、Kafka 采集框架来处理，其中 Flume 采集框架对不同服务器上的各类数据进行采集，之后 Kafka 框架将 Flume 采集到的数据汇聚到其消息队列中，Kafka 消息队列也提供了数据的缓存和向多个下游分发消息的功能，Kafka

按照不同的 Topic 将数据分发给 Spark Streaming 流式计算框架进行数据处理以及实时计算。

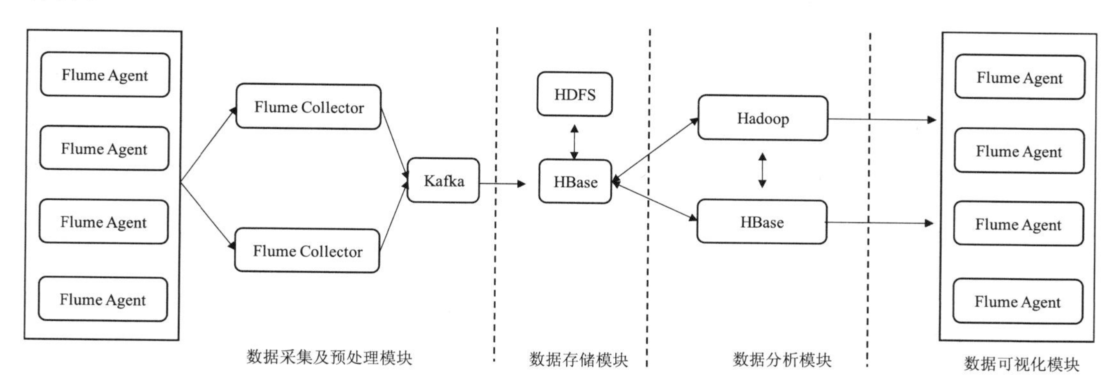

图 3-12　平台整体架构

数据存储模块包括分布式文件系统 HDFS 和分布式数据 HBase。AOD 数据、地面 $PM_{2.5}$ 数据、气象数据、辅助数据等原始数据存储在 HDFS 中，集成完毕的数据及数据分析结果存放在 HBase 中。

数据分析模块是大气污染大数据平台的核心组成部分，主要包括了基于平台的地面 $PM_{2.5}$ 应用，设计了地面 $PM_{2.5}$ 浓度估算模型以及逐小时的 $PM_{2.5}$ 预测模型，并在大数据平台上实现部署上述模型。通过两种模型对不同时间段的 $PM_{2.5}$ 污染物进行分析，为大气污染的监测以及治理提供一定的帮助。

数据可视化模块主要是用来展示数据分析层的结果，是整个大数据任务最终一步。采用 Spring 框架作为可视化模块技术基础，通过可视化模块直观展示数据分析结果，降低大数据平台使用难度。

3.5.2　大气环境大数据平台模块设计及实现

大气环境大数据平台模块包括：①数据采集和预处理模块：使用 Flume 实现分布式多源数据；②数据存储模块：使用 HDFS 与 MapReduce 实现；③数据分析模块：由 Spark 并行实现模型；④数据可视化模块：采用 Spring Framework 框架实现。

（1）数据采集和预处理模块

采用 Flume 实现多源数据的采集，数据采集及预处理模块的设计如图 3-13 所示。

数据采集层使用 Flume 实现数据的采集，Flume 需要安装在每台数据服务器上作为数据采集源节点成为 Flume 采集端，监听指定文件目录下新增文件内容，并将文件增量推送到接收端 Flume Collection，Flume 接收端将收集到的数据移动到 KaVa 消息队列或者 HDFS 中。为了保证数据采集层高效、稳定运行，采集层使用两台 Flume 服务器收集 Flume 采集端所采集的数据，这两台 Flume 服务器互相作为容错节点，一旦发生一台服务器失效的情况可以将数据收集任务切换到另一台服务器上，保证了整个采集过程的可靠和安全。采集层使用两台 Kafka 服务器，Flume 接收端根据主题将数据分发给 Kafka 服务器，在 Kafka 服务器中按照大气污染大数据平台将数据来源划分为 4 个 Topic，分别是 AOD 数据、地面 $PM_{2.5}$ 数据、气象数据、辅助数据。数据预处理层分别从 4 个 Topic 中读取数据，通过 Spark Streaming 框架进行数据的预处理工作，从 Kafka 中读取数据之后进行数据处理。

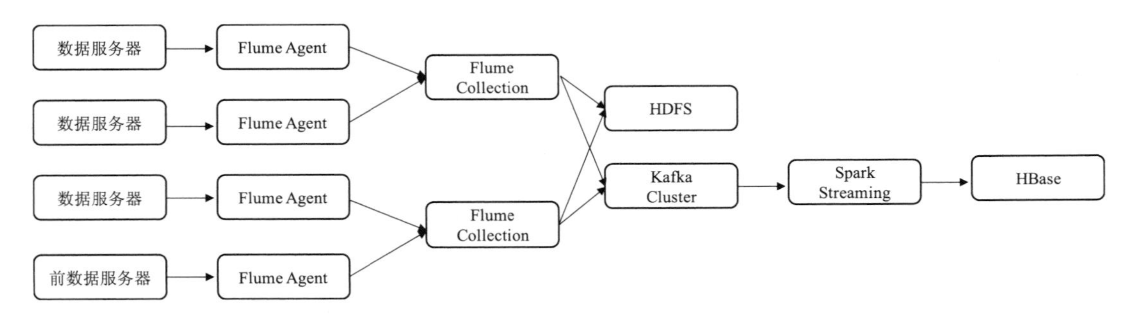

图 3-13 数据采集及预处理模块架构

（2）数据存储模块

通过分布式文件 HDFS、分布式数据库 HBase、关系型数据库 MySQL 以及数据转移工具 Sqoop 共同组成数据存储模块。通过这些大数据存储组件来存储原始采集数据、预处理后的集成数据、分析结果数据、可视化模块数据等，以及预处理后的集成数据、分析结果数据、可视化模块数据等（图 3-14）。

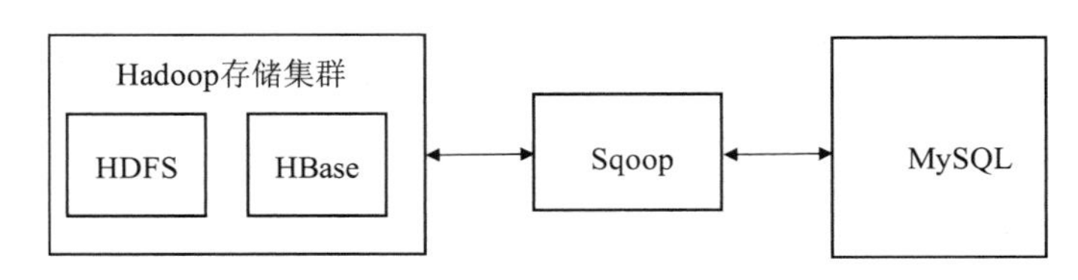

图 3-14 数据存储模块架构

因为 HDFS 高可靠性、高吞吐率，所以用于存储未经集成的大量多源的原始数据，同时依赖于 HDFS 的可扩展性，当收集模块收集到的数据逐渐增大时，通过水平扩展 Hadoop 集群的方式来增大整个平台的存储容量。以 HDFS 为基础的 HBase 半结构化式数据库，能够实时读取，快速随机地访问数据，所以用于存储集成后的数据宽表以及经数据分析层计算的分析结果。MySQL 数据库主要作为可视化模块数据来源，其性能稳定可靠，体积较小是实时 Web 应用方面表现最好的数据库管理系统，主要用来存储可视化业务数据。Sqoop 数据转移工具主要是用来在关系型数据库和非关系型数据库之间传输数据，对于大数据平台数据业务需求来说，通过 Sqoop 将存储在 HBase 中数据模块分析后需要展示的数据转移到 MySQL 中，为可视化模块展示数据结果提供稳定可靠的数据技术基础。

因为从数据源收集到的数据为 AOD 数据、$PM_{2.5}$ 数据、气象数据和辅助数据，所以在数据集成之前，需要将处理好的各类数据分别存储，针对每一种类型的数据分别设计表进行存储。

（3）数据分析模块

地面 $PM_{2.5}$ 浓度是连续变量并非离散变量，利用机器学习构建地面 $PM_{2.5}$ 浓度估算及逐小时预测模型，其实质上就是利用机器学习中有监督学习算法构建回归模型的过程，推断出因变量与自变量之间的关系，计算回归系数然后构建回归方程，在此基础上实现地面 $PM_{2.5}$ 浓度估算及逐小时预测。

大气污染大数据平台是基于 Hadoop 与 Spark 构建的，对于浓度估算模型与浓度逐小时预测模型需要用 Spark 实现模型并行计算。Spark 是基于内存的分布式计算框架，首先通过 Spark 并行导入已经处理完成的数据，然后通过 Spark 调用 Python 实现浓度估算模型以及逐小时浓度预测模型，之后分布式并行计算大量数据得出最终结果。

（4）数据可视化模块

可视化模块的主要任务就是结果的查询以及结果展示功能（图 3-15）。

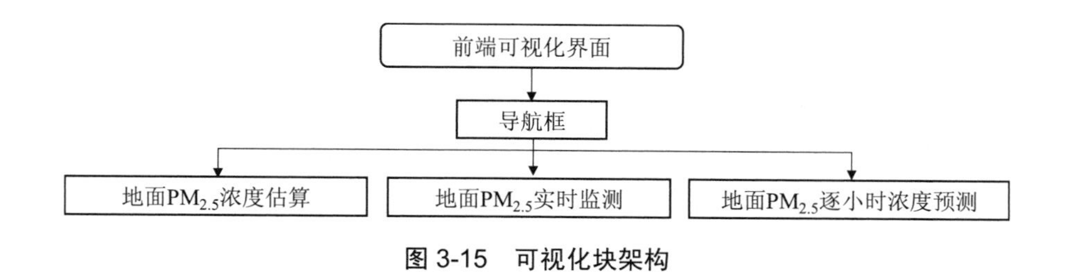

图 3-15　可视化块架构

大气污染大数据平台的可视化模块主要由三部分组成：地面 $PM_{2.5}$ 浓度估算、地面 $PM_{2.5}$ 实时监测、地面 $PM_{2.5}$ 逐小时浓度预测。每个部分围绕对应平台分析模块进行展示，从而对大数据平台功能有更加直观的认识。可视化模块主要是用来做数据结果的展示，其中地面 $PM_{2.5}$ 浓度估算主要通过选取不同年份、同一年份不同季度、同一季度不同月份，对所选取的时间范围内的全国地面 $PM_{2.5}$ 浓度情况进行展示；地面 $PM_{2.5}$ 实时监测主要监测全国地面站点的 $PM_{2.5}$ 浓度；地面 $PM_{2.5}$ 逐小时浓度预测主要展示 $PM_{2.5}$ 逐小时浓度预测模块所预测的结果。

第 4 章 生态环境大数据分析关键技术

生态环境大数据分析技术可从原始数据中提取有意义的特征，利用统计与数据驱动算法建立数学模型，挖掘隐含在数据中的知识，实现对环境变化规律、趋势和异常情况的快速准确分析。生态环境大数据分析可有效提高生态环境大数据的应用效果和效率，识别出环境问题的症结所在。依据生态环境大数据分析结果制定更科学、有效的政策与措施，从而实现环境保护和可持续发展的目标。生态环境大数据涉及的数据庞大、信息复杂，因此需要深刻理解一系列关键技术，从而在实践中实现创新应用。

4.1 概述

大数据分析在生态环境问题决策过程中扮演着关键角色，主要任务包括推测或解释数据以及确定数据的有效利用方式，验证数据的合法性，为决策提供合理建议，诊断或推断错误的原因，并预测未来可能发生的事件。根据数据分析的深度，我们将其划分为描述性分析、预测性分析和规则性分析 3 个层次。

在生态环境问题决策的流程中，大数据分析可被细分为规律解析、态势研判、趋势预测和决策优化 4 个层次，以更系统地支持决策制定和问题解决。规律解析阶段旨在深入分析研究对象的历史变化特征以及关键影响因子，为理解生态环境问题的根本规律提供基础。态势研判阶段侧重于根据实时获取的数据对环境对象当前状态进行诊断，及时发现和报警生态环境问题。趋势预测阶段基于挖掘的演变特征和对当前事件的诊断，利用大数据模型或专业模型对未来的演进趋势进行科学合理的预测。决策优化阶段建立在规律解析、态势研判和趋势预测的成果之上，旨在制定出一系列合理有效的应对方案，以实现最优化决策过程。

大数据领域的关键技术可细分为多元统计、机器学习以及云计算三大主要类别。这 3 个类别在大数据分析和处理的过程中发挥着不可替代的作用，为应对不同层面的挑战提供了多层次、多角度的解决方案。例如，多元统计技术通过对大规模数据集的整体性分析，揭示数据内在的关联和变异规律，为深入理解数据提供基础。在探索性数据分析、数据降维以及数据可视化等方面展现了强大的能力，有助于揭示数据集的潜在结构和特征。机器学习技术作为大数据处理的核心组成部分，通过构建复杂的数学模型，能够从数据中学习并进行预测、分类、聚类等任务。机器学习的算法包括但不限于深度学习、支持向量机、决策树等，其灵活性和自适应性使其在应对多样化、复杂性高的大数据场景中表现出色。云计算技术为大数据处理提供了高效的计算和存储资源，实现了分布式处理和存储的规模化。通过弹性计算、虚拟化等手段，云计算为大数据分析提供了高度可扩展性和灵活性，使得大规模数据的处理更为高效和便捷。这三大关键技术的融合与协同作用，为大数据的采集、存储、处理和分析提供了全面而强大的支持，推动了大数据技术的不断创新和发展。

4.2　多元统计

多元统计是一种分析多个变量之间关系的统计方法，其核心在于通过收集和分析多个变量的数据，以深入理解它们之间的相互关系。多元统计主要包括关联分析、回归分析、主成分分析、聚类分析等。关联分析是建立在频繁项集和关联规则之上的一种数据挖掘技术，通过发现不同属性项之间的关联性来分析数据。回归分析用于分析自变量与因变量之间的关系。主成分分析通过将原始数据转换为新的一组主成分，使得变量间相关性最小化，并保留尽可能多的信息。聚类分析通过将相似的对象分组，实现组内相似度最大化、组间相似度最小化，常用于无监督学习中。

在生态环境大数据应用方面，多元统计主要发挥 3 个关键作用：

1）污染来源与成因分析。通过多元统计方法，深入了解重点区域和典型城市的污染来源和成因，包括污染特征、物理化学机制、气象条件、人为排放以及区域传输对环境污染的影响等。

2）污染源动态管理服务。通过建立环境污染源数据库，实现对固定源和其他源的动态监管服务，以及基于减排响应的优先控制因子筛选和可控污染源控制措施工具库的构建。

3）环境质量目标管理服务。整合环境监测数据和卫星数据等多类数据，通过多元统计分析环境质量状况，进行趋势分析、排名分析和合格达标判断，从而实现环境状况的目标管理。

4.2.1　关联分析

关联分析是一种用于探索数据集中各项之间关系和规律的方法，其核心在于通过计算不同项之间的频繁程度和关联程度，发现它们之间的相关性并生成关联规则，从而揭示数据的隐藏特征和趋势。关联分析的关键概念包括支持度、可信度和提升度。在进行关联分析时，首先从数据集中寻找频繁项集，即在数据中经常共同出现的对象集合。这一步骤涉及找出所有可能的组合，构成项集 A，并对每个项集 A 计算其出现次数除以总记录数的支持度，最终返回所有支持度大于设定阈值的项集。对于满足阈值条件的项集，认为相应的关联规则是可信的。这些阈值根据数据挖掘的需求由人为设定。

关联分析的常见算法包括 Apriori 算法、FP-Tree 算法、Eclat 算法和灰色关联法等。其中，Apriori 算法是最经典和广泛应用的关联分析算法之一，通过两步计算：①扫描数据集以确定每个项的支持度；②使用支持度生成候选项集，并通过迭代过程寻找频繁项集。

在生态环境大数据中，关联分析的应用涵盖多个方面。物种关联分析可通过挖掘物种之间的关联规律，如植物花期与特定昆虫出现时间的关联，深入了解它们的相互作用和依存关系，有助于研究生态系统的稳定性和可持续发展。水质污染监测分析则通过关联分析水质监测数据，了解不同污染因子之间的关联程度和协同作用，推断元素之间的污染源，辅助制定水质保障策略。对大气污染数据进行关联分析可揭示不同污染物之间的关系和影响因素，为调整排放标准和制订大气污染防治计划提供支持。关联分析在生态环境大数据中的多样化应用有助于揭示不同因素之间的潜在关系，为更好地理解和掌握生态环境的运行特征提供有力支持。

4.2.2 回归分析

回归分析是研究两种或者两种以上变量之间定量关系的一种统计分析方法。其常见分类方式有以下 3 种：①按照变量数量可分为一元回归分析和多元回归分析；②按照因变量的多少可分为简单回归分析和多重回归分析；③按照自变量和因变量之间的关系可分为线性回归分析和非线性回归分析。

回归分析的主要思路如下：

1）确定一组数据中不同变量之间的定量关系式，建立数学模型并估计其中未知参数。估计参数的常用方法有极大似然法和最小二乘法，在样本数量较少的情况下，极大似然估计的效果比普通二乘法差。

2）对关系式的可靠性进行检验，检验可分为三步：分析模型拟合优度、分析模型能否用于预测未知值和对不同的自变量进行显著性分析，确定显著的自变量。常用方法有逐步回归、向前回归和向后回归等方法。

与一元回归分析不同，多元线性回归模型通常用来研究一个因变量与多个自变量之间的相关关系，如果这种关系为线性相关关系，则可以建立多元线性模型（图 4-1）。

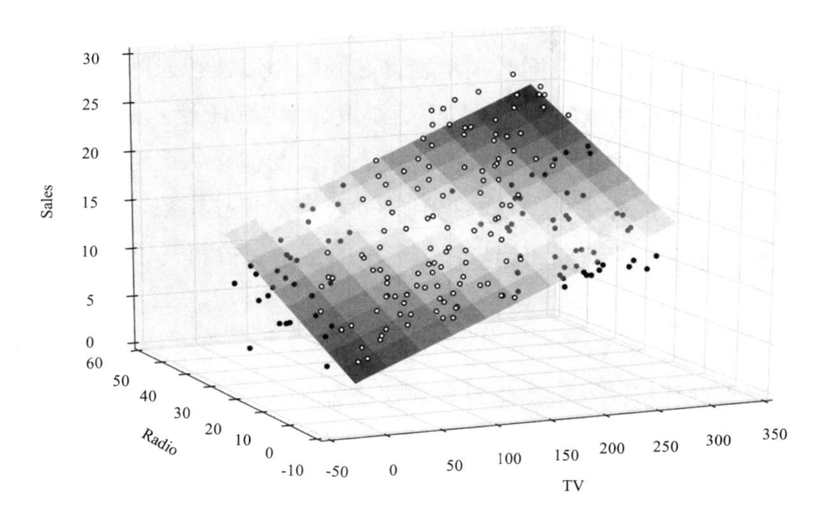

图4-1 多元线性回归示意图

4.2.3 主成分分析

主成分分析（principal component analysis，PCA）是一种常用的特征提取方法，广泛应用于数据分析中。其核心原理是通过线性变换实现降维，通过计算投影矩阵最大化方差，以实现数据的主要信息提取。主成分分析具有无监督学习的特点，其优势在于利用方差衡量信息，而不受样本标签的限制。然而，主成分的解释通常具有一定的模糊性，不如原始样本那样直观。

随着现代社会“数据爆炸”的形势发展，大数据集越来越多，产生了难以解释数据集中包含信息等问题。在生态环境问题研究中，经常要考虑众多因素对研究对象的影响和作用，就产生了下面的问题：一方面为了避免遗漏相关的信息，需要将所有可能有联系的变量引入讨论；另一方面随着变量的增多势必导致纠结分析的复杂性，且难以抓住现象的本质。因此，研究中希望研究的结果涉及的因子个数较少，同时这少数的几个因子又能包含相关的绝大部分信息。

主成分分析通过采用“降维”策略来处理数据，旨在提高数据可用性并减少信息损失。该方法通过对原始数据集进行线性变换，创建独立的变量，通过最大化方差来找到新的变量，即主成分。主成分分析的主要计算步骤包括以下几个方面：首先，对原始数据进行标准化处理，以确保不同变量的尺度一致；其次，计算数据的协方差矩阵；再次，通过对协方差矩阵进行特征值分解，得到特征值和特征向量；最后，选择特征值较大的前几个特征向量，构建新的主成分。通过这一过程，主成分分析实现了数据降维并提取了数据中的主要信息，为后续分析和解释提供了有力支持。主成分分析在生态环境大数据中得到广泛应用。对于大规模采集的物种数据，主成分分析可通过降维和去除冗余信息的方式提取最具代表性的特征，同时揭示物种之间的相似性和关联性，有助于深入了解生态系统的结构。通过对环境参数（如气温、湿度、土壤 pH 等）进行主成分分析，可以获取反映环境质量和变化的关键指标，并对生态系统的健康状况进行评估。对多源遥感和地面观测数据进行主成分分析，能够得到不同时期的植被指数、土地利用情况等特征，从而深入了解生态系统的演变和趋势，为科学的生态保护和管理提供依据。

4.2.4 聚类分析

聚类分析又称为群分析，是机器学习和数据挖掘技术之一。其目的是根据数据集的特点构造一个分类函数（也称簇），将数据集中的数据对象划分到若干个簇中（图 4-2）。保证不同数据集之间样本尽量接近，不同数据集距离尽量远。划分的依据是聚类分析的核心问题。聚类是在预先不知道划分依据的情况下，根据信息相似度原则进行信息聚类的一种方法。

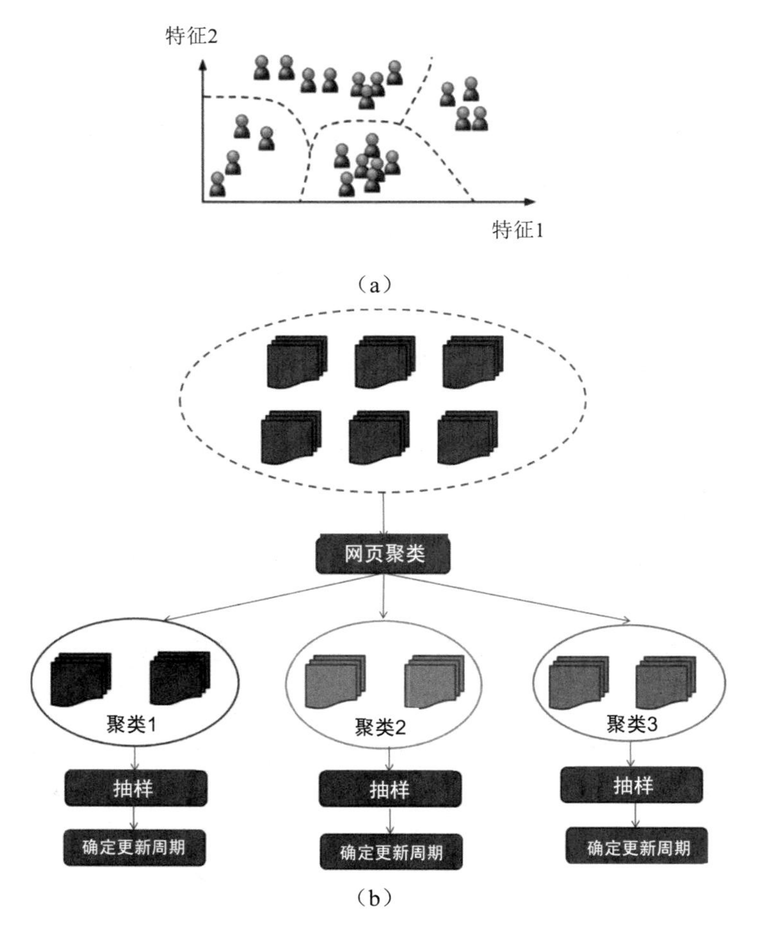

图 4-2 聚类抽样基本思路

聚类分析可以分为划分法、层次法、基于密度的方法、基于网格的方法、基于模型的方法等，这些方法没有统一的评价指标，因为不同聚类算法的目的函数相差很大。有些聚类是基于距离的，例如 K-均值聚类算法，K-中心点聚类算法；有些是基于假设先验分布的，例如 GMM、LDA。

聚类分析的一般过程包括：①数据预处理。确定需要参与聚类分析的变量后，将原始数据通过特定的运算方法转换成新值，消除原始变量值数量级或单位不一致的影响。②数据相似性度量。常用的统计量包括距离和相似系数。③聚类。选择合适的聚类方法，根据相似性度量，将数据分到不同的类中。聚类分析中的相似性度量一般包括两大类，即距离和相似系数。每个样本看作空间里的点，点间距离可以作为分类依据，距离越小，则越相似。

聚类分析在生态环境大数据中可以用于探测发现大数据中的异常值。这里的异常值是指相对于所有数据而言，这些异常值和整体数据偏离。聚类分析已被广泛应用，通过将聚类分析与 GIS 技术结合，可展示生态环境中的各种因素之间的关系和分布情况，分析不同地区内的土地利用类型和植被覆盖情况，以及它们对生态环境的影响程度。生态环境中有着复杂的生物种群，其物种数量也非常庞大，通过对物种的聚类分析，可以将它们按照相似性分为不同的类别，帮助发现新的物种，扩大对物种多样性的认识。在对环境污染的研究中，可以建立评价指标体系，通过环境污染情况对城市进行分类，以及通过生态组分特征划分生态功能区等。

4.3　机器学习

机器学习的定义：研究计算机模拟人类的学习行为，以获取新的知识或技能，重新组织已有的知识结构使之不断改善自身的性能。作为人工智能领域的一个分支，使用数据驱动的算法训练学习模型，它通常分为三类：监督学习、非监督学习和强化学习。监督学习指的是训练机器学习模型时，其输入数据有标记结果，模型被用来学习输入数据和输出结果之间的关联关系，是最常用的一种学习方式。在非监督学习中，输入数据没有标记，模型在输入数据中自行发掘数据聚集中心与类别，它可以发现容易被忽略的微小趋势和模式。强化学习介于前两者之间，对于一系列的决策输出，其监督信息只有最终的单一判定反馈。强化机器学习方法通过反复试错来训练模型，建立奖励系统来获得最佳决策方案。

生态环境大数据与机器学习的结合可实现对生态环境更加深入和全面的认知、预测和管理。通过对环境数据处理和分析，可发掘其中隐含的规律和关系，加深对生态环境系统的认知；建立生态环境的机器学习模型，可预测未来的气候变化、水文过程、生物多样性等环境变化趋势，指导环保决策和管理；通过对历史数据的挖掘，发现环保措施的有效性和不足之处，提出改进意见和建议，优化生态环境管理策略；通过机器学习模型对环境污染、极端气象事件等的自动化监测和实时预警，使其在第一时间得到应对和处理，可实现自动化监测和实时预警。因此，生态环境大数据与机器学习的结合具有广泛的应用前景和重要的社会意义。

常见的机器学习技术包括决策树与随机森林、支持向量机、人工神经网络、卷积神经网络、图神经网络等。其主要应用于数据分类、探测发现离群点和异常值等。

4.3.1 决策树与随机森林

决策树是一种树形结构，树内部每个节点表示一个属性上的测试，每个分支代表一个测试输出，每个叶子节点代表一个分类类别。随机森林由多个决策树组成，当有新的样本进入的时候，随机森林中的每一棵决策树分别进行判断分析。

决策树的构成要素包括决策节点、方案枝、状态节点、概率枝。构建步骤包括绘制树状图，排列每个方案和其各种自然状态，标注各状态概率及损益值于概率枝，计算各方案期望值并标注于相应状态节点，最后进行剪枝比较各方案期望值以得到最佳方案。决策树的优点就是简单直接，能够处理多维度输出问题，对异常值的容错能力好；缺点就是非常容易过度拟合和陷入局部最优解。而随机森林法由于其随机性，每棵树训练都是从固定的训练集中随机取一个子集进行训练，每次选择分叉特征的时候，都是在随机选择的子集中寻找一个特征。因此随机森林可以减少过度拟合的情况。

决策树主要包括分类树与回归树。分类树与回归树算法效仿自然界中树木的外观，通过树干-树枝-树叶的层层分叉结构完成数据分类或数据回归预测的任务。

回归树的关键思想和原理源自分类树算法，因此，要想深入了解回归树算法，就要先对分类树有一定的理解。通俗地讲，分类树结构的核心思想是“节点”与“子集”。每一个“节点”都对应一个判断操作，称为“决策节点”，而每一个“子集”都是进行“节点”判断操作后划分的具有相同特征的数据集合，又称为“叶片节点”。

实际上，分类树模型确定每一层判断条件的原则涉及信息熵的概念。信息熵常被广泛应用于分类树模型及其变体中，作为选择判断条件的依据。信息熵的概念最早由 C.E. Shannon 于 1948 年提出，借用了热力学中熵的部分含义。在热力学中，系统熵的大小反映了系统的紊乱程度或不确定性，系统的熵值越大，系统相对越混乱。而信息熵则用于表示一个信息系统的不确定程度。

以生活中可读到的文字为例，如果一段文字言简意赅，每句话都能清晰表达同一明确主旨，不提供冗余信息，这表明文字的信息熵较低；相反，如果文字过于冗长，让读者难以抓住重点，包含大量杂乱无用信息，这段文字的信息熵就较高。用数学和概率学的方式表达，信息熵可以表示为

$$H(X) = -\sum_{i=1}^{n} P(x_i) \log P(x_i) \tag{4-1}$$

式中，X——随机事件；

$H(X)$——信息熵；

$P(x_i)$——随机事件是 x_i 的概率；

$\log P(x_i)$——事件是 x_i 这一结果产生时所带来的信息量。

在构建分类树模型时，通过计算不同判断条件对应的信息熵，选择能够最大限度减小数据不确定性的条件作为每一层的判定条件。这种基于信息熵的划分原则有助于构建具有更好泛化性能的分类树模型。

回归树与分类树的思想高度一致，其主要区别是它们的目标对象和输出数据不同以及判断依据不同。

首先，分类树的目标对象是离散型数据，而回归树的目标对象是连续型数据。分类树的输出结果是一个叶片节点下的明确类别标签，而回归树则输出叶片节点下包含的训练样本的均值，通常是一个具体的浮点数值。因此，回归树输出预测数据的过程可简单地表达为

$$c_m = \text{ave}\left(y_i \mid x_i \in \text{leaf}_m\right) \tag{4-2}$$

式中，c_m——叶片节点 m 输出的预测数据；

x_i——叶片节点 m 下包含的训练样本；

y_i——训练样本对应的计算目标实际值。

其次，分类树以信息熵为判断条件选取依据（或节点分割依据），而回归树则以各类误差计算指标为依据，如平均平方误差（MSE）或平均绝对误差（MAE）。

分类与回归树通过一系列类似“判断并归类”的操作将相似的数据汇集到一起，并通过叶片下的训练样本求均值的方式得到最终的预测结果。模型的学习注重简明易懂的原理，即回归树的核心理念为“相似的输入得到相似的输出”。通过经验训练，回归树模型能够有效捕捉数据之间复杂的非线性关系，无须深入了解产生这些关系的复杂机理和计算过程，因此在处理环境领域的复杂非线性系统中表现出色，成为替代机理模型完成数值模拟工作的高效工具。通过对分类与回归树模型原理的解读不难发现，树结构的层数越多，判断条件越复杂，对复杂系统的拟合能力就越强。如果树结构的层数足够多，所有的训练样本最终都可以被独立区分，模型对训练样本空间的拟合精度也会非常高。但与此同时，模型的泛化能力也会减弱。由于每一个独立样本之间都会存在或多或少的差异，过于复杂的模型有时往往会将这种差异放大，反而导致预测结果的精度降低，这就是机器学习模型中常见的“过拟合”现象。如何调整得到合适的树结构深度，从而防止过拟合现象的发生也是一门单独的学问，这使得树的层数成为一种不具备实际含义，

但又切实影响模型最终结果的参数，称为“超参数”。除“最大深度”外，分类与回归树模型的超参数还有很多，包括“再划分需要的最小样本数量”“叶片内最小样本数”“最大叶子节点数”等，均是为了使模型能够尽可能地避免欠拟合或过拟合的情况发生。

随机森林模型源自集成学习思想，广泛应用于环境数值模拟领域，涵盖流量预报、湖库水质反演、大气质量模拟预报等多个方面。随机森林的实质就是通过抽样的方式随机产生多棵（分类或回归）决策树，让这些决策树同时执行模拟任务并得到最终的结果。相比于普通的决策树模型，随机森林模型除已有超参数外还有两个额外参数，它们是“决策树数量”以及“考虑特征数量”，前者决定了当前的随机森林模型抽样生成多少个独立的决策树模型同时执行模拟任务，后者则限制了每个决策树在进行判断时考虑的样本特征个数，使每个决策树模型不会过于复杂。

在生态环境实际应用问题中，决策树算法被广泛应用于环境监测、生态评估、污染治理中。利用决策树算法能从已有的历史数据中挖掘出煤化工产品的生产状况对大气中 $PM_{2.5}$ 含量的影响。例如，某煤化工基地主要生产纯苯、聚甲醛、聚丙烯、甲醇、焦油、液化石油气、电石、蒽油、工业萘、焦炭、硫铵、沥青等化工产品。煤化工行业是高耗水的行业，在利用水的过程中会产生大量的废水。空气中 $PM_{2.5}$ 含量也主要受这些因素的影响，利用决策树算法能从已有的历史数据中挖掘出煤化工产品的生产状况对大气中 $PM_{2.5}$ 含量的影响（图 4-3）。

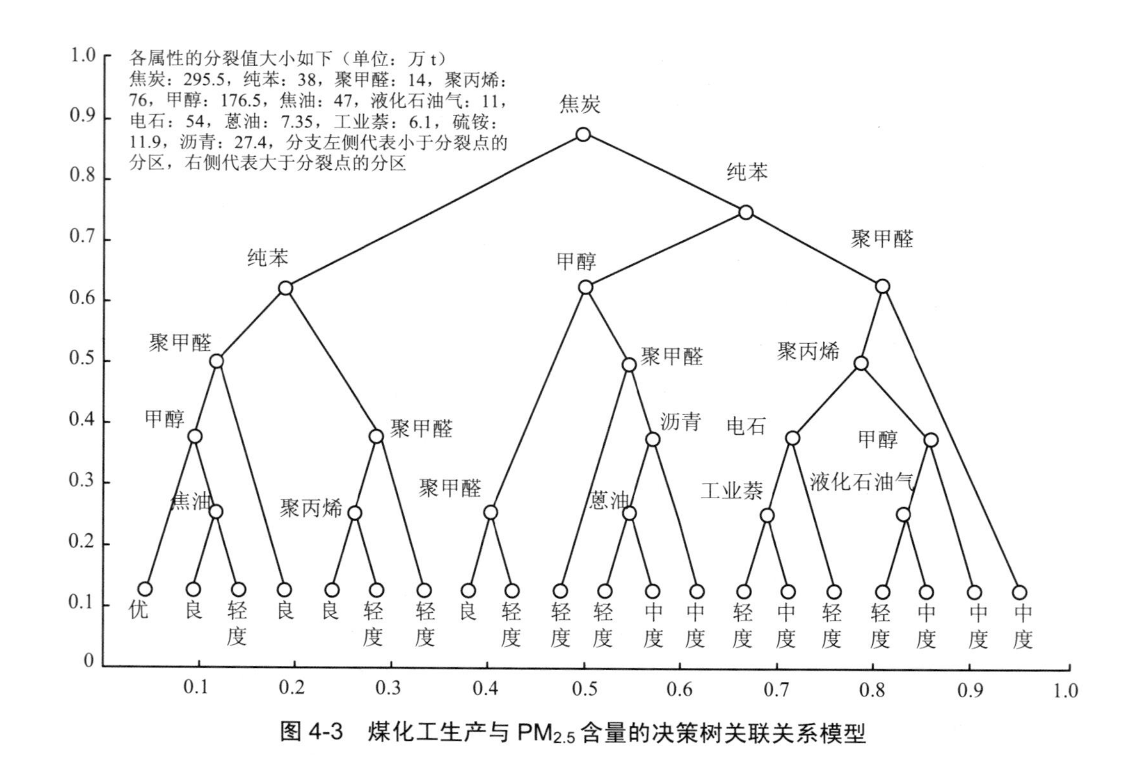

图 4-3 煤化工生产与 $PM_{2.5}$ 含量的决策树关联关系模型

决策树节点属性分支上的分区纯度较高，也就是说不同分支上对应的类别具有显著的差异，所以越靠近根节点的属性，它的影响力度就越大。首先计算出数据集合的期望信息，接着计算每个属性的期望信息需求。从属性 $X1$ 开始考察 $PM_{2.5}$ 的分类元组的分布进而可得信息增益。将信息增益最大的元素放到决策树的根节点上，将剩下属性信息增益最大的作为承接根节点的次级节点，一直这样循环计算下去，直至元组数目不满足最小支持度（这里设置的支持度为 30%）或者只剩一个属性，在最后的叶节点处标记上 $PM_{2.5}$ 级别，即在叶节点标记上该分支类别，最后形成一个结构清晰的决策树。基于已形成的决策树挖掘煤化工基地的煤化工生产与环境污染物含量的关系，从而来定量化溯源该基地所在地区的环境污染物与煤化工生产的关联关系。

随机森林算法能够深入挖掘城市不同区域空气质量的关联因素及变化特征，通过提出一种采用互信息（mutual information，MI）及随机森林（random forests，RF）算法辨识空气质量关联因素和空气质量预测方法（图 4-4）。以某城市环境监测官方网站获取的 2014 年 1 月—2017 年 12 月的 9 个监测站点数据为数据源。首先，从多维度分析城市不同区域的空气质量特性，并根据特征差异性对城市不同区域进行群体划分；其次，利用互信息矩阵选择与不同区域空气质量存在的强关联因素；最后，采用随机森林算法分别对不同区域建立空气质量预测模型，并采用实例对预测模型进行仿真，验证了该方法的科学性与有效性。

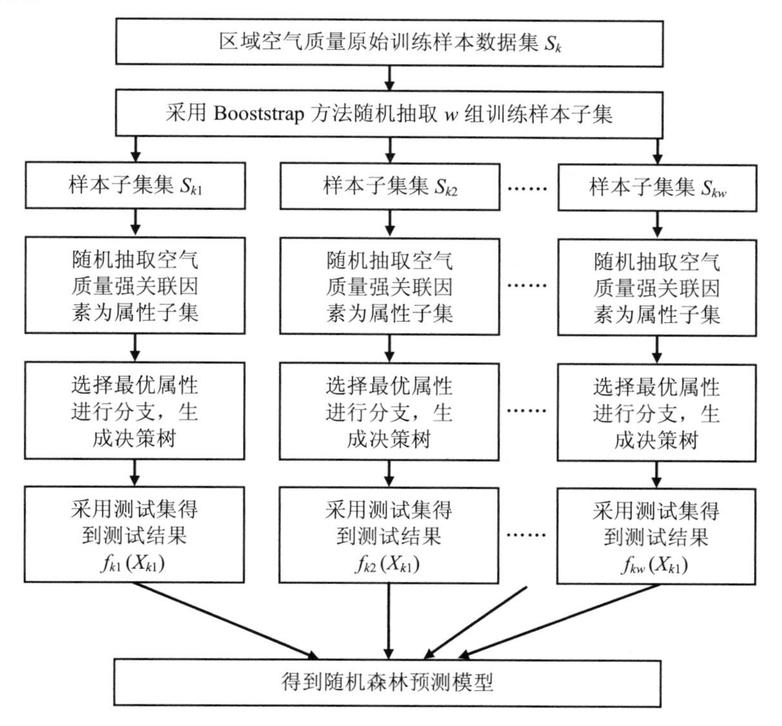

图 4-4　基于随机森林算法的空气质量预测建模过程

4.3.2 支持向量机

支持向量机（support vector machine，SVM）是一种二元分类模型，其定义为特征空间上间隔最大的线性分类器，其学习策略便是间隔最大化，最终可转化为一个凸二次规划问题的求解。支持向量机算法可以解决小样本情况下的机器学习问题，优点是简化了通常的分类和回归等问题。由于采用核函数方法克服了维数灾难和非线性可分的问题，所以向高维空间映射时没有增加计算的复杂性。换句话说，由于支持向量机算法的最终决策函数只由少数的支持向量所确定，所以计算的复杂性取决于支持向量的数目，而不是样本空间的维数。支持向量机算法的缺点是难以实施大规模样本训练。这是因为该算法借助二次规划求解支持向量，其中会涉及 m 阶矩阵的计算，所以矩阵阶数很大时将耗费大量的机器内存和运算时间。

支持向量机的雏形源自 1963 年苏联学者发表的论文，经过不断地改进，到 1995 年，Corinna Cortes 和 Vapnik 提出了软边距的非线性支持向量机并将其应用于手写字符识别问题，支持向量机的实际应用进入广大研究者的视野。支持向量机算法效果与核函数的选择关系很大，往往需要尝试多种核函数，即使选择了效果比较好的高斯核函数，也要调参选择恰当的 γ 参数。

支持向量机在解决小样本、非线性系统以及高维空间问题上具有一定的优势。支持向量机模型的核心知识点是线性可分、超平面与支持向量的概念，模型按问题复杂程度分类可分为线性可分支持向量机与线性不可分支持向量机，而研究人员在应用过程中关注最密切的是支持向量机的核函数与超参数。

在实际的模拟过程中经常会遇到复杂的非线性问题，使数据集变得线性不可分，支持向量机通过核函数的形式将数据映射到高维空间，从而解决线性不可分的问题。核函数避免了数据在高维空间上的直接计算，因此提升了模型的运算速度和效率。

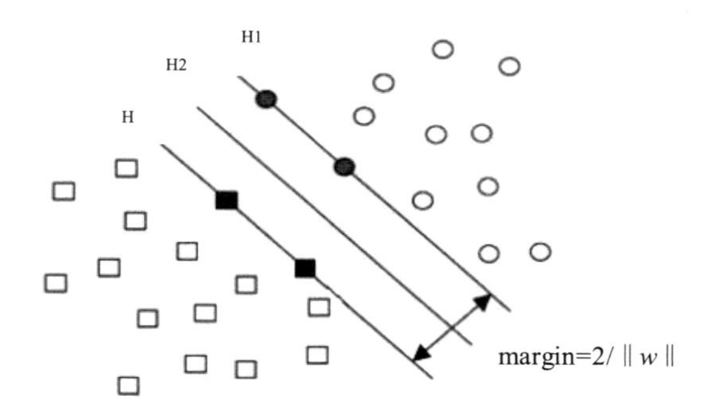

图 4-5　将变量映射到高维空间

在实际的模拟任务中有可能出现很难找到合适的超平面的现象，需要将变量映射到高维空间。导致这类现象的原因有很多，比如天然数据中存在的噪声、测量数据过程中产生的各类误差或异常数据。

噪声或误差会导致离群数据点的出现，由于支持向量机依赖的支持向量本来只占总样本量中很少的一部分，如果数据中存在离群点，将对支持向量产生很大的干扰，最终影响模拟结果。为应对这样的现象，支持向量机通过引入松弛变量的方式允许数据在一定程度上偏离超平面。

支持向量机执行回归任务的原理与分类任务基本相同，最大的区别在于约束条件，回归任务中不再有类别标签作为结果准确性的判断依据，而是根据模拟值与实测值之间的差距评估模型准确程度。回归类型的任务中，常以均方误差（MSE）作为损失函数。

4.3.3　人工神经网络

人工神经网络（artificial neural network，ANN）是一种模拟生物神经系统的计算模型，用于模拟和解决复杂的非线性问题。它由大量相互连接的人工神经元单元组成，通过模拟神经元之间的信息传递和并行处理方式，实现对输入数据的学习、识别和预测。

人工神经网络按性能可分为连续型和离散型网络，或确定型和随机型网络；按拓扑结构可分为前向网络和反馈网络。人工神经网络模型以并行分布的处理能力、高容错、智能化和自学习等能力为特征，将信息的加工和存储结合在一起，能将复杂的逻辑操作和非线性关系实现。其功能有联想记忆功能、非线性映射功能、分类和识别功能、知识处理功能。

人工神经网络是受到人脑结构和思考方式启发而产生的一种模型，由 20 世纪 80 年代开始，逐步发展完善并得到各行各业的广泛关注。人工神经网络经历了以下 4 个发展阶段：M-P 神经网络模型、Hebb 规则、感知器规则、ADALINE 网络模型。神经网络借由大量相互连接的神经元完成对复杂非线性系统的模拟，是深度学习领域的主要工具。经过一段漫长的发展，根据任务的不同特点衍生出了多种多样的神经网络架构，这些架构包括前馈神经网络、循环神经网络以及卷积神经网络等。每种网络结构都有自身的独特之处，例如，前馈神经网络结构较简单，适用面广；循环神经网络具有对时间序列中上下文的“记忆能力”，因此非常适合进行时间序列的预测；卷积神经网络由于卷积和池化层的存在，对图像的空间特征非常敏感，因此常被用于图像分类领域。本节将着重对前馈神经网络和循环神经网络进行讲解，并对神经网络中前向传播和反向传播的过程进行介绍。

前馈神经网络的结构较为简单，神经元层层排列，每一层只和其上下层有直接的计算关联。一个基础的前馈神经网络模型如图 4-6 所示。

一个基础的前馈神经网络模型由 3 个层组成，分别是输入层、隐含层（或称中间层）以及输出层。神经网络的输入层用来接收样本数据，以图 4-7 为例，该网络的输入层为 3 维，输入的样本数据为 3 维向量，代表每一个样本具有 3 个特征。

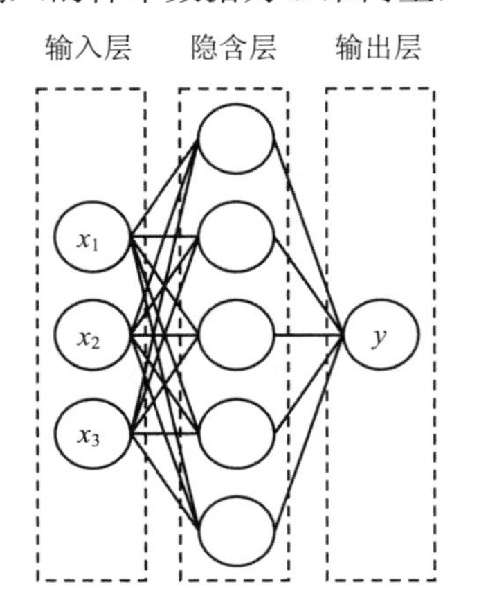

图 4-6　基础的前馈神经网络模型结构

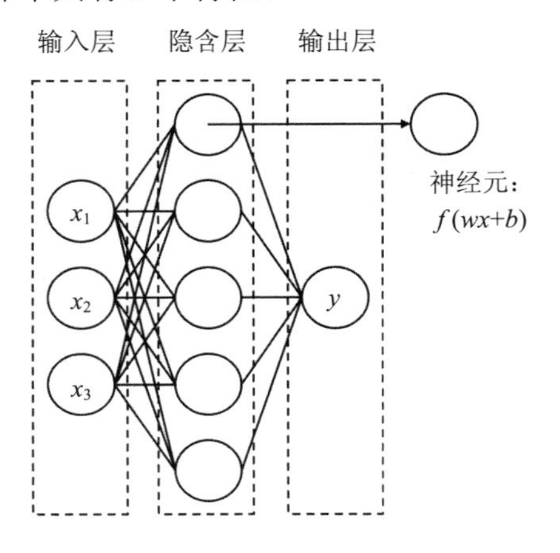

图 4-7　神经网络的神经元

神经网络的隐含层用来执行计算，网络模型拟合非线性关系的能力就源自隐含层。在隐含层中，每一个节点都是一个独立的神经元，而每一个神经元，其实质就是一步简单的计算操作。

神经元激活函数内的操作是一个线性变换，w 相当于直线的斜率，而 b 相当于直线的截距。

在一些任务比较复杂的场合，仅仅对数据进行线性变换并不能完全满足拟合的需求，以图 4-8 为例，图 4-8（a）中的数据集 D_0 和 D_1 是线性可分的，在两数据集之间很容易找到合适的参数 w 与截距 b 使得直线 $wx+b$ 可以完全将它们区分开，而图 4-8（b）中的数据集 D_0 和 D_1 之间很难找到一条合适的直线将二者进行区分，而一条曲线则可以很轻易地划分它们。为了使神经网络具备这种构造曲线的能力，对线性变换引入激活函数的概念。

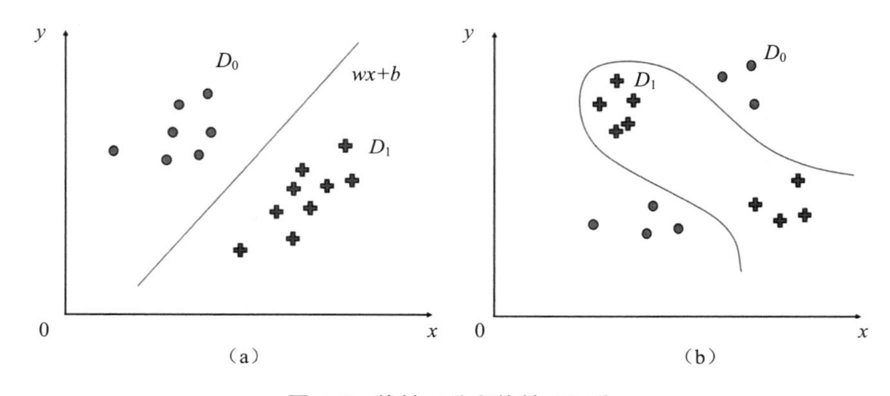

图 4-8　线性可分和线性不可分

激活函数是一种具有非线性特征的函数，是对直线 $wx+b$ 进行的非线性变换。在人工神经网络中，常见的激活函数包括 sigmoid、tanh、ReLU、leaky ReLU。以下将按顺序对这些激活函数进行说明。

（1）sigmoid 函数

sigmoid 函数的表达式可写作：

$$\sigma(x)=\frac{1}{1+\mathrm{e}^{-x}} \tag{4-3}$$

其取值范围为（0，1），将 sigmoid 函数可视化，如图 4-9 所示。由图 4-9 可知，sigmoid 函数在 x 值过大和过小时导数趋近于 0。该函数的优势在于，其变化趋势与形状和自然中的诸多非线性系统有相似之处，但缺点也非常明显，当函数的输入值过大或过小时，不可导的性质容易导致神经网络的梯度消失和梯度爆炸。

（2）tanh 函数

tanh 函数与 sigmoid 函数的形状类似，但区别在于 tanh 函数解决了 sigmoid 函数并非以 0 为中心的问题。其表达式可写作：

$$\tanh(x)=\frac{\mathrm{e}^{x}-\mathrm{e}^{-x}}{\mathrm{e}^{x}+\mathrm{e}^{-x}} \tag{4-4}$$

tanh 函数的取值范围为（−1，1），对 tanh 函数进行可视化，如图 4-10 所示。

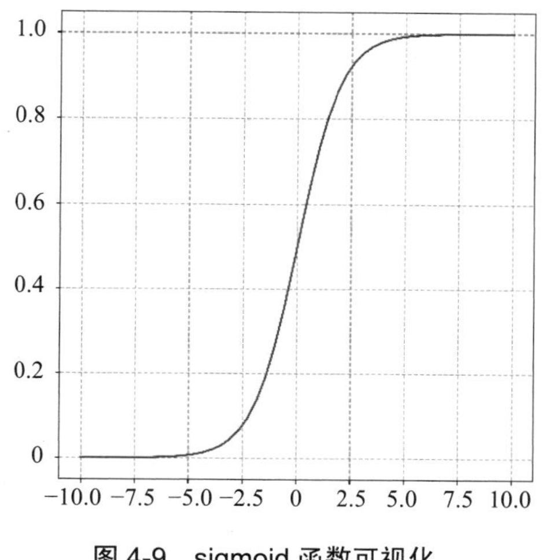

图 4-9　sigmoid 函数可视化

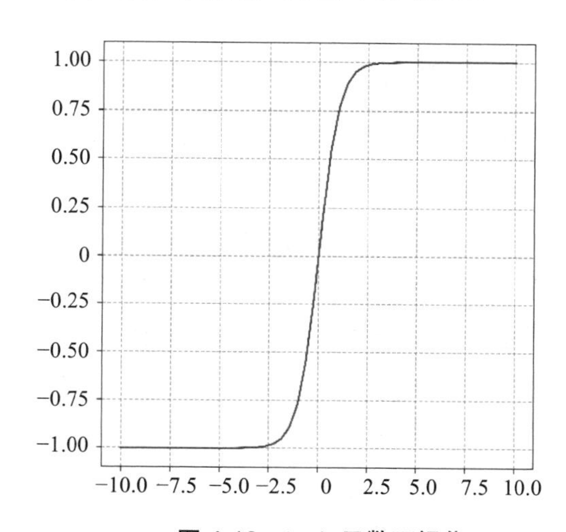

图 4-10　tanh 函数可视化

（3）ReLU 函数

ReLU 函数又称为修正性线性单元，它由两个斜率不同的线性部分组成，表达式可写作：

$$\mathrm{ReLU}(x)=\max(0,x) \tag{4-5}$$

将 ReLU 函数可视化可得图 4-11。

该函数的特点在于其在（0，+∞）的范围内完全可导，而在小于 0 时导数为 0，因此常被用于分类任务中。ReLU 函数的缺点在于其小于 0 的部分，若输入的值总小于 0，则在训练过程中函数会一直保持导数为 0 的状态，成为死神经元。

（4）leaky ReLU 函数

相比于标准的 ReLU 函数，Leaky ReLU 函数在 x 小于 0 时也同样可导。其表达式为

$$\text{leaky ReLU}(x) = \max(\alpha x, x) \tag{4-6}$$

式中，α——系数，取（0，1）。

令 α =0.2，将 leaky ReLU 函数进行可视化如图 4-12 所示。

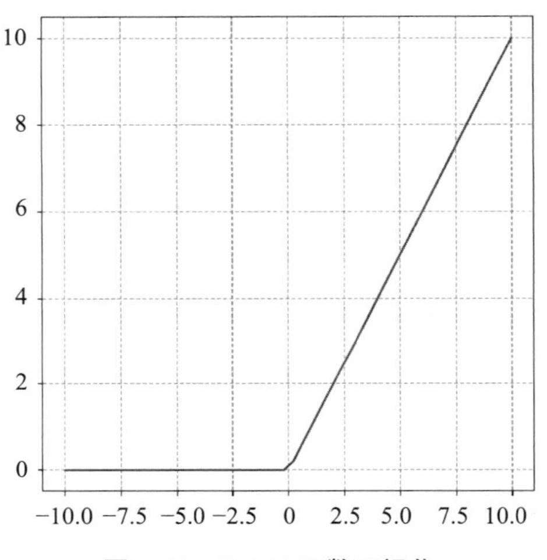

图 4-11 ReLU 函数可视化

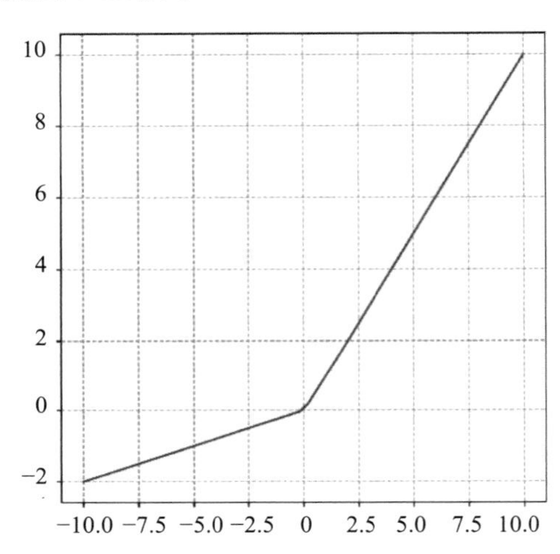

图 4-12 leaky ReLU 函数可视化

通过以上对激活函数的介绍可知，前馈神经网络对非线性系统拟合精度的主要影响因素包括激活函数的选择，以及激活函数内线性变化的权重参数 w 和截距 b。由于大多数激活函数本身不具有参数可调节性，仅仅是对线性变换进行一个非线性映射，因此，对神经网络模型训练的重点主要集中在权重参数 w 和截距 b 上。通常而言，仅使用一个隐含层时，前馈神经网络对非线性系统的拟合能力十分有限，但将多个隐含层进行叠加后，神经网络模型的非线性拟合能力就能得到质的飞跃。为了便于更直观地了解前馈神经网络层数带来的影响，下面的样例将借用谷歌的 Tensorflow 深度学习框架进行模拟展示。访问网站 http://playground.tensorflow.org/可以免费搭建属于自己的神经网络，并对谷歌提供的样本集进行学习（图 4-13）。图中为一个单隐含层，具有 5 个神经元的前馈神经网络，测试任务为螺旋形排列的两类样本数据集分类任务。从图中不难发现，当隐含层仅有一个时，模型对该非线性问题的拟合能力有限，在输出层存在一定的错分类现象。如果将网络隐含层数增大，模型对非线性系统的拟合能力将大大增强，错分

类的现象也大大减少。

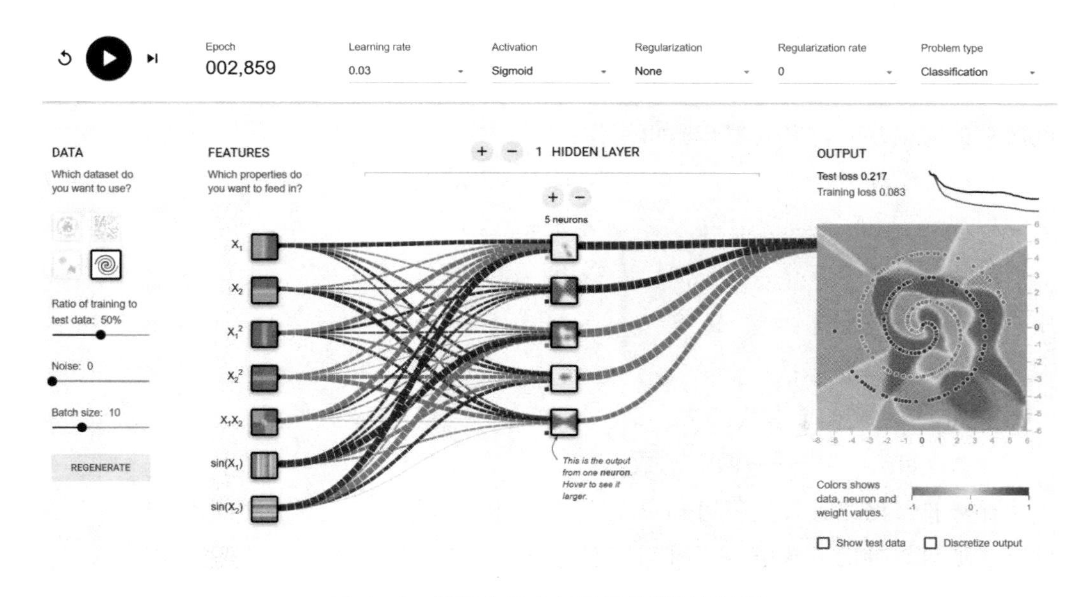

图 4-13　单隐含层 5 神经元前馈神经网络

在前馈神经网络搭建过程中，隐含层数量、神经元数量将决定一个网络的拟合能力，但如果网络层数过深，又会导致模型对特定问题的拟合能力过于强大，容易受到离群点或异常值的影响，反而使模型在测试和实际使用过程中的模拟精度降低。因此，如何设置神经元数量和隐含层的数量是一个需要在实际建模过程中反复摸索确定的问题。此外，神经元与神经元之间总是保持连接的状态有可能影响最终的训练效率，每一个神经元都与上下层神经元保持连接状态的网络称为全连接神经网络，而在前馈神经网络训练过程中，时常随机性地关闭一部分神经元之间的连接，以保障训练效率。此时，关闭连接的比例也成为建模者需要考虑的要素之一。

循环神经网络（RNN）是基于前馈神经网络中的基础理论产生的，其存在目的是解决时间序列中一些长距离依赖问题，这类问题在实际生活中无处不在。例如，一段话的整体含义并不完全取决于最后几个词语或最后一句话，而是和这段话上文中提到过的一些背景信息有关联。而循环神经网络通过其特异性的结构，可以对上下文的信息产生“记忆”，使其在文本分类与文本情感识别领域得到极为广泛的应用。在环境领域，数据之间存在长距离依赖的情况也十分普遍，比如，流域出口径流量对降雨事件存在一定的响应时间，洪峰流量往往比雨峰滞后；流域出口断面的当前水质指标值与上游测站的历史水质指标之间有一定的数量关系。在面对环境科学领域内的这些时间序列处理问题时，循环神经网络相比其他机器学习或深度学习模型的优越性也得到大量研究的证实。

（1）循环神经网络原理

循环神经网络的实质是令网络内的参数、权重以及带有上一时间步长计算结果信息的隐藏状态循环地代入网络中进行当前时间步长的计算，并重复该步骤直到对输入序列的最后一个时间步长的计算完成。循环神经网络的结构如图 4-14，图中字母下角标代表时间序列的时间步长，其计算步骤可写作：

$$s_t = Ux_t + Wh_{t-1} \tag{4-7}$$

$$h_t = f(s_t) \tag{4-8}$$

$$o_t = \phi(Vh_t) \tag{4-9}$$

式中，s_t —— 细胞状态；

h_t —— 隐藏状态；

W 和 U —— 权重参数；

f（*）和ϕ（*）—— 激活函数。

由循环神经网络计算过程可知，s_t 在每个循环内都会加入上一步时间步长时留下的隐藏状态，通过这样的方式解决了时间依赖问题。

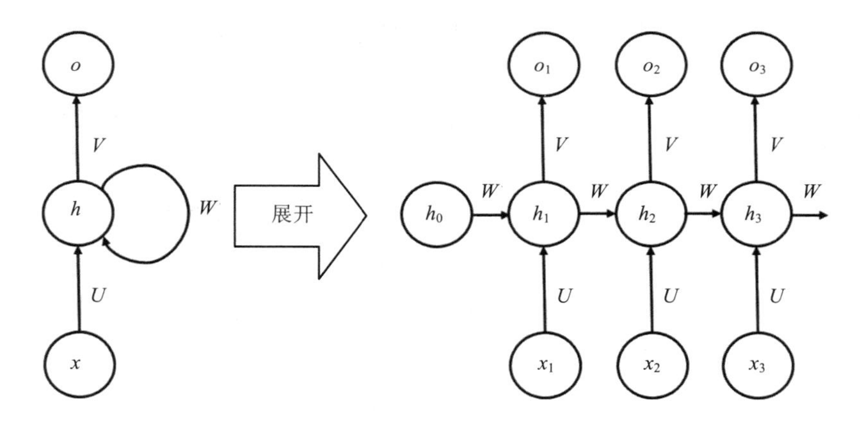

图 4-14　循环神经网络结构

（2）Transformer 结构

神经网络的注意力机制使模型专注于其输入特征子集，选择特定的输入作为时序关联的重点，使得更大范围长时序数据的交互学习成为可能。在注意力机制中，输入数据被转换为键（Key）、值（Value）和查询（Query）3 种类型。查询（Query）和每个键（Key）进行相似性度量，再经过 Softmax 函数对这些乘积值进行归一化获得权值，将权重和相应的键值（Value）进行加权求和得到最后的 Attention 注意力加权输出。Transformer 模型只由自注意力机制构成，没有任何卷积或循环神经层。Transformer 模型是典型的编码器-解码器架构，其输入序列和输出序列嵌入了序列的位置编码，编码器和解码器基于自注意力模块进行堆叠。

Transformer 模型最重要的部分是注意力机制，在生成模型的输出向量时，它决定了网络应该关注输入向量的哪个部分，与输入向量的输入顺序无关。注意力机制让 Transformer 模型的解码器部分更多地关注网络中的相关隐层状态，少关注无关信息。注意力机制在 Transformer 模型中以以下 3 种不同的方式使用：

1）编码器-解码器间的注意力。在生成输出序列时，解码器将关注输入序列中有助于上下文序列分析的部分特征。

2）编码器中的自我注意力。它使得本层的编码器可以聚焦于前一个编码器编码输出的有用部分。

3）解码器中的自我注意力。该注意力机制处理解码器已经生成的输出序列各项之间的相互关系。

Transformer 的模型设计与经典循环神经网络不同。经典循环神经网络逐个处理输入序列中的数据项，并随时间保持隐状态向量。理论上，经典循环神经网络的状态向量可以保留以往输入序列的全部状态信息。然而，模型的隐状态通常表示为一个向量，该向量无法保存距当前输入太远的早期输入信息。新输入的数据项很容易覆盖以往的状态信息，产生信息丢失，这将导致循环神经网络的性能在长序列数据的学习中下降。Transformer 模型同时处理整个输入序列，注意机制允许从任意长度的输入序列和隐状态中预测输出。由于循环神经网络按顺序处理输入序列，因此无法充分利用 GPU 的高性能计算能力；而 Transformer 模型可以并行计算注意力层，不同的输入项可以在 GPU 上同时处理，这使得模型可以更快地进行训练和评估。

（3）循环神经网络的两种改进结构

基础的循环神经网络结构虽然在一定程度上具有对时间序列的记忆能力，但当输入序列的时间步长数过大时，模型会暴露出两个明显的缺陷。首先，序列中靠前位置的隐藏状态对序列预测的最终影响将很小，模型算法对于临近时间步长的信息将更加敏感，这可能导致模型对一些序列特点的捕捉不准确；其次，隐藏状态在每一步循环后都需要进行一次激活函数的非线性变换，这容易导致梯度消失的现象发生。为解决这些问题，1997 年，Hochreiter 开发出来了一种循环神经网络的改进结构，称为长短期记忆网络（LSTM）。2014 年，Cho 提出了 LSTM 的改进结构，称为门控循环单元（GRU），在保证原有模拟精度的情况下提升了运算速度。

LSTM 采用“记忆单元”替换 RNN 中的细胞单元，提升了神经网络的长时间记忆能力。图 4-15 为一个 LSTM 记忆单元的典型结构。在 t 时刻，记忆单元的输入包括前一时刻的隐藏层状态变量 h_{t-1}、记忆单元状态变量 c_{t-1} 和当前时刻的输入信息 x_t；然后模型依次通过遗忘门 f_t、输入门 i_t、输出门 o_t 和这 3 个控制机制得到 t 时刻的隐藏层状态变量 h_t

和记忆单元状态变量 c_t；最终 h_t 会传入输出层生成 LSTM 在 t 时刻的计算结果 y_t，同时与 c_t 一起传入后一时刻进行计算。

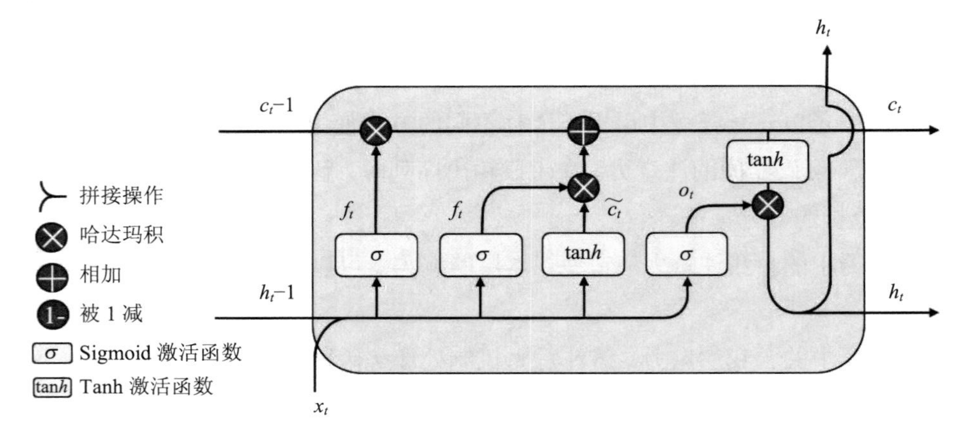

图 4-15 LSTM 记忆单元典型结构

在人工神经网络模型的实际应用过程中，数据在网络结构内的计算过程分为两部分，即前向传播和反向传播。数据的前向传播过程在前馈神经网络、循环神经网络的相关内容中已有体现，即数据从输入网络结构中的计算公式再映射至输出空间中的过程。而反向传播过程通常出现在神经网络模型的训练阶段，模型根据损失函数以及模型当前的前向传播计算结果计算得到误差值（又称损失），再将误差值通过反向求偏导计算的方式，对每一个计算节点的误差贡献进行量化，作为模型中权重参数调整的依据。误差值关于神经网络权重参数的偏导数称为梯度，根据梯度逐步调整参数，使梯度逐步趋近于 0 以达到训练最优参数目的的神经网络权重优化算法称为梯度下降法。

深度学习方法是近年来机器学习技术中发展最迅速的一类方法，也称为深度神经网络。深度学习随着数字时代的到来而发展，数字时代带来了各种形式数据的爆炸式增长。深度学习模型虽然被广泛应用，其本质还是一种更为复杂的黑箱模型，目前还不能完全清晰地解释其内部学习与推理的逻辑。对于深度学习模型，理解其行为至关重要。识别导致深度学习产生特定输出的样本，有助于理解模型的弱点和预测错误的趋势。此外，若模型可解释性较高，则可以确认模型的应用范围与可信度，理解不同特征相对整体的影响。

深度学习方法具有以下几个特点：

1）对于深度神经网络，其最重要的一个特点是模型性能与数据规模高度相关。使用越多数据对深度神经网络进行训练，其性能也会越高。对于大多数其他经典的机器学习算法，使用更多训练数据，模型的性能将趋于稳定不再提升，深度学习方法在这一方面不同于其他机器学习技术。

2）自动学习提取特征。人工智能有两种不同的方法。一种是受逻辑推理启发的规则推理类的方法，这类方法使用人工设计的推理规则在计算机中实现逻辑判断和推理，利用人工设计的符号表达式，将知识形式化。另一种是以神经网络为代表的特征自动学习的方法，它使用向量来表示数据概念，使用权重矩阵来捕获变量之间的关系，利用向量间的相似性度量来表示变量间的相关关系。这种自动提取特征的方法，充分利用了原始数据中的可用信息。

3）深度学习方法能够学习层次特征。深度学习模型的另一个经常被提及的优点是能够从原始数据中自动进行特征提取，也称为特征学习。深度学习算法利用输入数据，在多个层次上进行特征提取与学习，用低层次的特征构建定义高层次的特征。特征的层次结构表示使得计算机可以逐渐学习到复杂结构与概念，通过叠加几十甚至上百层特征层，来刻画目标对象。

4.3.4　卷积神经网络

卷积神经网络（CNN）是一种深度神经网络，特别适用于处理图像输入。相较于传统图像识别算法，CNN 通过卷积层提取图像特征，避免了复杂的特征提取和数据重建过程。网络结构包括卷积层、线性整流层、池化层和全连接层。卷积层通过多层次迭代提取不同层级的特征，线性整流层采用线性整流函数作为激活函数，池化层则将维度较大的特征切割为区域并提取最大值或平均值，最后的全连接层将局部特征结合成全局特征，用于计算每一类的得分。

卷积神经网络通过学习图像中像素值与预测类别之间的关系，自动学习卷积核的权重和偏置，如图 4-16 所示。相对于传统方法中需要人工设计的图像滤波器，CNN 通过充分训练能够自动学习图像特征和对应滤波器的参数，减少了预处理的复杂性。这使得 CNN 在图像分类和对象识别任务中表现更高效，为模型提供了更有效的建模方式。

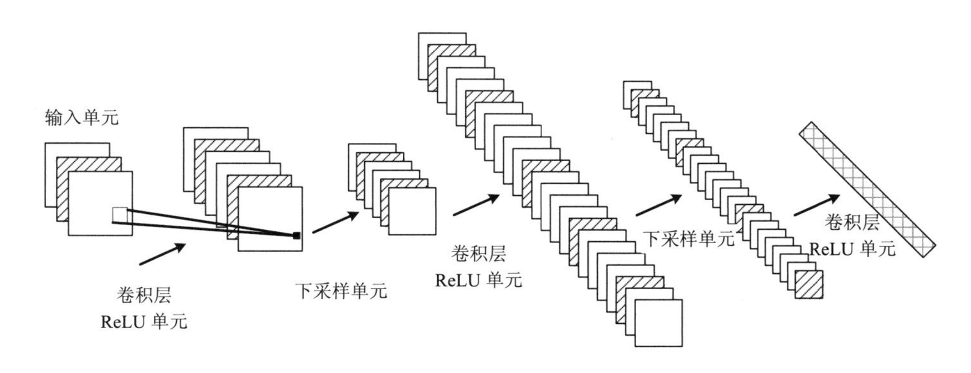

图 4-16　卷积网络结构

卷积神经网络的结构灵感来自人脑视觉皮层的组织连接形式。通常由 3 种主要结构构成，分别是卷积层、池化层和全连接层。

（1）卷积层

卷积层对图像的纹理、颜色、结构等信息进行特征提取，通常是卷积网络的主要构成部分。神经网络的最初几层都是卷积层，最后一层是全连接层。卷积层之间还会增加隔层连接的方式来帮助信息的传递。底层的卷积层一般会侧重于学习简单的结构，如颜色、纹理和边角。随着卷积网络各个卷积层的堆叠，它开始识别图像中较大元素或形状，直到最终识别出目标对象。

卷积层的卷积运算是卷积神经网络名称的由来，也是大部分数值计算发生的地方。卷积操作可以针对不同维度的数据进行相应的变化，若输入数据是一维的序列数据，需要进行一维卷积，对于二维数据进行二维卷积的操作，若是三维数据则需要进行长、宽和序列维度的三维卷积。

卷积核是一个用于进行二维卷积运算的二维权值数组。尽管输入图像的尺寸可能不同，通常情况下，卷积核的大小设定为 3×3。卷积核的尺寸决定了在卷积运算中涵盖的图像区域，进而影响特征图的大小，这个区域也被称为感受野。在卷积运算中，将卷积核应用于图像的一个区域，首先计算局部输入像素与滤波器权重之间的点积，然后将该点积的值作为当前层的输出并作为下一层的输入。随后，卷积核以一个步长进行平移，重复这一过程，直至扫描整个图像。卷积核生成的输出被称为特征图或卷积特征。

卷积层具有局部连接的特性，即在进行卷积运算时，每个卷积核仅与输入图像的局部区域相连接。这种局部连接的性质使得卷积核的权重在整个图像上移动时保持不变，这一性质被称为参数共享。这种设计有助于模型学习局部特征，并减少了需要训练的参数数量。卷积层有 3 个影响输出的超参数，它们包括：

1）卷积核的数量。它将决定输出的特征图的通道个数。例如，32 个卷积核将生成 32 个不同的特征图，输出的通道数量为 32。

2）卷积的步长。它是卷积核在输入图像上移动的距离或像素个数，虽然较少使用较大的卷积步长，在跨层缩减特征图尺寸时，可以部分替代池化层的作用，产生尺寸变小的特征图。

3）边界填充。当卷积核进行卷积时，由于是对感受野内的整块特征图进行运算，每经过一层卷积层，特征图的边缘都会缩减，使得输入和输出特征图的尺寸不一致。为了保证每次运算完成后特征图的尺寸，通常使用零值进行填充。

（2）池化层

池化层的作用是对特征图进行下采样，减少输入特征图的尺寸。与卷积层类似，池化运算会在整个特征图上进行局部平移操作，但不同之处在于池化层没有任何权重，它只是针对数据的统计特征进行数值聚合。池化主要有两种类型，分别为最大池化和平均池化。最大池化选择局部最大的激活值作为输出，平均池化则计算局部范围内的平均值作为输出。虽然池化层会缩减丢失局部信息，但它有助于降低数据的计算复杂度、提高计算效率。

（3）全连接层

与上述的卷积层和池化层的局部连接和计算不同，在全连接层中，输出层中的每个节点将连接到前一层中的每一个节点。全连接层一般作为分类器放在最后一层，它根据底层提取的特征进行分类任务。对于分类任务，全连接层作为分类器的输出层，通常使用 Softmax 激活函数对激活值进行归一化，得到区间（0，1）的预测概率。

一般来说，卷积网络的深度越深，获得的模型性能越好，但简单地逐层叠加卷积层将产生过拟合，例如 20 层的卷积网络比 56 层卷积网络的测试误差更小。通过引入新的神经网络结构残差块，可以缓解非常深的网络训练时所产生的过拟合问题。残差块通过隔层连接将上一层的输出与本层的输入相加，没有增加任何参数。

影响深度学习模型计算效率的因素主要有两个方面，一个是硬件的计算速度，另一个是神经网络本身的计算复杂度和计算规模。卷积神经网络使用GPU来加速计算的过程，相同的 GPU 计算能力是相同的，GPU 数量越多，计算速度越快，而不同的网络结构所需运算量差异变化较大。卷积网络的计算时间与许多因素有关，如网络层数、每一层参数数量、选择的激活函数等。一般来说，卷积神经网络的参数越少，计算量越小，保存模型所需的存储空间越小，对硬件内存的要求相对更低，对较低计算能力的设备更加友好。

在多个卷积层和池化层之后，会连接到一个或多个全连接层。全连接层的每个节点与前一层的所有节点连接，通常全连接层的参数最多分组卷积将输入的特征图进行分组，每个卷积核也相应地分组，在相应的组中进行卷积，即分组的特征图与分组的卷积核进行卷积。分组卷积通常用于轻量级卷积网络，如 Xception、MobileNet、ShuffleNet 等轻量型网络。它可以使用更少的参数来计算特征图，编码更多的信息。

环境污染信息平台集成的功能越来越多，经过多年的运行积累了海量的数据资源，这些数据中蕴含着有价值的知识信息，可以为人们提供环境污染防治的决策支撑。基于这些海量环境数据，通过卷积神经网络可以构建数据加工和处理模型，从而提高环境污染平台的智能分析水平（图 4-17）。有研究通过收集包括二氧化硫、工业废气、工业氮氧化物、工业烟粉尘、二氧化氮、一氧化碳等污染物的环境污染数据共计 100 万份，利用卷积神经网络对其进行处理，认为卷积神经网络技术可以更快地获取环境污染数据，同时对未来的环境污染数据走势进行预测。

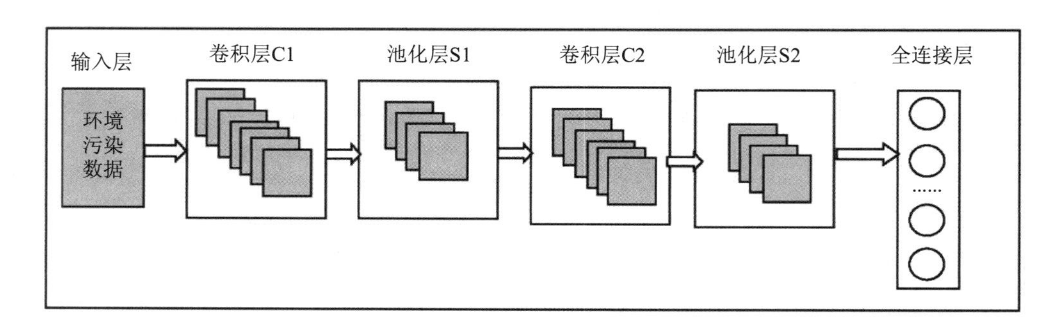

图 4-17 基于卷积神经网络的环境污染平台数据分析流程

4.3.5 图神经网络

图神经网络（GNN）可分为五类：图卷积网络（graph convolutional networks）、图注意力网络（graph attention networks）、图自编码机（graph auto-encoder）、图生成网络（graph generative networks）、图时空网络（graph spatial-temporal networks）。作为连接模型，GNN 通过节点之间的信息传递来捕捉图中的依存关系，通过从邻居节点获取信息更新节点状态，从而表达状态信息。

相对于传统神经网络，GNN 的优点在于可以通过图结构进行信息传播，更新节点隐藏状态时利用邻居节点的求和。原始 GNN 在迭代中使用相同参数，而其他模型则采用不同参数进行分层特征提取，允许学习更深层次的特征表达。节点隐藏层的顺序更新可以通过 RNN 内核（如 GRU 和 LSTM）进行进一步优化。考虑到边上可能存在的信息特征，一些模型无法有效考虑边上的关系类型。此外，学习边的隐藏状态也是一个重要问题。对于需要学习节点向量表示而不是图表示的情况，固定点不适用，因为其表示分布在值上非常平滑，难以区分每个节点。

图神经网络模型是对现有神经网络的扩展，处理以图结构表示的数据。图结构是包含节点和边的数据结构，各个节点之间的关系由边定义。如果在节点中指定了方向，则称图为有向图，否则为无向图。一般的机器学习算法和深度学习方法需要有相同结构和大小的输入数据，而图结构数据则非常复杂，它没有固定的形式，节点的大小可变，节点可以有不同数量的相邻节点。图形神经网络是一类特殊的神经网络，能够处理以图结构表示的数据，目标是节点分类、节点连接预测和聚类。图结构中的节点没有任何顺序，因此经典的卷积神经网络无法直接处理图结构表示的数据，其更适用于规则排列的数据。

图神经网络包括多个重要模型，主要包括图卷积网络（graph convolutional networks，GCN）、图自编码网络（graph autoencoders，GAE）、图循环神经网络（graph recurrent neural networks，GRNN）和门控图神经网络（gated graph neural networks，GGNN）。GCN 利用

卷积运算对相邻节点信息进行聚合，适用于处理非欧几里得结构化数据。它分为空间卷积网络和谱域卷积网络两种形式。GAE 由编码器和解码器组成，通过卷积滤波器提取图像特征并学习图的结构表示。其目标是利用解码器对输入图进行重构，实现对图数据的有效表示学习。GRNN 通过处理多关系图输入和引入图正则化来解决过度参数化问题。它专注于处理多关系节点，相对于其他模型，计算复杂度相对较低。GGNN 通过增加门控单元以处理节点的长时依赖关系，相较于图循环神经网络，其性能更为优越。图卷积网络是一种对图数据进行深度学习的方法，基于谱的图卷积网络方法通过图的拉普拉斯矩阵将网格数据上的卷积操作推广到图结构数据上。在图结构中，一个节点可以表示一个对象或概念，而边可以表示节点之间的关系。

4.4　云计算

云计算是一种通过网络提供计算资源和服务的技术，它可以帮助用户在不拥有自己的服务器或数据中心的情况下，实现更加灵活、高效、安全的计算和数据存储。云计算可以为生态环境大数据应用提供强大的计算和存储能力，通过云平台存储海量的生态环境数据，并实现数据分析和挖掘，帮助科学家和研究者快速处理大规模的生态环境数据。同时，云计算可以构建虚拟化环境和模拟器，进行生态环境的复杂系统模拟和预测。在应用层面，云计算支持构建可扩展的应用程序和服务，实现生态环境数据的可视化和交互式分析。这有助于促进生态环境领域中各类研究机构、政府机构、企业和公众之间的信息共享与协同。通过跨学科研究和多方合作，云计算与生态环境大数据的结合为生态环境监测、分析、管理和保护提供了更为高效、准确和智能的解决方案，具备广泛的应用前景和社会价值。

4.4.1　云计算概念

云计算是一种基于分布式计算技术的新型计算模式，其核心思想在于通过网络将庞大的数据计算处理程序分解为小程序，并利用计算资源共享池进行搜寻、计算和分析，最终将处理结果回传给用户。该概念起源于 20 世纪 60 年代，John McCarthy 提出了将计算能力作为一种公共资源提供给用户的概念，形成了云计算的思想。

云计算通过网络统一组织和调用各种 ICT 信息资源，包括计算、存储、应用运行平台和软件等。利用分布式计算和虚拟资源管理技术，它将分散的 ICT 资源集中起来，形成共享的资源池，并以动态按需和可度量的方式向用户提供服务。用户可以利用各种终端设备通过网络获取 ICT 资源服务，实现了个人电脑和组织内剩余计算能力的整合和共享。

总体而言，云计算是一种基于互联网的新型计算模式，通过网络统一管理和调度计算、存储、网络、软件等资源，实现资源整合与配置优化，以服务方式满足用户不同需求。它不仅是一种全新的网络应用概念，更是信息时代的一个大飞跃，具有强大的扩展性和灵活性，为用户提供了全新的计算资源体验。

4.4.2 云计算服务模式与类型

云计算模式依托互联网向用户提供应用服务，可以分为公有云、私有云、混合云等（图 4-18）；其中公有云面向所有用户提供服务，如 AWS 等，只要注册付费的用户都可以使用。私有云只为特定用户提供服务。混合云综合了公有云和私有云的特点，把公有云和私有云进行混合搭配使用。

图 4-18 根据云的部署模式和云的使用范围进行分类

云计算的服务模型主要分为基础设施即服务、平台即服务和软件即服务。其中，基础设施即服务类似于水库，集中大量计算资源和存储设备，以服务形式向用户提供租用服务。

具体而言，云计算目前可以提供以下几种服务（图 4-19）。

图 4-19 针对云计算的服务层次和服务类型分类

1）基础设施即服务（IaaS - Infrastructure as a Service）。将计算资源和存储设备作为服务出租，用户可租用这些基础设施，而不必关心硬件管理和维护。

2）平台即服务（PaaS - Platform as a Service）。进一步提供了对开发、测试和部署的支持，为用户提供更完整的开发平台，使其能够专注于应用程序的开发而无须担忧底层基础设施的管理。

3）软件即服务（SaaS - Software as a Service）。为用户提供了在网络环境中使用软件和服务的便捷方式，无须关心软件的管理和维护，可以随时随地访问和使用。

Web 应用作为推动云计算信息系统发展的主力军，正快速地普及成熟起来。它需要系统能够按需求进行扩展、具有高吞吐量（每秒上万次的读写）、以低延迟的响应速度（几十毫秒）为世界范围内的用户请求提供服务等，并且要求系统必须具备高可用性且能长期以较小的成本运行维护。

云计算的优势包括：

1）按需供应的无限计算资源。实现弹性扩展，根据需求灵活调整计算资源，实现高效利用。

2）无须预先投资即可使用的 IT 架构。用户无须提前投入大量资金，即可利用云计算提供的信息技术基础设施。

3）基于短期按需付费的资源使用。用户按照实际使用情况支付费用，避免了长期预付费用的负担。

4）提供难以在单机环境中实现的事务处理能力。通过云计算，可以获得强大的事务处理环境，满足 Web 应用对处理能力的需求。

4.4.3　云计算应用

云计算在生态环境大数据中的应用主要包括云存储技术和大规模数据处理技术。云存储技术由海量服务器和存储设备提供的数据服务。大规模数据处理云通过在云计算平台上运行数据处理软件和服务，充分利用云计算的数据存储能力和处理能力，处理海量数据，如华为云、阿里云等成熟的商业云计算商品。

当我们使用云计算服务商提供的云储存服务，把数据保存在“云端”上。实际上被保存在全国各地修建的数据中心。云计算数据中心包含一整套复杂的设施，包含刀片服务器、宽带网络、监控设备以及各种安全装置等。

云计算在生态环境大数据方面的应用正在不断深化，它不但可以帮助我们保存海量的数据，还可以提供强大的云计算能力，提高生态环境大数据平台的计算能力，高效处理突发应急事件。云计算主要有以下不同的应用形式。

（1）主机系统与集中计算

主机面向的市场主要是企业用户，这些用户一般都会有多种业务系统需要使用主机资源，于是 IBM 公司发明了虚拟化技术，将一台物理服务器分成许多不同的分区，每个分区上运行一个操作系统或者一套业务系统。这样每个企业只需要部署一套主机系统就可以满足所有业务系统的需要。

（2）效用计算

这种模式使用户无须为使用服务去拥有资源的所有权，而是去租资源。效用计算是云计算的前身。效用计算中的关键技术就是资源使用计量，它保证了按使用付费的准确性。

（3）客户机/服务器模式

客户机/服务器模式则泛指所有的能够区分某种服务提供者（服务器）和服务请求者（客户机）的分布式系统。客户通过某种设备与远处的云端联系在一起，使用运行在云端的应用软件所提供的服务。不过，在这种形似的背后，云计算提供的这个“远程服务器”具有无限的计算能力、无限的存储容量，且从来不会崩溃，几乎没有什么软件不能运行在其上。

（4）集群计算

服务器集群计算是用紧密耦合的一组计算机来达到单个目的，而云计算是根据用户需要提供不同支持来达到不同的目的。

（5）服务计算

服务计算也称为面向服务的计算，其更为准确的名称是软件即服务（SaaS）。服务计算一般仅限于软件即服务，而云计算将服务的概念推广到了硬件和运行环境，包括基础设施即服务、平台即服务的概念。

（6）个人计算机与桌面计算

个人计算机具备自己独立的存储空间和处理能力，虽然性能有限。个人计算机可以完成绝大部分的个人计算需求，这种模式也叫桌面计算。

（7）分布式计算

一个应用运行在多台计算机之上，共同完成一个计算任务。分布式计算依赖于分布式系统。分布式系统由通过网络连接的多台计算机组成。每台计算机都拥有独立的处理器及内存。这些计算机互相协作，共同完成一个目标或者计算任务。

（8）网格计算

网格计算是一种新型计算模式，于 20 世纪 90 年代随着互联网的迅速发展而出现，专注于复杂科学计算。该模式通过互联网将分布在不同地理位置的计算机组织成虚拟的超级计算机，其中每个参与计算的计算机充当一个节点，形成成千上万个节点的计算网格。在网格计算中，计算任务的数据被分割成小片，并分发给各个计算机节点执行。每个节点负责执行其分配到的任务片段，完成后将计算结果返回给计算任务的总控节点。

云计算的主要运营方式包括私有云模式，企业自建自用或将运维外包给服务商，以及公共云服务，由服务提供商向企业或个人提供面向互联网的公共服务。不同运营方式涵盖了企业自主运维、外包运维、资源独占或共享调度等多种模式，形成了私有云和公共云的不同组合，以满足用户的不同需求。目前云计算主要的运营方式有以下 6 种：

1）企业所有，自行运营。典型的私有云模式，企业自建自用，基础资源在企业数据中心内部，运维由企业自己承担。

2）企业所有，运维外包。私有云，企业只进行投资建设，云计算架构的运维外包给服务商，基础资源在企业数据中心。

3）企业所有，运维外包，外部运行。私有云，由企业投资建设，云计算架构位于服务商的数据中心内，企业通过网络访问云资源，一般物理形体的托管。

4）企业租赁，外部运行，资源独占。有 SP 构建云计算基础资源，企业只是租用基础资源形成自身业务的虚拟云计算，相关物理资源由企业独占，一种虚拟的托管型服务。

5）企业租赁，外部运行，资源共享调度。由 SP 构建，多个企业同时租赁 SP 的云计算资源，资源的隔离与调度由 SP 管理，形成一种共享的私有云模式。

6）公共云服务。有 SP 为企业或个人提供面向互联网的公共服务，云架构与公共网络连接，由 SP 保证不同企业用户的数据安全。

第5章

生态环境大数据分析与应用

5.1 大气环境大数据分析与应用

5.1.1 经典大气环境模型介绍

空气质量模型是运用气象学原理和数学方法来模拟影响大气污染物的扩散和反应的物理和化学过程，基于输入的气象数据和污染源信息如排放强度、烟囱高度等，模拟直接排入大气的一次污染物和由于复杂的化学反应形成的二次污染物的浓度变化情况，也可用于预测未来新的政策法规实施后的污染物的浓度、估计政策法规的有效性以及人类和环境暴露减少程度。空气质量模型是研究大气污染物的时空分布特征和预测大气环境质量的重要手段之一，在大气污染溯源与治理、环境规划与管理等领域应用广泛。

自20世纪70年代以来，空气质量模型发展主要经历了3个阶段[1]。第一代空气质量模型主要是基于质量守恒定律的箱式模型、基于湍流扩散统计理论的高斯模型和拉格朗日轨迹模型，但均未考虑大气污染物的相互影响或转化，因此难以解决复合型污染模拟问题。第二代空气质量模型以欧拉网格模型为主，增加了复杂的气象模式、非线性反应机制，具备了三维和时变功能。第三代空气质量模型是一种多模块、多尺度网格嵌套的三维欧拉网络模型，考虑了实际大气中不同污染物之间的物理化学反应过程以及污染物间的相互转化和影响。

近年来，综合区域空气质量模型在空气质量预测、大气污染追因、环境影响评价以及环境管理决策等领域得到了广泛应用。常见的综合区域空气质量模型有大气污染物计算模型（CAMx）、区域多尺度空气质量模型（CMAQ）、区域气象-大气化学在线耦合模型（WRF-Chem）、嵌套网格空气质量预报（NAQPMS）。其中，CAMx 模型是由美国 ENVIRON 公司开发的针对 O_3、SO_2、颗粒物和雾霾天气过程的综合区域光化学空气质量模型，具有颗粒物源识别（PSAT）、O_3 源识别（OSAT）、多重嵌套及弹性嵌套、网格烟羽（PiG）、敏感性分析和反应示踪等功能，示意图如图 5-1 所示。CMAQ 模型是美国国家环境保护局（USEPA）开发的第三代空气质量模型的典型代表，包含污染源排放、气象处理和化学转化等功能，可以同时模拟 O_3、颗粒物以及其他有毒有害污染物等从城市到区域尺度的污染过程和行为，框架示意图如图 5-2 所示。WRF-Chem 模型是美国最新开发的区域大气动力学与化学耦合的模型，集成了 WRF 模型与 Chem 模型的优势，全面考虑了大气物理和大气化学过程，包括污染物的排放、传输、化学转化和干湿沉降等，实现了气象过程与化学过程在时间和空间上的完全耦合。NAQPMS 模型是中国科学院大气物理研究所开发的集多污染类型和多尺度为一体的三维欧拉网格空气质量模型，集成了多尺度空气质量数值模拟技术、多元同化反演技术、集成预报技术和精细溯源追踪技术，具备追踪污染物来源、实时同步监测数据和计算大气环境容量等功能。

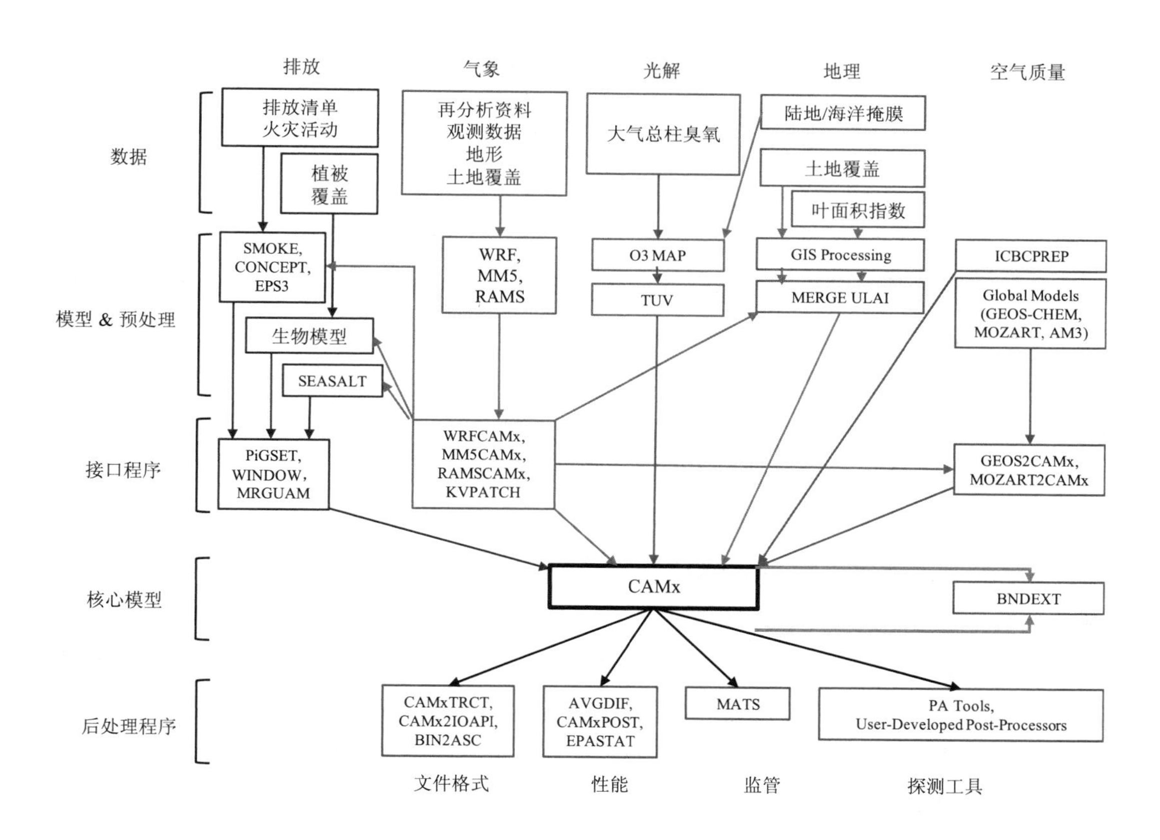

图 5-1　CAMx 模型示意图

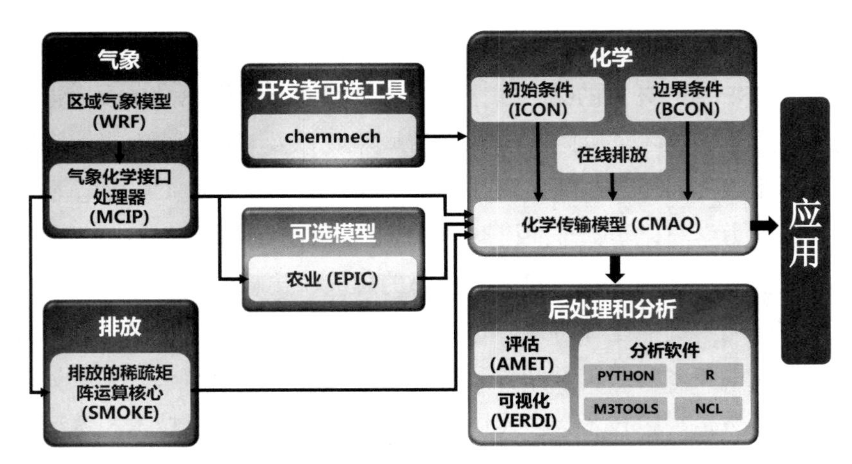

图 5-2 CMAQ 模型框架示意图

5.1.2 空气质量时空分布和变化趋势分析

为明确空气质量时空分布特征与长期变化趋势，我国生态环境部门建立了较为完善的地面空气质量监测网络与立体遥感体系，对主要大气污染物及化学成分进行长期、实时监测，相关数据种类多、数量庞大、覆盖范围广、持续时间长。当前，环境空气质量时空分布与变化趋势分析通常基于传统统计学的关联分析技术，对环境空气质量数据进行线性相关性分析、灰色关联分析、主成分分析等。传统统计方法重在验证人为假设的因果关系，涉及的样本数据有一定针对性，模型相对简单。然而，大气环境具有显著的“源-汇”特征，大气污染物的空间分布受到污染源排放、大气物理化学过程、气象与气候条件、复杂下垫面等多种因素的共同影响，呈现较强的非线性特性，传统统计方法易出现分析效率低、结论片面等问题。

在大数据思维模式下，许多影响因素都可以通过数据建立关联，大数据技术可以发现传统统计学方法无法识别的相关关系。借助大数据技术非线性问题的处理能力，可有效整合复杂的空气质量数据，深入剖析空气质量数据与气象、地理、污染源排放等因素之间的相关性，掌握空气质量时空变化的真实规律与根本原因。另外，大数据技术能自动检测、快速处理、实时反馈空气质量的变化情况，具有统计学分析方法不具备的高时效性优势。对于全国空气质量监测数据的分析结果，生态环境状况公报一般有半年到一年的滞后期，导致空气质量监测数据的应用价值大幅缩水。因此，迫切需要挖掘大数据技术在空气质量分析方面的价值，使其成为公众及时获取空气质量数据、理解空气质量分布特征与变化趋势的利器。

由于大气环境数据的海量性和复杂性，空气质量时空分布与变化趋势分析通常需要结合多种数据处理技术，充分利用多种先进的大数据算法、统计分析方法、地理信息系统等。如贾瑾[2]基于全国 190 个城市 945 个环境空气质量监测站点的实时监测数据，运用大数据技术中的关联规则发现和序列模式挖掘算法，解析大气复合污染的关联关系与演变规律；葛腾[3]利用哈尔滨市空气质量监测数据，通过数据挖掘与空间分析算法，探索了大气污染物的时空分布规律以及气象因素的影响关系；赵滨[4]利用岭回归 Staking 算法建立了大气 $PM_{2.5}$ 遥感反演模型，分析了 2016 年我国地面 $PM_{2.5}$ 浓度的时空分布规律。

目前，我国仍然缺乏深度融合大数据技术方法的大气环境大数据分析平台，现有空气质量大数据平台中的大数据技术应用较少，空气质量变化趋势分析覆盖范围较小，可视化呈现形式不够丰富，有待进一步优化、提升。因此，未来需要基于地理信息系统（GIS）搭建全国空气质量大数据分析平台，在丰富污染物种类、提高时空分辨率的基础上，收集整合来自环境监测、卫星遥感、社会统计等多源异构数据，综合利用描述分析、关联分析、聚类分析、回归分析、因子分析、时序分析等大数据算法，全面分析空气质量的时空分布特征与长期变化趋势，深入挖掘大气复合污染的演变规律与驱动因子，并进行动态的三维可视化展示，为空气质量持续改善提供科技支撑。

5.1.3　空气质量预测预警

空气质量预报是根据过去大气中污染物的排放情况以及未来的气象条件、大气扩散状况、地形地貌等因素来预测该区域未来的空气质量状况。目前，国内各城市使用的空气质量预报方法主要有 3 种，即统计预报、数值模式预报和综合经验预报。统计预报主要是对历史气象、环境空气质量数据进行统计分析处理，常用的建模方法包括多元线性回归等。数值模式预报是以大气动力学理论为基础，建立大气污染物浓度在空气中的动态分布规律。综合经验预报主要是预报员在参考天气形势预报、气象要素预报和当日空气质量状况的基础上，对统计预报和数值模式预报等结果进行加权而做出的综合预报。

国外的空气质量预报工作起步相对较早，目前国际上已经开发出的空气质量数值预报模型有基于欧拉网格模型的城市空气质量模型（urban airshed model，UAM）、区域多尺度空气质量模型（community multiscale air quality，CMAQ）等。另外，微软亚洲研究院开发了 Urban Air 系统，通过大数据模型来模拟城市空气质量，从而预测灰霾等大气污染。近些年来，国内也陆续开发了一些空气质量预报模型，如中国科学院大气物理研究所自主研发的嵌套网格空气质量数值预报系统（NAQPMS）。此外，沈劲等[5]利用聚类和多元回归相结合的方法建立了空气质量预报模型，根据顺德区前 3 年的 $PM_{2.5}$ 日均浓度和气象因子按月进行聚类，并对不同类别的数据采用多元回归方法得到适用不同情形的表达式，进一步使用以上分类与经验回归方程对 2014 年 1—2 月顺德区的 $PM_{2.5}$ 浓度进行预测，结果表明预测值与观测值基本吻合，在浓度水平和变化趋势方面均较为接近。

当前，空气质量预测正在向大数据、智能化方向发展，对预测时长、稳定性和准确性提出了更高要求。而且，随着环境空气质量监测手段与监测站点逐渐增多，空气质量实测数据愈加丰富，为数据驱动的模型构建提供了必要的数据基础。在大数据时代背景下，基于深度学习的空气质量预报方法可以一定程度上克服传统预报方法参数不全、机理不完善的缺点，能够更好地挖掘空气质量预测结果的价值。另外，深度学习能够通过训练大数据，挖掘和捕捉大数据之间的深层联系，提高预测的准确性和时空代表性，有利于空气质量情景模拟与区域大气污染成因分析。因此，将大气环境监测大数据、深度学习算法、人工智能平台等前沿技术应用到空气质量预测预警领域是未来的发展趋势。

大气污染物浓度的精准模拟和预测，是进行大气重污染预报预警的前提，也是追踪大气污染成因、开展大气污染防治的重要基础，对缓解大气重污染、有效改善环境空气质量至关重要。传统的基于源排放清单与大气物理化学机理的区域空气质量预测模型运算量大、耗时长、空间分辨率低，难以快速评估本地源排放、不利气象条件、区域输送等贡献，迫切需要开发大数据驱动的高精度三维空气质量预测模型，实现区域空气质量的高精度模拟和重污染天气的提前预警，快速分析大气污染成因、明晰本地主体责任（图 5-3）。

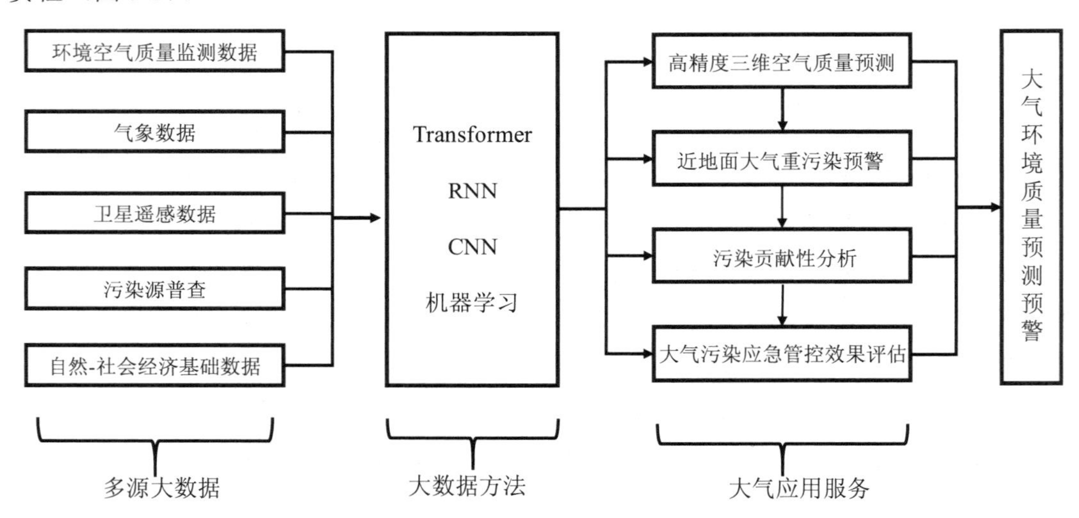

图 5-3 基于大数据算法的环境空气质量预测预警与分析技术路线

应用大数据算法的环境空气质量预测预警与分析方法主要如下：

（1）高精度三维空气质量预测

利用区域空气质量在线监测数据、三维气象参数遥感与模拟数据、三维大气污染物卫星遥感反演数据、网格化大污染气源排放清单，通过随机森林、循环/交叉神经网络、Transformer 技术训练并建立三维空气质量预测模型，根据下垫面、道路、夜间灯光等参数进行空间插值并利用实测数据进行动态校验，实现水平分辨率至少 1 km、垂直至少

500 m 的高精度预测，每天自动模拟未来 72 h 逐小时的、未来 7 d 逐日的 $PM_{2.5}$、PM_{10}、O_3、SO_2、NO_2、CO 等主要大气污染物浓度与空气质量状况，同时利用数字孪生等技术建立大气三维可视化模型，获得空气质量的三维空间动态分布图，形成目标区域的三维空气质量日报。

（2）近地面大气重污染预警

利用大数据驱动的高精度三维空气质量预测模型，每天自动模拟目标区域范围内未来 72 h 逐小时的 $PM_{2.5}$、PM_{10}、O_3、SO_2、NO_2、CO 等主要大气污染物浓度，自动比对近地面大气污染物浓度的达标与超标情况，对可能出现大气重度、中度、轻度污染的区域、时段、首要污染物等信息进行提取和统计，形成近地面大气重污染预警专报，按照行政区划自动向生态环境管理部门和相关用户发布大气重污染预警信息，提醒相关部门提前开展重污染应急防控工作。

（3）大气污染贡献分析

通过分析区域已经发生或未来可能发生的大气污染过程，利用建立的高精度三维空气质量预测模型，在保留、扣除目标区域本地排放的情况下分别对大气污染物浓度进行情景模拟，根据预测结果估算本地排放和区域输送的贡献，形成本地/区域贡献图表和分析报告，明确本地污染源排放对出现大气污染所要承担的责任。同时，在当时和月均气象条件下分别对大气污染物浓度进行情景模拟，根据预测结果评估污染源异常排放和不利气象条件的相对贡献，形成排放/气象贡献图表和分析报告，明确污染物排放增加对出现大气污染所要承担的责任。

（4）大气污染应急管控效果评估

针对目标区域未来可能发生的 $PM_{2.5}$ 与 O_3 重污染过程，基于工业源、交通源、扬尘源等各项可控措施的减排比例，利用建立的高精度三维空气质量预测模型，自动模拟各项管控措施单独实施与多项措施组合实施条件下主要污染物浓度的降低情况，评估应急管控条件下 $PM_{2.5}$ 与 O_3 质量浓度改善效果及达标情况，自动筛选大气污染应急管控最优方案，形成应急管控效果评估与分析报告。

5.1.4　大气污染来源识别与分析

近年来，随着我国脱硫脱硝除尘等大气污染防治措施的不断推进与严格落实，SO_2、粉尘、烟尘等一次污染问题已基本得到控制，然而大气 $PM_{2.5}$、O_3 等二次污染问题日益凸显。由于二次污染物来源众多，形成机理复杂，且受诸多环境因素影响，导致其精准治理非常困难。针对不同类型和来源的大气污染需要采取不同的防治技术和措施，对大气污染来源的认知偏差会导致重大决策失误，因此需要对各类污染及主要污染物进行准确的溯源追踪，为其有效治理提供技术支撑。

目前，主要的大气污染来源分析方法主要包括源排放清单、扩散模型和受体模型等，这 3 种方法均存在较为明显的局限性，溯源结果误差大，具体污染源不明确。大气污染的来源与行踪，可以通过大气污染物源排放数据、地面空气质量监测网数据、卫星遥感反演数据、移动测量平台观测数据、空气质量模型模拟等大气环境数据信息进行解释和分析，通常数据、信息越丰富，解析手段越先进，来源分析的结果就越准确。在此背景下，集合海量数据与智能计算的大数据技术在大气污染源解析独具优势。

基于大数据思维的数据挖掘和机器学习算法正越来越多地应用于大气污染来源分析。目前常用的机器学习算法主要有神经网络（ANN）、渐进梯度回归树（GBRT）和随机森林等。张君等[6]提出利用人工神经网络算法和传感器对恶臭进行来源识别和分析的技术方案，自动识别空气样品的特征成分与主要来源。陈亦辉[7]分别利用多元线性回归、渐进梯度回归树和随机森林算法构建污染源-颗粒物回归模型，对上海市大气颗粒物的来源进行定量解析，对比发现机器学习模型比简单线性回归模型的拟合结果更优、偏差更小。通过构建大数据模型，模拟大气污染的输送、汇聚过程，进一步利用先进的可视化技术呈现污染物的扩散积累与传输路径，可精准定位、清晰展示大气污染的主要来源，革新了大气污染溯源手段。

目前，利用大数据技术进行大气污染来源识别与解析的相关研究较为缺乏，尚无适合我国实际大气环境数据体系的技术方案、智能模型与软件系统，无法明确给出不同区域大气污染物的主要污染源，难以支撑大气环境的科学管控与精准治理。而且，当前大数据技术尚未全面应用到各类大气污染物的来源分析当中，针对大气颗粒物的基于数据挖掘、机器学习等大数据技术的新型来源解析方法已经得到广泛关注和初步应用，然而关于 O_3、挥发性有机物（VOCs）等污染物的来源分析仍主要采用传统的统计分析与化学模型方法，急需大数据技术的进一步结合、开发和应用。另外，由于大气污染源排放清单不完整、污染源监测技术不完善等，造成污染源数据不完整，限制了大数据技术在大气污染来源分析领域广泛应用。

结合大数据算法的大气污染源识别与分析技术方法（图 5-4）主要如下：

（1）大气污染高发区识别

利用多源高时空分辨率的卫星遥感反演数据、空气质量乡镇站/微站定点监测数据、车载走航移动监测数据等，首先进行数据预处理与数据同化，通过深度神经网络等算法对融合后的数据进行训练，近实时计算目标区域范围内时空分布特征；然后利用异常监测与特征提取技术对高值点进行自动识别，获得逐日的大气污染高发区的位置、时段及特征信息，形成每月的大气污染高发区清单和专报，为大气污染重点区域划分、督查、管控提供支撑。

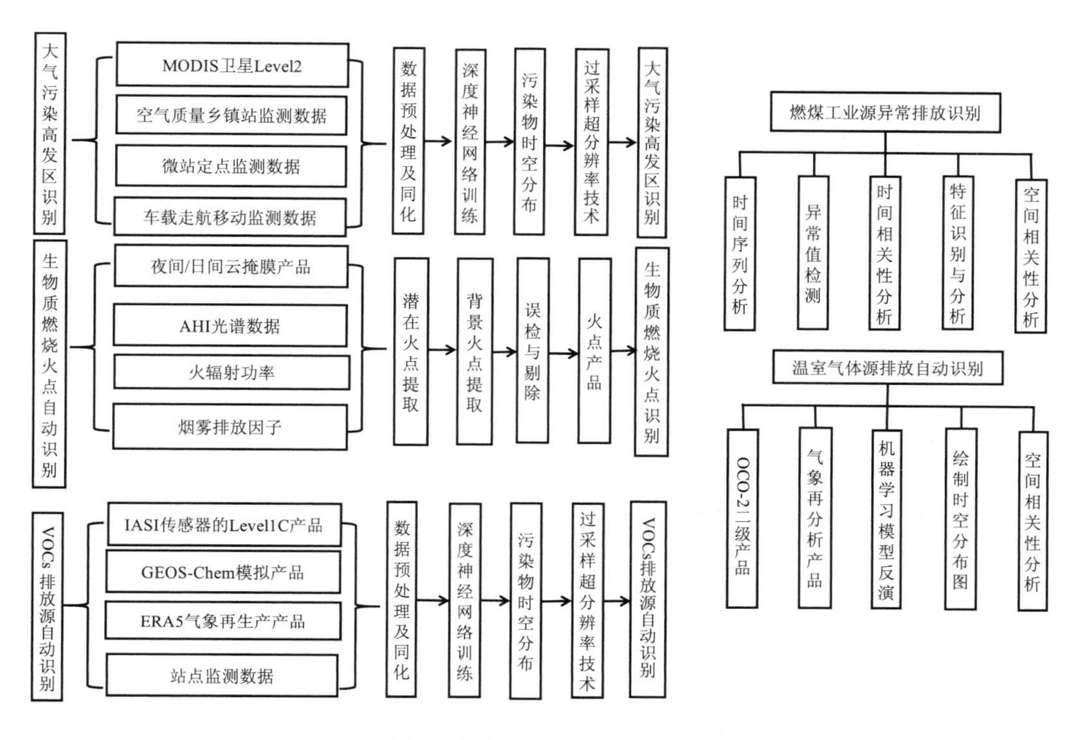

图 5-4　基于大数据算法的大气污染源识别分析技术路线

（2）生物质燃烧火点自动识别

基于 Himawari、MODIS 等卫星遥感光谱数据，通过亚像元分解、异常值识别、机器学习等方法，针对不同规模的生物质燃烧情况确定火点像元阈值，自动识别农作物秸秆、树叶焚烧、森林火灾等生物质燃烧火点，对其位置进行标记并计算火点强度和过火面积，形成逐日火点分布图，并按行政区域对火点数量和火点面积（强度）进行统计、排名，从而实现生物质燃烧活动的实时监测和有效管理。

（3）燃煤工业源异常排放识别

利用国内外主流卫星传感器的光谱数据，结合地面站点的 SO_2、NO_2 与 $PM_{2.5}$ 监测数据，通过深度学习算法训练建模，自动反演区域近地面 SO_2、NO_2 与 $PM_{2.5}$ 浓度，识别、提取 SO_2、NO_2 与 $PM_{2.5}$ 高值区域的位置、强度、面积等信息，获得逐日 1 km 分辨率的 SO_2、NO_2 与 $PM_{2.5}$ 浓度空间分布图，根据同时出现高值的污染物种类、工业源分布情况，自动识别燃煤、钢铁、水泥等大型工业源的异常排放，形成工业源异常排放清单和统计日报，据此实现燃煤等高污染工业源的精细化监管。另外，可利用重点工业源在线监测系统中的废气源排放数据，通过异常检测、特征识别、时序分析等大数据技术，自动识别排放浓度突然升高、排放量突然增大等超标排放与异常排放情况，自动判别数值不变、污染物浓度比例异常、参数不合理等异常现象，形成逐日的重点污染源超标排放、异常

排放、异常现象动态分布图，形成重点污染源超标排放、异常排放、异常现象清单和日报、月报，为重点工业源污染源精准监管、监察执法提供科学依据和直接证据。

（4）VOCs 排放源自动识别

利用 SOUMI-NPP、IASI 等卫星传感器的红外光谱数据、不同 VOCs 的特征吸收光谱、地面站点 VOCs 监测数据、气象数据、土地利用数据等，通过差分吸收光谱、主成分分析、深度学习等算法，反演近地面典型 VOCs 浓度，获得逐日的 1 km 分辨率的近地面 VOCs 浓度空间分布图，识别、提取 VOCs 高值区域的位置、强度、面积等信息，形成清单和日报，实现 VOCs 排放源的精细化监管。

（5）温室气体排放源自动识别

基于碳卫星、高分五号-GMI、GOSAT、OCO-2 等卫星遥感光谱数据，结合地面气象与环境站点的温室气体监测数据、气象数据、土地利用数据等，通过机器学习等算法训练模型，自动反演近地面 CO_2、CH_4 等温室气体浓度，识别、提取 CO_2、CH_4 高值区域的位置、强度、面积等信息，获得逐月 50 km 级别的 CO_2 浓度空间分布图，形成清单和月报，实现温室气体排放源的精细化监管。

5.1.5 大气污染协同管控

当前，以 $PM_{2.5}$ 和 O_3 为首要污染物的霾污染、光化学污染、大气复合污染，是我国面临的突出大气环境问题。$PM_{2.5}$ 和 O_3 为二次污染物，前体物及其来源繁多、形成机理复杂，且二者之间存在一定程度的同源关系，传统的针对一次污染物的治理手段难以奏效。因此，迫切需要构建 $PM_{2.5}$ 与 O_3 污染的协同管控平台，准确筛选识别最优的管控措施，定量评估协同改善效果和管控成本，支撑大气重污染应急防控与空气质量长期改善计划（图 5-5）。

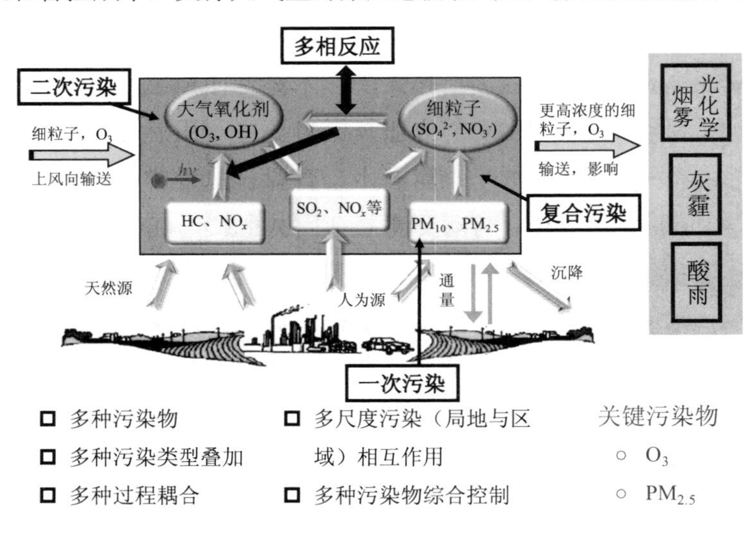

图 5-5 大气复合污染及其形成机制示意图

集合大数据算法工具的大气污染协同管控技术方法如下：

（1）协同管控措施清单

根据目标区域内的大气污染物源排放清单、污染源普查数据、污染源治理现状等，采用人工和机器学习的方式全面梳理、总结各类工业源、交通源、农业源、电力源、生活源、生物质燃烧源、扬尘源、自然源等潜在的管控措施，根据措施类别和管控力度建立管控措施数据库，根据管控需求确定各类管控措施涉及的污染源名单及减产比例，形成单项或组合式管控措施清单。

（2）污染物减排量核算

基于管控措施清单，根据大气污染物源排放清单、污染物排放系数、社会经济活动水平等，采用数据库技术建立涵盖各类污染源的 $PM_{2.5}$ 与 O_3 前体物等一次污染物减排量核算模型，自动计算不同管控措施条件下各类一次污染物排放量的削减比例，形成管控措施污染物减排清单，为空气质量改善效果评估与管控成本核算提供基础数据。

（3）协同管控效果评估

针对未来可能发生的 $PM_{2.5}$ 与 O_3 重污染过程或空气质量长期改善计划，基于管控措施清单与污染物减排清单，利用高精度三维空气质量预测模型与情景模拟、统计分析、决策树等方法，自动模拟不同管控措施下主要污染物浓度降低情况，进而评估 $PM_{2.5}$ 与 O_3 协同改善效果，并通过可视化技术展示空气质量协同管控效果。

（4）管控措施成本核算

针对未来可能发生的 $PM_{2.5}$ 与 O_3 重污染过程或空气质量长期改善计划，面向不同管控措施情景，综合考虑减排主体数量、人力消耗、财力消耗、经济效益减少、社会活动影响等因素，通过成本系数和决策树算法构建区域大气污染管控成本核算模型，自动核算管控措施实施产生的相关成本，综合分析空气质量管控目标、$PM_{2.5}$ 与 O_3 污染协同改善效果、管控措施实施成本，自动筛选最优管控路径和措施，形成 $PM_{2.5}$ 与 O_3 污染协同管控评估报告。

5.1.6　典型应用案例

为重现主要大气污染物的三维空间分布，预测大气污染的发生和发展，估算本地排放贡献，评估本地减排效果，突破传统大气物理化学机理模型计算量大、耗时长的难题，基于大气污染源排放清单、三维气象资料、地面监测站污染物浓度数据与卫星遥感垂直廓线，经数据集成、清洗、融合、同化处理后，采用交叉网络、深度神经网络等算法，建立了大数据驱动的高精度三维空气质量预测模型。

该模型可针对 $PM_{2.5}$ 等污染物，快速预测山东地区未来 72 h 内逐时的三维空间分布情况，实现对大气重污染发生时段和空间位置的预报预警。同时，还可估算各城市本地大气污染源排放对污染物浓度的贡献比例，明确属地责任；评估本地减排一定比例条件下的空气质量改善效果，为大气污染应急防控提供科技支撑。另外，还可通过模板设计、信息提取、自动填充等，自动生成空气质量预测日报，展示主要污染物的水平分布、垂直分布、逐时变化，并自动推送大气污染预警信息（图 5-6）。

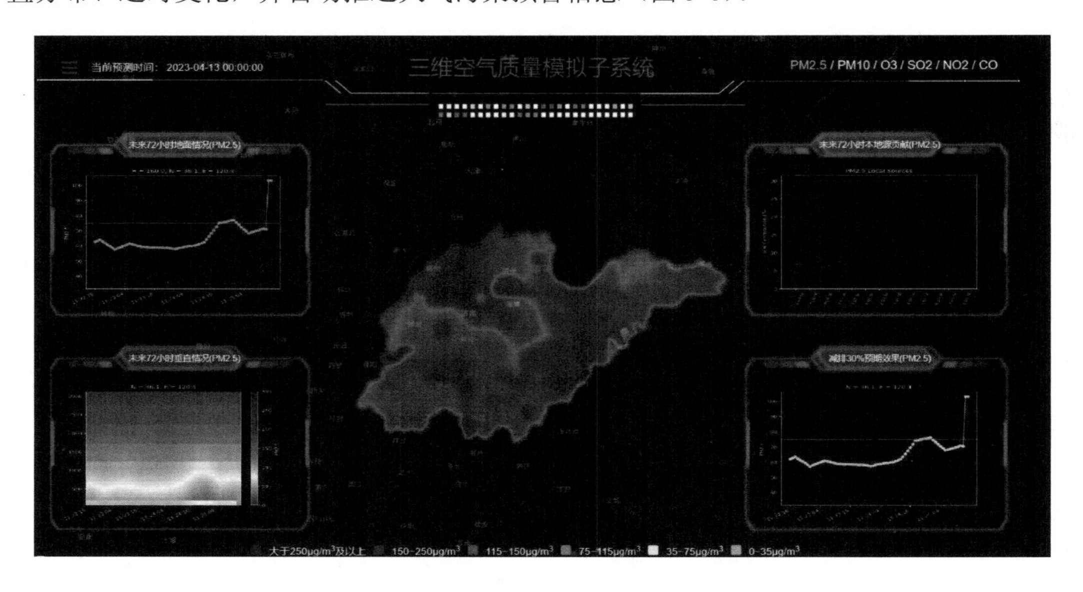

图 5-6 三维空气质量预测模型结果展示

5.2 水环境大数据分析与应用

新时期，水环境呈现水资源短缺加剧、新兴和复合污染突出、水生态破碎等显著特征，亟须发挥大数据在海量监测数据分析与环境知识挖掘的优势，破解水资源-水环境-水生态协同管控的难题。水环境大数据分析的应用场景主要包括水污染精准溯源、污染源-水质响应关系分析、基于用水-用电-用能等的排污状况关联分析、水污染负荷动态分析与估算、容量总量分配与排污许可管理、流域水生态与河湖健康大数据分析、水质预测预警、水量-水质-环境的综合调控、陆海统筹综合调控以及地下水储量与污染监管等。在具体实施过程中，水环境大数据分析基于水环境质量监测、卫星遥感、污染源监测等相关生态环境数据，通过深度学习、关联分析、预测分析、情景模拟等大数据分析方法，赋能水污染溯源、水质驱动要素分析和水质预测预警等新时期水环境管理和保护业务。本节将从水环境模型、大数据分析应用场景及关键技术等方面进行详细介绍。

5.2.1 典型水环境模型介绍

智能化和精细化是水环境管理能力现代化的必然要求。实现水环境智能化、精细化管理、评估与决策，离不开水环境模拟技术与业务系统的支撑。水环境模型可以分为机理模型和数据驱动模型两类，每类模型优缺点均较为明显。机理模型是在综合考虑水文水动力、水环境和水生态相互作用的基础之上，根据水体成分组成和迁移特征等属性，进行在场景下的水环境作用过程模拟。常用的机理模型主要包括 SWAT（soil and water assessment tool）、MIKE、EFDC（the environmental fluid dynamics code）和 WASP（the water quality analysis simulation program）等。相对于物理驱动方法，数据驱动方法则是基于多源时空监测数据，利用经验、半经验和机器学习等数据驱动建模方法来模拟水体组分受水文水动力的影响及其与水环境和水生态的交互作用，完成水环境的长时序、大范围模拟；该类方法大致可以分为经验模型、半经验/半分析模型和基于机器学习的模型，如马尔科夫法、灰色模型法、人工神经网络法等。在实际应用时，水环境模拟大多是针对特定应用和科学问题展开，这往往需要结合上述多种方法进行交叉研究。

模型的空间维度方面，从零维发展到一维、二维、三维；适用的水域类型也在不断拓展，目前涵盖了流域、河流、河口、湖泊水库等诸多区域；模拟水质组分众多，包括较为复杂的水质、生物化学、生态指标等指标。在模型信息化方面，国内外也已经形成了较多模型软件，据 USEPA 研究与发展部统计相关模型软件有 120 多个，涵盖了地表水、饮用水、地下水、非点源、生态等多类型。辅助决策系统方面，爱尔兰国立大学都柏林学院水资源研究中心研究开发的流域水管理决策支持系统，实现了水质、水量、地形等模型的集成；欧洲一些国家机构联合开发的流域规划决策支持系统 Waterware，可实现水文过程模拟、水污染控制、水资源规划等功能；国内生态环境部华南环境科学研究所开发了区域水环境决策支持系统，实现了一维、二维水质动态模拟功能等。

由于我国的环境管理体制改革处于深化阶段，分散、分段的环境管理模式正在向按环境要素综合管理转变。此前与水环境管理相关的业务系统多为分散建设，各自使用，难以适应现阶段水环境管理体制转变的需求。为此，亟待突破水环境管理综合业务模型构建技术，从水量-水质-水生态一体化、污染排放与水质响应一体化的角度，按照数据共享、互联互通、业务协同的原则完善我国的水环境管理业务应用系统，提升水环境管理的能效。

（1）SWAT

SWAT 是由美国农业部（USDA）农业研究中心 Jeff Arnold 博士于 1994 年开发的水文模型，主要用于评估土壤和水资源管理对流域水文过程的影响，用于预测流域尺度复杂多变的土壤类型、土地利用方式和管理措施情景下，流域内不同区域的水文过程差异，其模拟过程如图 5-7 所示。

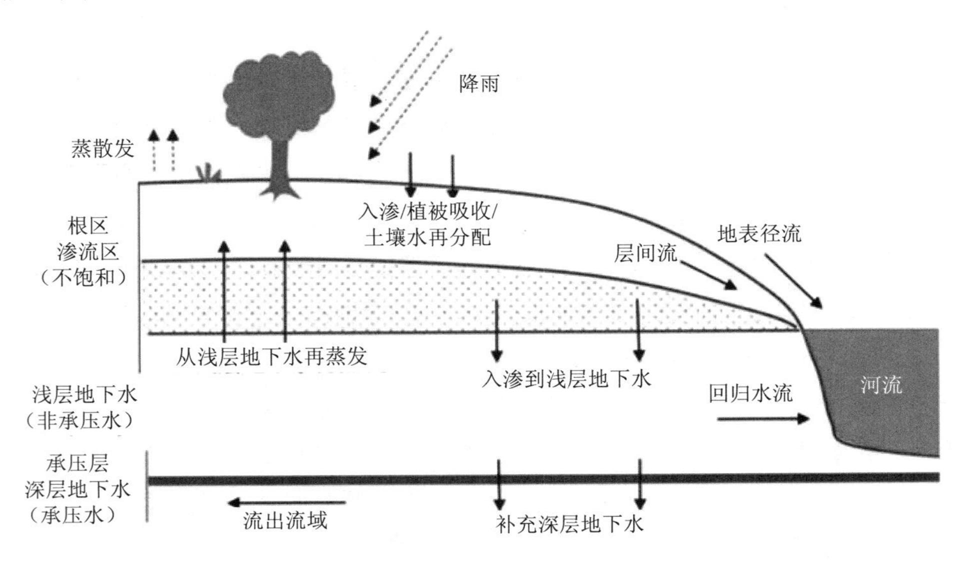

图 5-7　SWAT 水循环过程和输出结果图示[8]

作为一种基于 GIS 的分布式流域水文模型，SWAT 模型具有可插拔的结构，允许用户集成不同的数据源、模型组件和参数，以适应不同流域的特征和研究目的。SWAT 以日尺度为时间分辨率，利用遥感和 GIS 提供的空间信息模拟多种不同的水文物理化学过程，如水量、水质及杀虫剂的输移与转化过程[9]。鉴于其良好的模拟精度和鲁棒性，受到了国内外众多学者的广泛关注和使用，其理论也得到了快速发展，改进版本层出不穷，如 SWAT-Gash[10]、SWAT-CUP[11]等。

（2）MIKE

MIKE 是丹麦水动力研究所（DHI）研发的一款综合水文水动力学软件，涵盖了水文、水动力学、水质等多个方面，具有高度可定制的结构、图形界面和高效计算引擎，允许用户根据具体需求选择并整合不同的模块。MIKE 软件主要包括一维水模拟软件 MIKE HYDRO River、二维水模拟软件 MIKE21、三维水模拟软件 MIKE3、综合水模拟软件 MIKE+、水资源分析软件 MIKE HYDRO、河床演变模拟软件 MIKE 21C、分布式水文模拟软件 MIKE SHE、地下水模拟软件 FEFLOW、污水处理厂模拟软件 WEST、辅助建模分析软件 MIKE+Plugin Manager、污染负荷计算软件 Load Calculator 和溢油方案评估工具 Oil Spill Tool 等。MIKE 能够进行一维、二维和三维水动力-水质-水生态系统模拟，同时较强的城市降雨径流模拟能力，适用范围涵盖河流、近海、湖泊和水库等复杂水域，为工程应用、海岸管理及规划提供了完备、有效的设计环境。作为一款功能强大的水文水动力模拟工具，MIKE 模型在大型工程中得到广泛应用，如长江口综合治理工程、杭州湾数值模拟、南水北调工程、重庆市城市排污评价、太湖富营养化模拟、香港新机场工程建设等。

（3）EFDC

EFDC 是一种用于模拟水体环境流体动力学的综合性数值模型，由威廉玛丽学院维吉尼亚海洋科学研究所 Hamrick 等根据多个数学模型集成开发研制，集水动力模块、泥沙输运模块、污染物运移模块和水质预测模块于一体（图 5-8），已广泛应用于水体中的水流、水质和生态过程，模拟对象包括水库、河口、河流、湖泊、湿地以及自近岸到陆架的海域。EFDC 的水动力学模块考虑了风、潮汐、浮力和河流入流等因素，采用有限差分方法模拟水体的流动模式。水质模块与水动力学模块耦合，用于模拟污染物、营养物质和沉积物在水体中的传输和去向。EFDC 的生态组件可以模拟水动力学与水生态系统之间的相互作用，包括浮游生物、藻类、鱼类等。

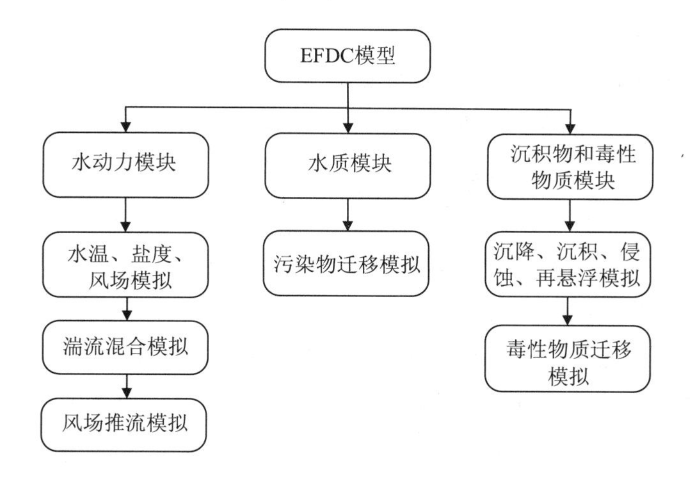

图 5-8　EFDC 模型结构示意图

EFDC 集成 Blumberg-Mellor 模型和美国陆军工程中心的 CH3D 模型或 Chesapeake 湾模型，具备强大的物理模拟和模型并行计算能力，可有效模拟大型和复杂的水体环境系统。EFDC 在变密度流体的三维、垂直静压、自由面、湍流平均运动方程求解，以及湍流动能、湍流长度尺度、盐度和温度的动态耦合传输方程求解中效果较好。其中，湍流输运方程用 2.5 阶 Mellor-Yamada 湍流闭合法解决。需要指出的是，EFDC 对输入数据敏感，需要大量的观测数据进行验证和校准。

（4）WASP

WASP 是一种专门用于水质分析和模拟的数值模型，包括水动力模块、水质模块、污染源模块和生态模块，WASP 许可使用专门设计的动力学过程，并且所有的程序都在总的模型框架下进行而不需要大段地编写或改写计算机代码。水动力学模块用于模拟水体的流动和混合，水质模块用于模拟污染物在水体中的输运、转化和浓度分布，污染源模块通过划分点源和非点源的方式准确地模拟不同的污染负荷，生态模块用于模拟水体中藻类生长和氧气消耗等生物反应。目前，WASP 已被广泛应用于评估水体中污染物的传输、变化和影响，有效帮助了研究人员和环境管理者更好地理解水体生态系统的响应和变化，是 USEPA 推荐使用的水质模型。

WASP 基本程序包括对流、扩散、点源质量负荷的扩散和边界交换的时变过程。WASP 程序构造允许水动力学子程序代入总程序中形成解决特定问题的模型。WASP 能够通过允许系数、对流流体、污水负荷、水质边界条件的时变交换实现一维、二维和三维等不同维度的水质模拟。当 WASP 研究对象为完全混合水体控制单元，即将水体在横向、纵向和垂向上分割为多个控制单元，这些控制单元组成了网络化的水体和河床。除每个控制单元内污染物迁移转化遵循质量守恒定律外，水质模型方程的求解也是基于质量守恒定律进行。模型可用于分析塘、溪、湖泊、水库、河流、河口及海岸水域的水质问题。

目前常用的 WASP 7.0 版本在原始 WASP 版本做了大量改进[12]，例如，热（heat）模块基于全热模型和平衡温度算法来计算水温，多藻类（multi-algae）模块在富营养化模块上加了几个状态变量和相应的水质过程，汞/有毒物质（mercury/toxics）模块被重新修改以便能够处理更多的变量和过程，泥沙输移（sediment transport）模块中泥沙的沉积和悬浮是水体流速和用户指定常数的函数。另外，模型在水动力连接方面更高效，使用特殊函数调用压缩二进制文件位置信息，并且能够将水流和流体体积传输至 WASP 模型中，使得 WASP 模型可以更好地与 DYNHYD、EFDC 等水动力模型进行耦合。在水质模块数据传输方面，使用水动力学软件生成的文件可以在水动力模型之间进行模拟结果传输，不仅可以传输流量、体积、深度、速度和宽度，热模块还可以传递水温、盐度、太阳辐射、风速和大气温度等。

5.2.2 水环境风险分析

水环境风险精准快速识别和“主动防御”是进行水污染溯源、水环境风险防控、水生态系统保护的重要前提。然而，当前水污染与风险管控服务仍以“被动应对”为主，水环境风险高风险区识别、风险源排查和风险等级评估的准确性和时效性不足，亟须发挥生态环境大数据分析技术在海量数据挖掘与智能信息提取中的优势，为水资源短缺、水污染严重、水生态脆弱、水管理滞后等复杂交叉的水环境风险问题分析提供了有效途径。随着大数据技术的快速发展，可以通过建立水环境遥感反演模型，以及基于机器学习/深度学习和空间关联分析的海量生态环境数据的分析与挖掘技术创新（图 5-9），提高水环境风险识别、诊断的精度和效率，实现水环境风险从“被动应对”到“主动防御”的转变。主要包括污染物排放通量对水环境质量的影响分析、饮用水水源地/自然保护区水环境风险分析、沿河/海岸带企业排放污染风险分析、蓝藻水华暴发风险遥感快速识别等。

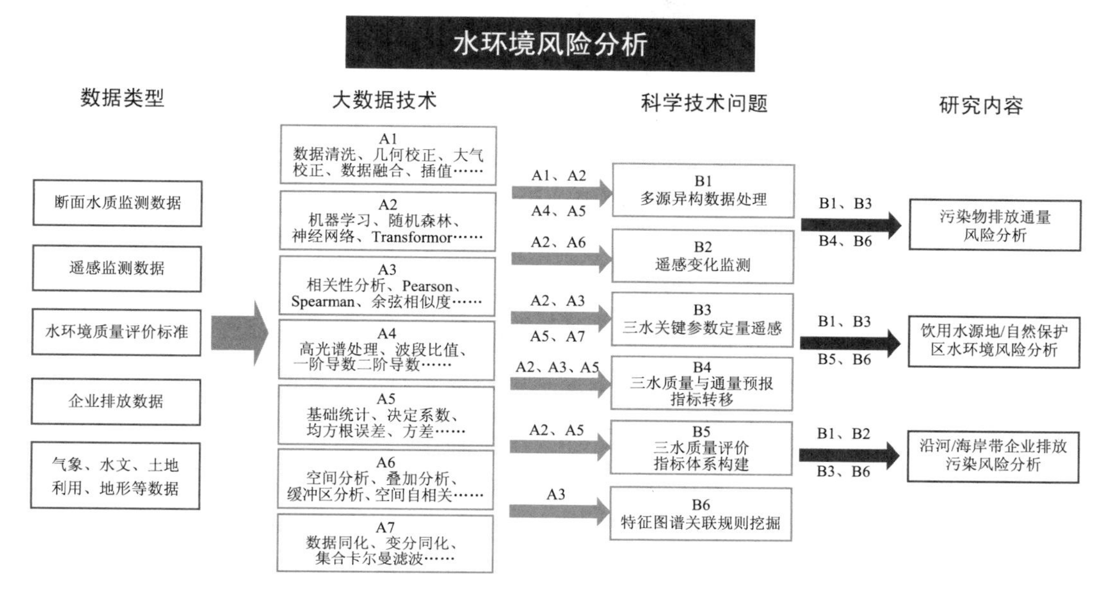

图 5-9　水环境风险分析技术路线

（1）污染物排放通量对水环境质量的影响分析

污染排放通量风险分析的难点在于流量和污染物浓度的实时、动态监测以及污染通量的在线计算和异常识别。根据流域所处位置、地形地貌特征以及受人类活动干扰的强度，基于遥感反演的污染物浓度，明渠、暗管、涵闸、泵站、排污河、污水直排口、污水海洋处置工程排口自动采集的水质和污染物浓度监测数据，SWAT 面源污染模拟数据，利用机器学习和污染通量计算模型，将流域按照城市、农村、山地、丘陵、平原、河网、河口等进行污染物通量分区在线自动计算，识别高排放通量区域的位置、时段、污染物质清单。在此基础之上，基于污染物排放通量的分布地图和特征图谱，利用时空关联规则分析、序列分析等相关性分析方法，解析污染源结构，明晰点源、面源排放通量对水环境质量的作用强度、方向和影响范围，并结合空间统计分析工具生成各个分区的“污染物排放通量-水环境质量”相关性分布图和污染排查范围清单，支撑流域水环境容量核算与污染控制、排放通量调控、入河排污口管理、水质预警等业务。

（2）饮用水水源地/自然保护区水环境风险分析

针对饮用水水源地突发环境事件风险与常态污染排放胁迫并存、突发环境事件高发，然而饮用水水源地风险分析、防范和快速应对能力不足，风险管理难度大。基于集中式地表水型饮用水水源地的突发环境事件与常态污染排放、水质-水生态关键指标遥感反演和断面监测等数据，通过聚类分析、关联分析、层次分析和机器学习等方法，开发包括水源地风险识别、风险等级评估的水环境风险在线自动评价系统，分析饮用水水源地的水环境-水生态风险等级，自动识别饮用水水源地高风险区域的位置、时段、风险源物质/污染源清单和排查范围；使用 Sen+Mann-Kendall 等序列分析方法研判目标区域，尤其是高风险区域的中长期和短期变化趋势，生成“饮用水水源地水环境风险分布图”和“饮用水水源地水环境风险演变趋势图”。同时，使用极端梯度提升树、循环神经网络、Transformer 等人工智能算法分析水源保护区周边及上游地区的工业聚集区、居民点、交通穿越、禽畜养殖等环境隐患对饮用水水源地水质-水生态风险的影响强度和等级，并进行风险大小筛查，明确点源、移动源等重点风险源的风险水平和重点防控区域等，列明风险源分布特征（重大、较大、一般等）、风险物质排放去向、物质特性、应急处置方式、风险源管理现状等内容，形成水源地风险源名录和风险源地图，提出针对性的风险管理措施和饮用水供应应急响应方案，健全饮用水水源地水环境的日常监管，完善饮用水水源地环境保护协调联动机制，实现水源保护从“被动应对”到“主动防御”的转变。

（3）沿河/海岸带企业排放污染风险分析

沿江/河环境风险点多，且 30%的环境风险企业位于饮用水水源地周边 5 km 范围内，产业结构和布局不合理造成累积性、叠加性和潜在性的生态环境问题突出，流域环境风险隐患突出成为长江、黄河等经济带持续健康发展的主要瓶颈[13]。基于遥感反演数据、地面水质在线监测和移动监测数据，以及不同类型排污口监测数据，制定沿岸水质评价指标体系，定期评估沿江河湖库工业企业、工业聚集区环境和健康风险，评估现有和新型污染物质的健康风险，识别研究区的主要污染物类型、风险等级和变化趋势，以及排污口异常排放情况，生成“沿河/海岸带水质分布图”“沿河/海岸带水质演变趋势图”“排污口异常排放分布图”。将综合评价结果与历史污染事件、企业污染排放清单、排放通量等污染特征图谱进行交叉相关分析和空间关联规则分析等相关分析，生成“沿河/海岸带企业污染排放通量-水质风险”的空间相关性分布图；同时，使用极端梯度提升树和循环神经网络等机器学习/深度学习算法预测分析污染物稀释降解到一定浓度水平时的影响范围和所需时间，量化企业污染物排放通量的影响强度，生成“企业排放污染影响区域/强度晕渲图”。基于数字孪生技术和情景分析，模拟沿河/海岸带企业不同污染排放通量情景下，水环境质量风险等级及其时空差异，辨识水环境高风险区域的分布位置和时段，重点关注工业排口、养殖排口、灌区排口、城镇污水厂排口、农村污水厂排口等，以及这些排口入河点的上下游断面，生成水环境高风险区域和重点监管企业清单，形成“河道-入河排口-污染源”的高效监管体系，为沿河/海岸带企业的监管和污染风险精准防控提供信息支撑。

（4）蓝藻水华暴发风险遥感快速识别

针对湖泊、水库水体富营养化严重、蓝藻水华频发，基于 Landsat、Sentinel、GOCI

等多源遥感影像，以及藻类垂向分布函数和光学特征，利用 Transformer 等深度学习算法，开发高精度、适用性强的蓝藻水华遥感提取模型和水柱藻总量遥感估算模型，反演生成长时序蓝藻水华分布数据集和水柱藻总量遥感数据集。在此基础上，利用聚类分析和时空演变分析方法，识别藻华暴发风险区；利用空间关联分析方法解析藻总量和藻华分布的时空联动特征和发展趋势，探讨气候变化和人类活动双重胁迫下浮游藻类的垂向分布及其藻总量变化对藻华的影响，识别诱发藻华暴发的关键嬗变点和阈值范围；结合气象预报数据，以及藻类生长模型、水动力模型、序列分析模型等对湖库蓝藻水华进行预测，快速评估研究区未来 14 d 的藻华暴发风险，并动态可视化展示蓝藻水华现状、预警、变化趋势等信息。

5.2.3　水环境质量预测预警

水环境质量预测预警是水污染治理、水资源保护、突发水污染事件应急决策、流域水质变化跟踪评估的关键，对于保障水安全至关重要。水环境质量预测预警大数据分析围绕流域水环境质量预测预警过程中的关键环节，基于多源时空数据的大数据分析技术，实现流域水环境质量实时评价、辨识关键驱动因素、筛查水环境质量异常范围、创新“长-中-短期”水环境质量预测方法、赋能水环境质量风险预警和突发事件的应急决策。主要包括水质驱动要素分析、水质预测分析、水质预警分析、水污染事故应急分析等功能（图 5-10）。

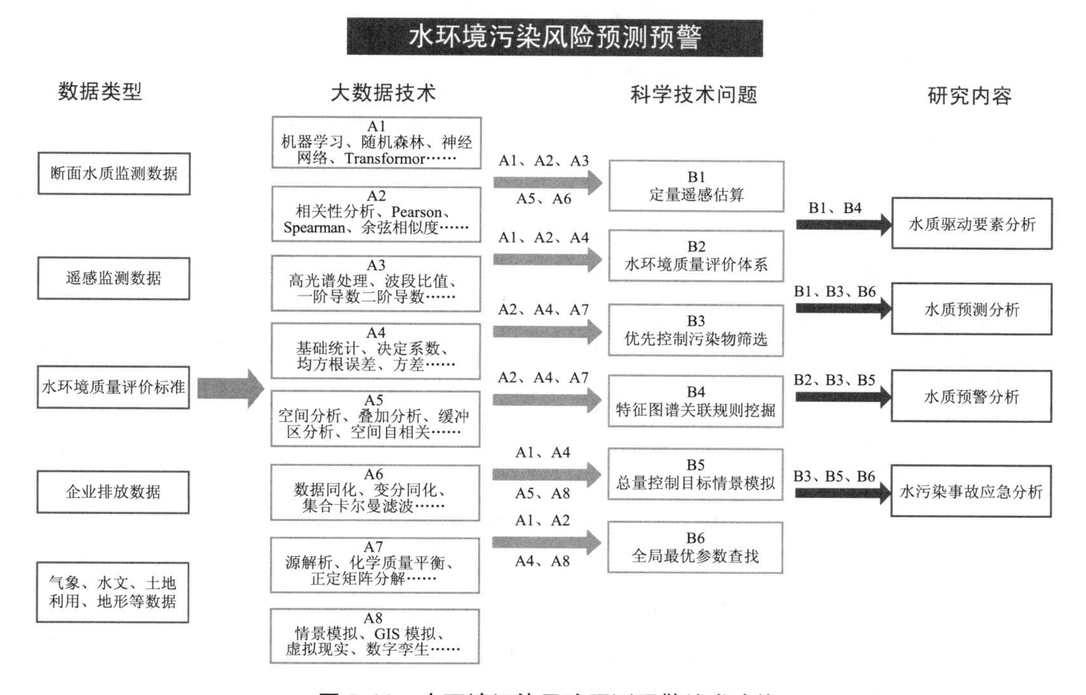

图 5-10　水环境污染风险预测预警技术路线

（1）水质驱动要素分析

驱动力分析是深化水质时空分布规律的核心工作之一，是流域/断面水质预测预警的理论基础。本着可操作性、科学性和可度量性的原则，分长期、中期、短期，将目标区域的水色/水质参数与企业排污数据、地形、气象、社会经济和土地覆被类型等驱动要素进行交叉相关分析和空间关联规则分析等相关性分析，生成长/中/短期的“水质-影响因素相关性分布图”（图 5-11），诊断出流域/断面水质的长/中/短期敏感影响因子。在此基础之上，结合循环神经网络、极端梯度提升树、Transformer 等非线性拟合方法，量化驱动因素的作用强度和方向，分析水质驱动要素的尺度效应。

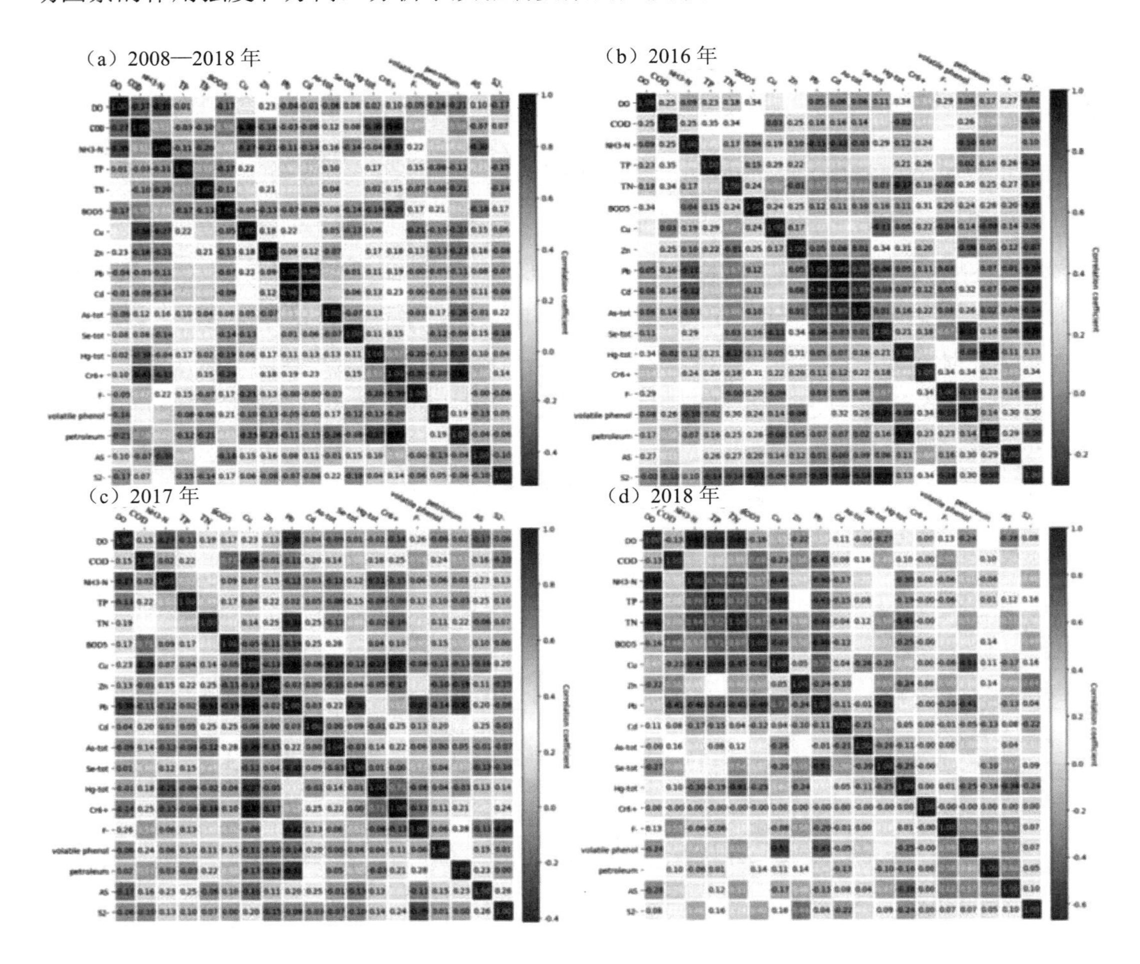

图 5-11　水质驱动要素图谱分析

水质变化的驱动因子较为复杂，主要分为内部驱动因子和外部驱动因子两部分。内部驱动因子主要包括水生动植物等，外部驱动因子则来源广泛，主要包括工业源等点源污染、农业等面源污染带来的氮磷营养盐的输入，还有气象、水文、社会经济等。因此，有许多研究人员对水质变化的驱动因子进行研究与分析。例如，朱丹丹等[14]，根据洞庭湖 30 年 11 个监测断面水质监测数据，使用主成分分析法和多元回归分析法识别出社会经济和水文等水质驱动因子，并对驱动因子分不同时间阶段分析；朱鹏航等[15]，基于乌梁素海水质监测站提供的 1999—2013 年的水质监测数据及 2013—2019 年后的原位实测数据，使用 MK 趋势分析等分析其水质变化趋势，并使用 Pearson 相关性计算，分析乌梁素海水体富营养化的主要驱动因子。Jiang Jingqiu 等[16]基于断面监测数据和遥感数据分析了官厅水库水质的时空变化情况，并使用主成分分析法和相关性分析等方法，识别了对水质影响较大的社会经济要素及其驱动机制。

（2）水质预测分析

流域水质时空连续预测是辅助水污染事件应急决策的重要手段，已成为流域水环境应急管理的重要技术支撑。针对旬/周/日尺度的短期水质预测，基于基准期的断面监测和遥感反演数据，以及水质短期变化的关键驱动因素（例如，极端降雨、高温等气象数据，流速、流量等水文数据，企业排污种类和通量等人为活动数据，以及污染物迁移的衰减系数等），利用长短时记忆（Long Short-term Memory，LSTM）、循环神经网络（Gate Recurrent Unit，GRU）、Transformer 等人工智能方法进行目标期的旬/周/日尺度的水质预测。通过以上方法，获得流域主要污染物浓度和水环境质量近 3 d、7 d、14 d 之内的实时或定期预测数据，主动识别可能出现水污染的断面、区域和时段，并根据地表水环境质量标准以及流域管控要求，设置超标预警阈值，自动推送预测预警信息。Dogan 等[17]使用 ANN 来预测 BOD，解决了 BOD 难以快速测量的问题，并通过敏感性分析发现 COD 是估算 BOD 的最有效变量。王溥泽等[18]基于小清河流域的历史监测数据，分析水质时空演变特征，挖掘了影响该流域水质变化的关键污染源，并通过排污通量计算，揭示排污特征；基于此，构建了改进的 LSTM 模型，实现模型对水质指标（COD、氨氮等）的短期预测（图 5-12）。

（3）水质预警分析

参考《地表水环境质量标准》（GB 3838—2002）等水质标准，基于中长和短期的多参数水质预测结果，利用深度学习技术开发水质量评价模型（如富营养化指数、综合水质指数等），并将目标区域的单因子/多因子水质参数划分为Ⅰ、Ⅱ、Ⅲ、Ⅳ、Ⅴ、劣Ⅴ等多个等级；同时，与各水域标准要求中的水质标准进行对比，辨识流域水质异常风险区域的分布位置、时间、危险程度和变化趋势，量化风险等级和阈值，并采用风险驱动预警-风险受体预警-污染风险趋势预警的三级预警形式通过模式预报、预报评估、预报发布 3 种方式，推送至管理部门，进行水华风险、污染物通量风险等水质异常风险的快速预警、追踪溯源和应急处置，以降低水质异常带来的经济/生态损失，保障居民/企业/生态的用水安全，减少水质异常带来的社会舆论。

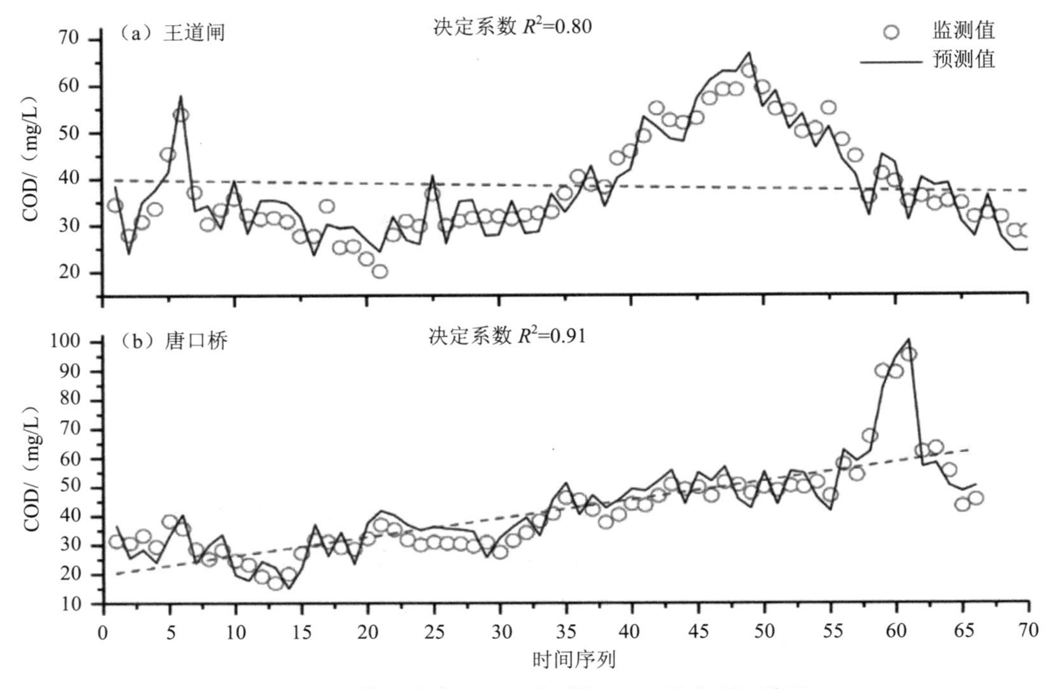

图 5-12 基于改进 LSTM 模型的 COD 浓度预测结果

目前，在水质预警分析体系中，深度学习等机器学习方法主要应用在以下几个方面：①当前已有的监测体系尚无法实现对所有监测指标的高频次在线监测，因此可以构建深度神经网络模型革新监测的时空尺度等，提升水质预警与管理；②基于实时/近实时监测数据以及水质预测模型反馈的水质变化趋势和风险判断结果，管理部门可以在第一时间跟踪警情并制定相应的污染应急响应和防控预案；③基于历史监测数据，使用空间关联分析等方法，建立各监测断面间的水质空间关联分析，当某个站点发生异常时，及时预报下游监测断面的水质变化情况，并及时将预报传送至相关断面所在地区的管理部门，形成水质联防管理。

（4）突发水污染事件的应急响应分析

结合突发污染事件（危险化学品排放、船舶溢油等）的污染物种类、性质以及当地气象、自然、社会环境状况，使用卫星遥感反演、无人机/无人船、断面监测的实时数据，基于基准期的水质数据和短期水质预测结果，使用数值模拟和叠加分析方法获得水污染事故事前、事中和事后的水环境质量和污染物扩散的逐日/逐时变化。随后，通过虚拟现实、数字孪生、地理信息系统和三维可视化技术获得水污染事故扩散的途径和范围；通过缓冲区分析、叠加分析、层次分析识别和划分潜在受威胁水体和人群的等级。同时，结合情景模拟和中长期水质预测，模拟得到水污染事故的中长期演变趋势。最终获得污染物的逐日/逐时变化图和时空分布规律，实时反馈水污染事故状况，为生态环境、公安消防等多部门应急联动机制（场警戒区、交通管制区域、重点防护区域、次生灾害预防、舆论引导）及态势分析提供数据和图表，为污染源扩散蔓延的切断和控制措施制定以及应急监测站点的布设提供判断依据。

针对收集汇总到的各类水质监测数据和信息，以 GIS 等技术为基础，建立水质综合管理和污染应急管理决策体系，明确各部门各单位在突发污染事件中的职责与定位，提升流域水质综合管理的决策能力，提高水污染突发事件应急响应的自动化程度和办事效率。

5.2.4　水量-水质-水生态协同管控

我国河流水系大多呈坡面-库群-河道-河网-河口多地貌形态，伴随人为活动扰动和剧烈环境变化影响，众多流域的水资源存在水沙水生态失衡、多元水资源风险加剧、水污染和咸潮威胁城市群供水安全等多个瓶颈问题，迫切需要通过全流域水量-水质-水生态（以下简称“三水”）的综合调控加以解决。其中的关键科学问题在于，在气象单元、路面单元、水域单元的计算单元上，充分反映不同界面间 C、N、P 等要素迁移转化过程的水文水动力过程、水体理化性质变化过程和水生生物迁移生消的动力学过程。然而，当前“三水”动态模拟过程存在不同界面间 C、N、P 等要素迁移特征反映不佳的状况，其难点在于多源异构数据的“融合-挖掘-推演-校验”，生态环境大数据的发展为多源异构数据的处理和“三水”动态模拟提供了有效途径。“三水”综合调控研究以生态环境大数据技术解决流域水资源瓶颈问题为重点，创新流域“三水”协同调度研究，保障流域社会、经济、生态协调发展的水安全，提升“三水”调度研究的整体水平。主要包括“三水”关键指标的遥感提取与实时分析、分区“三水”交互影响及边界条件动态校准、节水-控污-修复的互馈博弈关系与模型参数全局寻优计算、“三水”综合调控效果跟踪与动态分析等功能（图 5-13）。

（1）“三水”关键指标的动态监控与实时分析

水量方面，结合流域河流、湖泊、沼泽生态系统的结构、特征和功能（生物栖息地、生物多样性等）要求，基于机器学习/深度学习等人工智能算法构建适宜性曲线，确定枯水期、平水期、丰水期和洪水期 4 个时期的流量条件，计算生态基流、敏感期生态流量（保护对象主要包括鱼类生境、底栖生境、河谷林、河流湿地、防控水华等）、不同时段生态流量和全年生态流量等表征指标，进一步核算基本生态流量，分区分类地确定流域目标生态流量，并进行动态评估和优化。水质和水生态方面，基于多源卫星遥感、无人机遥感、地面高光谱以及实测水资源（水位、水深等）、水环境质量（悬浮物、CDOM、透明度等）和水生态（浮游植物色素浓度、生物量、初级生产力等）关键参数的相关数据，通过相关分析和机器学习等非线性拟合方法进行大范围、长时序“三水”关键指标的动态监测，生成逐年/逐季/逐月的“三水”质量分布图，并通过空间分析工具按流域或者行政区域对“三水”的质量等级和相应面积进行统计、排名以及时空变化分析，从而实现“空-天-地”一体化的“三水”关键指标高性能、多粒度动态监测与评估。

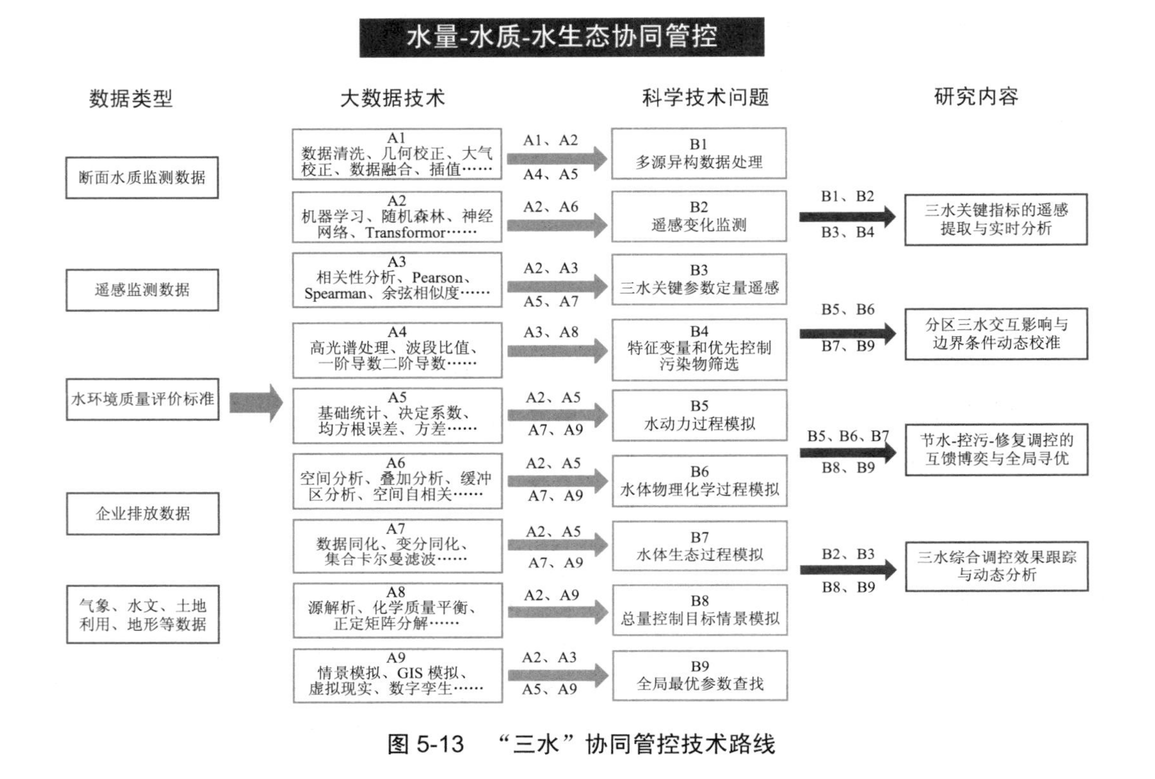

图 5-13 “三水”协同管控技术路线

（2）分区“三水”交互影响及边界条件动态校准

根据流域所处地理位置及河流大小特征等将研究区进行分区处理，发展变化环境下大江大河与支流溪流、山区河流与平原河网、高含沙河流以及咸淡水交错的河口等多种分区的“三水”特征图谱。在此基础之上，基于气象数据、水文数据、原位水质监测数据、现场调研和遥感反演数据，通过聚类分析、空间关联分析、机器学习/深度学习等大数据方法，分析大中型河湖和调水工程的“三水”交互作用影响，量化“三水”特征图谱的作用强度和方向，研究“三水”关键指标要素迁移转化过程和水动力、水化学和水生态动力学特征，厘清“三水”交互作用的时空效应，探讨“三水”交互影响在河段-小流域-流域-区域等不同空间尺度以及年度/季度/月度等不同时间尺度上的差异特征，对水文过程、水质过程和水生态过程的边界条件进行动态校准，生成“三水”相互影响的特征图谱图集和边界校准参数查找表。

（3）节水-控污-修复的互馈博弈关系与模型参数全局寻优计算

厘清节水-控污-修复的互馈博弈关系与协同响应特征是协调 3 种调控措施、缓解水资源短缺、治理水环境污染、完成水生态修复与保护的关键。大数据分析技术为节水-控污-修复之间的关系诊断和模型参数全局寻优计算提供了方便、有效的途径。基于卫星遥感反演、无人机/无人船、断面监测的实时数据，利用机器学习/深度学习等非线性回归建模方法，定量模拟节水、控污、修复措施在河段-小流域-流域-区域等多尺度上的互馈关系，阐明多尺度多介质 C、N、P 等特征污染物迁移过程、影响因素及其对地表水污染治理、水生态修复的阈值和响应特征，生成节水-控污-修复措施清单和污染物迁移参数查找表。

（4）“三水”综合调控效果跟踪与动态分析

基于卫星遥感反演、无人机/无人船、断面的“三水”监测数据，通过叠加分析、空间分析工具按流域或者行政区域统计生态流量调节、节水、控污、生态修复等综合调控措施前后的“三水”状态时空变化，评估“三水”综合管控成效，厘清“三水”调控调控对生活、生产、生态各项用水的保障作用。在此基础之上，通过情景模拟、数字孪生等可视化技术，模拟优化水利工程优化调度、生态缓冲带及湿地建设、消落区保护与修复、农业面源污染治理等“三水”调控方案，预测流域“三水”中长期/短期变化，生成“三水”预测模拟分布图。

5.2.5　陆海统筹协同管控

陆海统筹协同管控是沿海/近海污染治理和生态系统管控的重要内容之一；然而，污染物在陆海界面存在响应关系不准，且不同界面间多途径迁移转化机制不明，采用常规方法难以准确量化的特点。深度学习、增强学习等大数据技术具有强大的非线性拟合能力和高容错性特征，为准确量化陆海界面污染物的响应关系，模拟不同陆海界面间污染物的多种转移方式提供了有效途径。因此，通过生态环境大数据分析进行沿海流域及近海区域生态环境问题识别、智能诊断、驱动因素分析、生态功能区划、生态安全评估与动态分析等研究，创新沿海/近海生态环境与影响要素的综合调控技术，主要包括海岸带人类活动干扰识别、入海河流-河口-近海连续体风险识别、协同管控成效分析等功能。

（1）海岸带人类活动干扰识别

利用 Landsat TM/ETM+/OLI/OLI2、Sentinel MSI/OLCI、GF 1/2/6 等中高分辨率卫星遥感技术，获取大范围海岸带地区影像，依据不同土地覆盖类型的光谱差异，建立包含植被、滩涂、裸地、耕地、水体、建设用地、渔业用地、港口、码头、海上工程等多种覆盖类型训练数据集，结合颜色、纹理、亮度、结构、形状、物候等地物差异，建立适用于海岸带生态环境特征的遥感大数据标注样本。随后，利用 Transformer、GRU 等机器学习/深度学习算法提取滨海湿地，生成逐年/逐季的海岸带土地利用分布图，识别港口、码头、盐田、油气开采等多种人为干扰活动，并通过空间分析工具按流域或者行政区域等对海岸带人类活动类型和相应面积进行统计、排名；进而，利用转移矩阵分析并统计湿地生态系统长/中/短期面积消长、形态演化、位置变迁、土地利用类型转移、陆海空间更替等生态系统演替特征，分析这些变化的驱动因子，结合气象因素（降雨、大气沉降等）和海洋动力学，解析人类活动对海洋带水体污染物累积和水质变化的影响机制，利用地理信息系统技术整合上述空间数据，帮助分析和可视化海岸带地区土地利用/覆盖和人类活动的时空变化特征，生成滨海区土地利用转移矩阵、桑基图和驱动因素清单。

（2）入海河流-河口-近海连续体环境风险识别

基于 Mann-Kendall 等趋势分析方法研究陆源典型污染物和入海通量的时空变化规律，辨识工业直排海污染源、非法和不合理入海排污口，生成入海通量和非法排污口清单。基于交叉相关分析和关联规则分析等相关性分析方法，分析陆源污染物特征图谱与水生态环境关键指标（叶绿素 a、悬浮物、CDOM、透明度、浮游植物生物量、初级生产力等）特征图谱的相关性，模拟典型污染物的水生态环境效应；进一步以入海河流环境治理、直排海污染源规范管理等为突破口，带动陆海统筹的近岸海域污染防治，生成污染物-水生态特征图谱。同时，针对陆源区域的特色产业以及海水养殖过程中所产生的特征污染物，利用机器学习/深度学习、异常检测，模拟污染物的扩散范围、源汇格局、时空分布特征和主要生态环境风险，量化近海生态环境的纳污能力，划定陆源污染物入海通量的阈值范围，生成污染源清单和核查范围地图，支撑污染物入海监管方面的“以海定陆”，赋能陆海协同管控。

（3）陆海协同管控成效评估

针对调水调沙、入海排污口及其排污通量控制、滨海湿地保护、围填海监管等陆海统筹协同调控方案，基于卫星遥感反演、无人机/无人船、断面的监测数据，通过聚类分析、叠加分析、空间分析工具按流域或者行政区域统计陆海统筹系统管控措施前后的生态环境质量时空变化，评估陆海统筹系统管控对生活、生产、生态的影响，生成陆海统筹治理措施清单及其管控成效分布图。随后，通过层次分析以及情景模拟、地理信息系统、数字孪生等可视化技术，模拟优化陆海统筹协同调控方案，预测陆海统筹管控区域中长期/短期变化，生成陆海统筹管控区生态环境质量预测分布图，提出针对性环境风险防范措施，支撑突发环境事件和生态灾害应急响应和辅助决策。

5.2.6 典型案例及分析：基于 LSTM 模型的水质预测研究

循环神经网络（recurrent neural network，RNN），是一种用于处理序列数据的神经网络，在处理序列变化的数据方面具有显著优势。长短时记忆网络（long short-term memory networks，LSTM）是基于 RNN 创新和发展的，减少了网络训练中可能出现的梯度消失和梯度爆炸等问题，该方法常应用于网络虚拟社交、图形解读和自然语言处理等领域。LSTM 不同于全连接神经网络和卷积神经网络，开创性地在隐藏层增加了输入门、遗忘门、输出门等“记忆单元”来判断信息（图 5-14），进而很好地捕获时序信息间的相互关联关系。

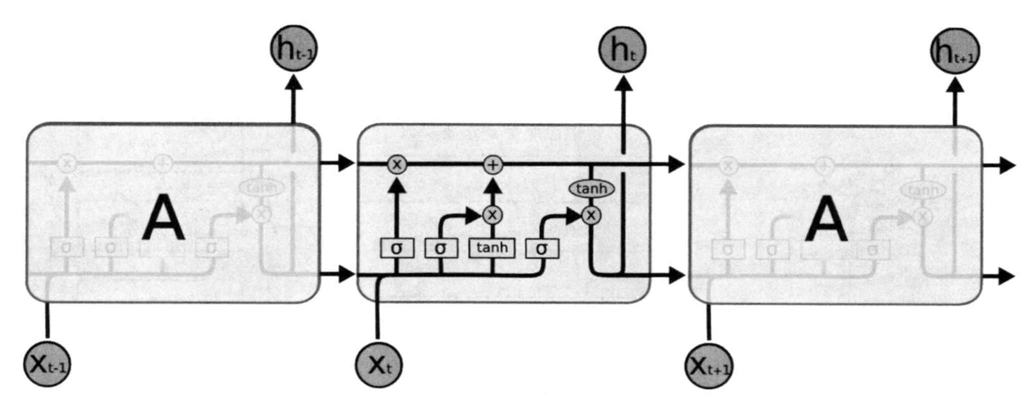

图 5-14　LSTM 的结构示意图

在水环境领域，污染物从污染源排放，随河流逐渐向下游扩散至水质监测断面，整个过程具有时序性、连续性和阶段性。污染源的排污种类和数量会受行业类别、生产工艺和市场经营环境等因素影响，同时，污染物的排放和运移在时间维度上是连续的，污染物的转化存在物化关系，因此水质监测指标会呈现一定的阶段性和时序变化特点，具备了应用 LSTM 的机理条件。

因此，本案例将首先基于综合污染指数、污染分担率计算、MK 趋势分析等方法对断面多年水质数据进行分析，掌握该断面的水质情况、多年变化趋势及主要污染指标；接下来，基于 Spearman 相关性分析等方法分析关键水质指标的驱动因子；将驱动因子作为输入、预测指标作为输出，并将数据集按照 7∶3 划分训练集和测试集，基于 LSTM 神经网络模型，构建关键水质指标的中短期预测模型，具体工作流程如图 5-15 所示。

其中，在数据预处理阶段主要包括使用 pivot 函数对原始数据进行行转列、缺失值填补、异常值处理、数据标准化等环节以及将时间序列数据转化为监督性学习问题，构建模型中的输入与输出的结构关系。

接下来，设置模型的输入特征、时间步长、输出特征等部分，在本研究中，LSTM 模型基于 Keras 库搭建，设置隐藏层、输出层、损失函数、优化算法等模型结构及参数后，将数据划分训练集和测试集并输入模型进行训练的同时绘制损失函数曲线来判断模型是否训练完毕以及是否存在过拟合等问题。损失曲线如图 5-16 所示。

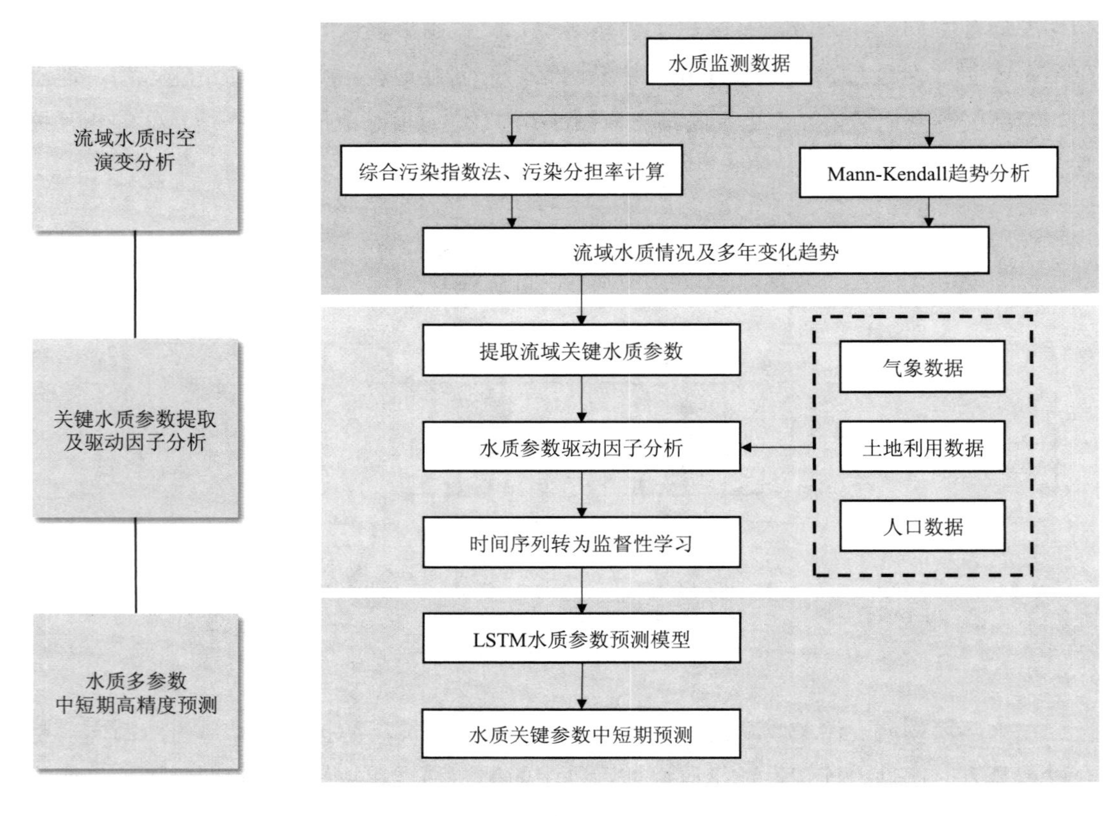

图 5-15　基于 LSTM 的水环境关键指标预测工作流程

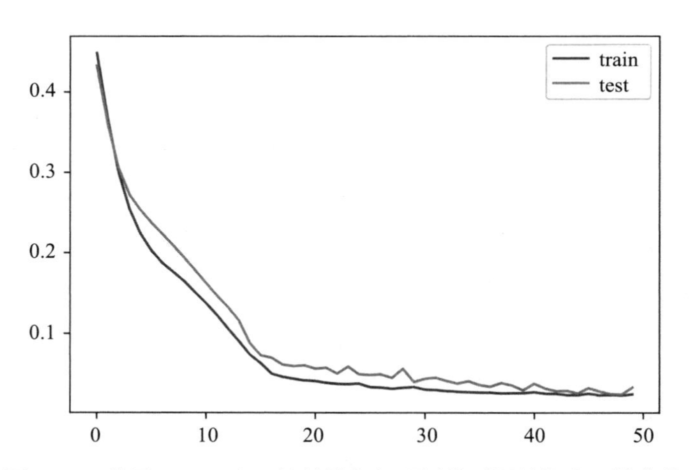

图 5-16　基于 LSTM 水环境关键指标预测模型训练损失函数曲线

本研究对收集到的小清河干流 7 个国（省）控断面数据进行了分析、训练和预测，并创新性地构建了一个可以同步预测全部指标未来多日的预测模型。小清河干流 7 个断面的各项水质指标的多年变化趋势如图 5-17 所示。综合污染指数和污染分担率的计算结果显示小清河干流多年水质情况较差，污染较为严重，其中占比最大的是总氮，超过 50%，其次是高锰酸盐指数和总磷，溶解氧和氨氮的占比较小；不过各污染指标基本上都呈现逐年降低的趋势。

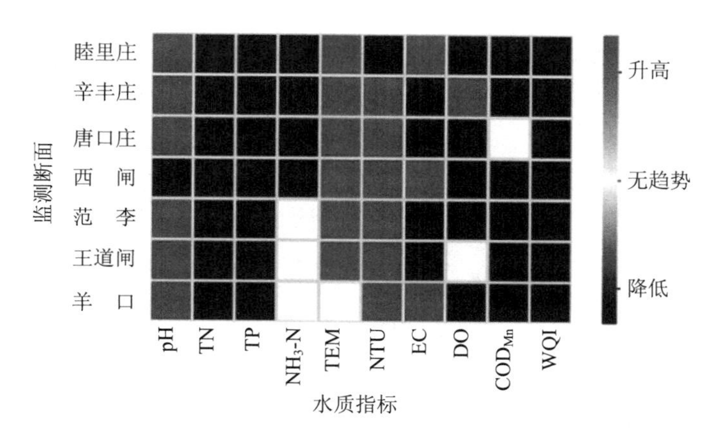

图 5-17　小清河干流各断面所有水质参数多年变化趋势

使用 Spearman 相关性分析法对各关键水质污染指标进行驱动因子分析，将相关系数大于 0.5 的因子作为高相关因子，并基于此构建水质指标预测模型。使用 R^2 和 RMSE 对模型在训练集和测试集的预测性能进行评价，结果如图 5-18 所示。在训练集上，DO［R^2：0.78～0.93；RMSE（mg/L）：0.52～1.02］＞TN［R^2：0.70～0.93；RMSE（mg/L）：0.24～0.94］＞WQI［R^2：0.79～0.87；RMSE：0.04～0.19］＞TP［R^2：0.65～0.85；RMSE（mg/L）：0.01～0.04］＞COD_{Mn}［R^2：0.55～0.87；RMSE（mg/L）：0.41～0.73］＞NH_3-N［R^2：0.55～0.95；RMSE（mg/L）：0.06～0.27］。在测试集上，DO［R^2：0.76～0.92；RMSE（mg/L）：0.58～1.16］＞TN［R^2：0.66～0.89；RMSE（mg/L）：0.27～1］＞WQI［R^2：0.73～0.86；RMSE：0.07～0.24］＞TP［R^2：0.60～0.82；RMSE（mg/L）：0.02～0.05］＞COD_{Mn}［R^2：0.45～0.82；RMSE（mg/L）：0.43～0.8］＞NH_3-N［R^2：0.46～0.93；RMSE（mg/L）：0.07～0.31］。整体上预测精度较高。

以小清河干流的睦里庄断面为例，模型对 5 个污染指标（总氮、总磷、溶解氧、氨氮、高锰酸盐指数）和综合污染指数进行预测，预测值与观测值的折线图如图 5-19 所示。可以直观地显示模型预测性能较好，并且模型可以较好地捕捉峰值和谷值，表明模型对该断面的日尺度监测数据具有很好的预测性能。

同时，该模型对水质评价中使用的 5 种污染指标和 WQI 表现出优异的预测性能。图 5-20 显示了小清河干流 7 个断面的预测和观测总氮（TN）值的核密度估计图（kdeplots）。结果表明，该模型不仅对 TN 指标表现出优越的预测性能，而且还捕获了该指标在不同河段的变异性。

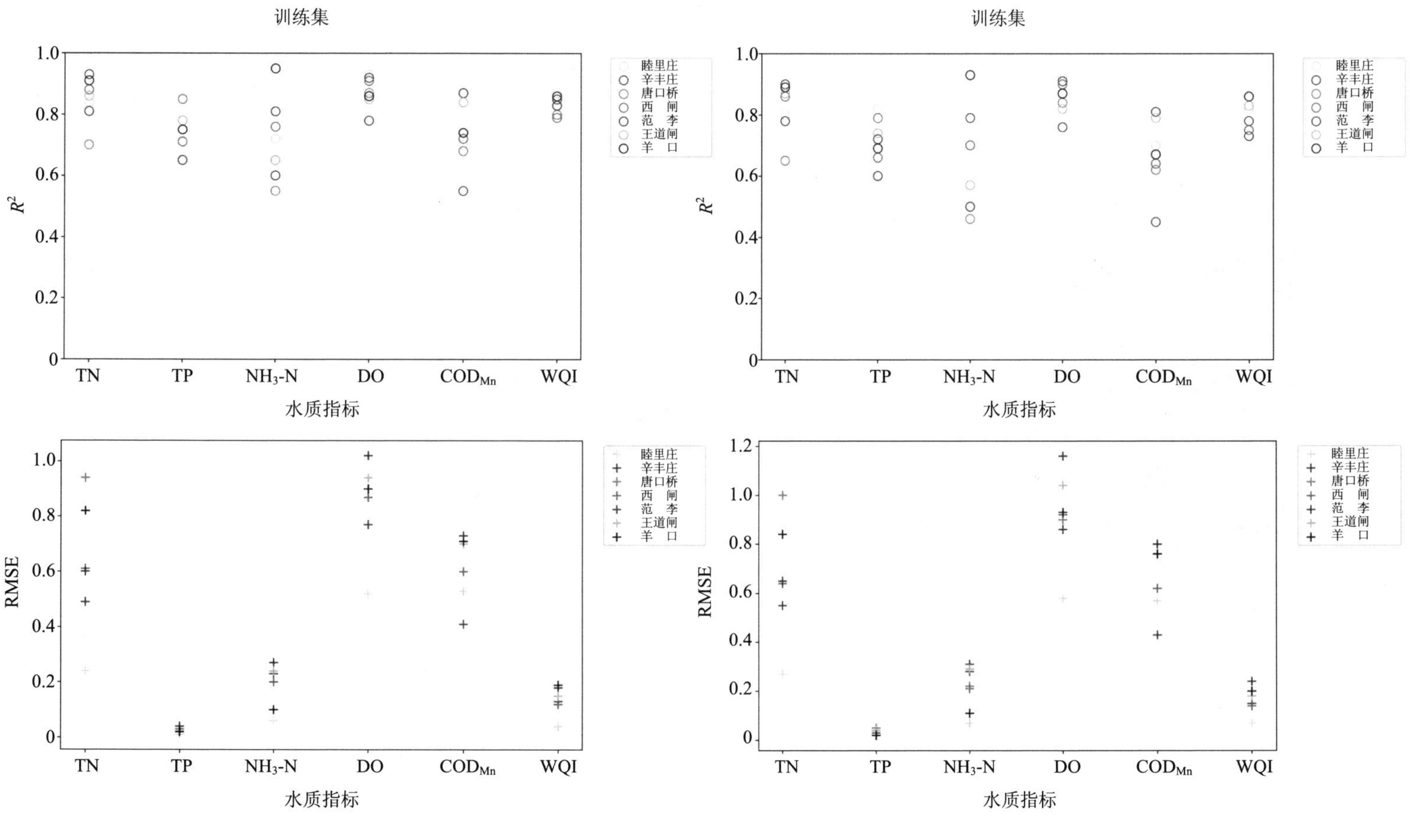

图 5-18 水质预测模型在各个断面的预测性能

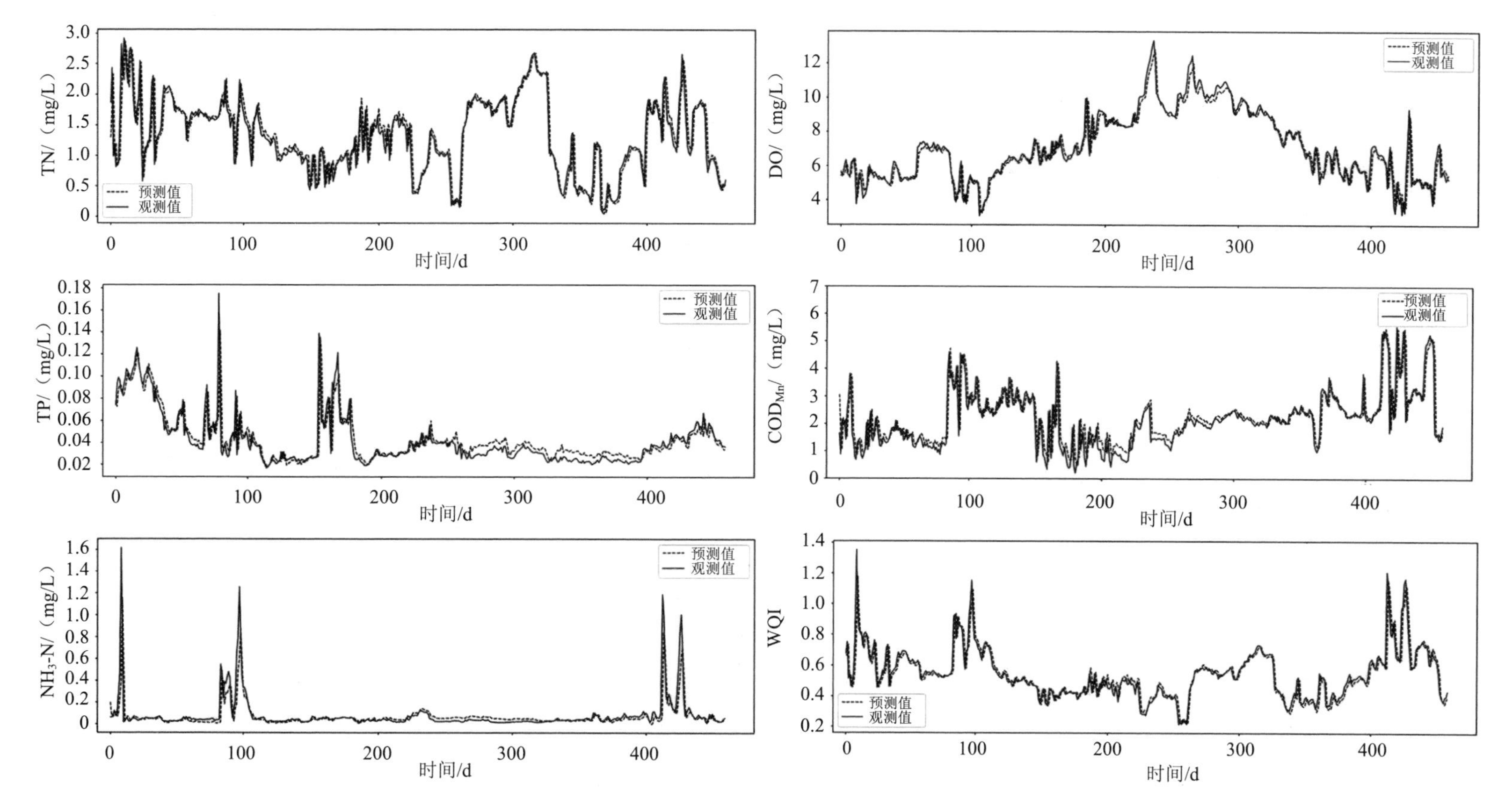

图 5-19　睦里庄断面 6 个水质参数预测折线图

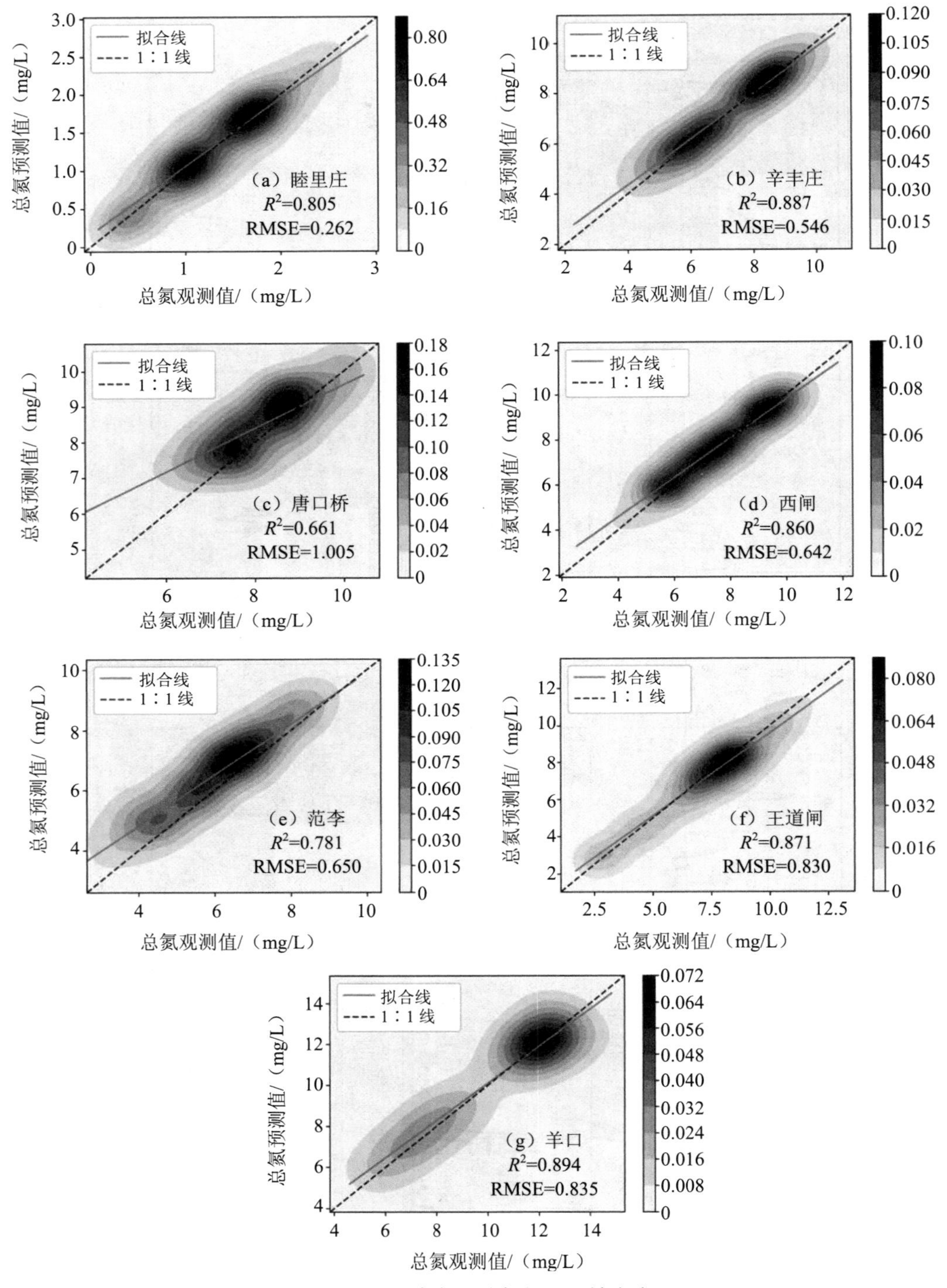

图 5-20　7 个断面总氮的预测核密度

5.3　生态大数据分析与应用

生态系统是由生物群落和非生物环境（如空气、土壤、水等）相互作用形成的复杂统一整体，既包括生物和其所处的环境之间的相互作用，也涵盖所有生物体、生存环境以及它们之间的相互关系。作为地球系统重要组成部分，生态系统既受到自然干扰的影响，同时也受到来自于人类活动的巨大压力。生态系统的组成、结构、功能及其服务供给能力表现出高度的时空动态特征。受气候变化与人类活动的耦合影响，生态系统与干扰体系之间的平衡关系极有可能被打破，生态系统会在多稳态之间发生迁移，从而造成生态系统组成、结构、功能的衰退，并最终造成生态服务供给能力的退化。人类必须对生态系统进行适应性的管理，才能够保证生态系统在健康条件下持续为人类提供服务。然而，传统的基于地面调查的手段，难以满足生态监管部门对地表土地利用高效监管及参数精准估算的要求。利用遥感大数据的广覆盖性和高时效性，结合智能、快速的机器学习自处理技术，可实现对生态红线区域内人类干扰活动与生态系统受损评估、生物入侵监测与预警、生物多样性时空变化动态分析、生态价值量与生态补偿核算、生态系统碳汇估算与模拟等行之有效的管理应用，提高生态保护与恢复的评价体系和监管模式。本节将从生态产品价值核算、生物多样性保护功能、生态环境变化成因分析、生态系统保护绩效评估等典型应用场景出发介绍大数据技术在生态系统管理方面的应用状况。

5.3.1　生态产品价值核算

生态系统生产总值（Gross Ecosystem Product，GEP），简称为“生态产品价值”，是指生态系统为人类福祉和经济社会可持续发展提供的各种最终产品与服务（简称“生态产品”）价值的总和，包括生态系统提供的物质产品、调节服务和文化服务的价值。生态产品价值核算是践行“绿水青山就是金山银山”理念的关键路径，是促进生态产品价值实现的基础。生态产品价值核算起源于生态系统服务评估，历经 20 余年发展，生态产品价值核算的基础理论与技术方法日趋成熟（图 5-21）。根据重要事件和关键节点，我国生态产品价值核算发展总体可以划分为三个阶段：科学探索阶段（1997—2012 年）、实践推进阶段（2012—2021 年）、深化铺开阶段（2021 年至今）[19]。

在科学探索阶段，国内学者多采用生物物理模型、当量因子、能值分析等方法针对不同地域或生态系统类型、从不同尺度或粒度对我国生态系统服务功能开展评估，该阶段主要以科学研究和为政府提供咨询为主，通过探索极大提升了政府、公众对于生态系统服务与人类福祉关系的认识与理解。自党的十八大召开以来，“绿水青山就是金山银山”理念逐渐成为我国生态文明建设的核心主线，生态产品价值核算成为该理论的重要实现载体。

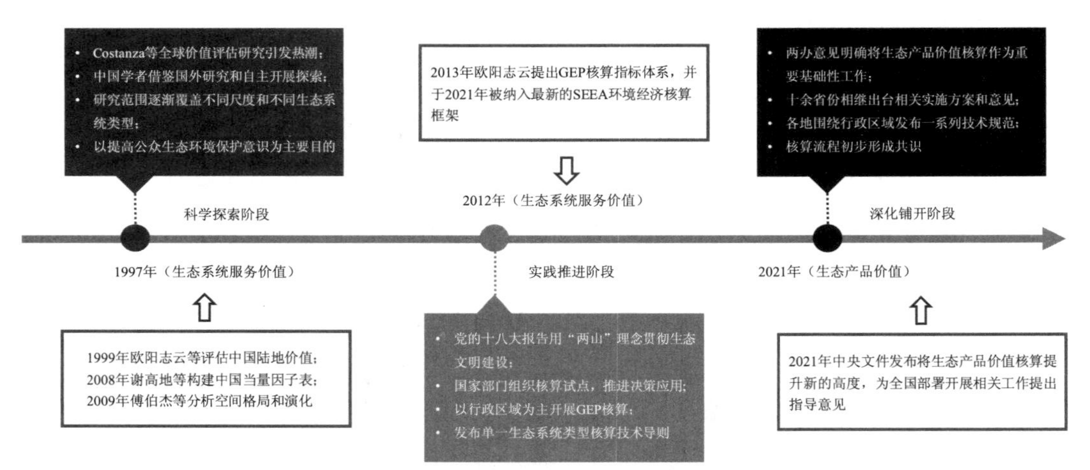

图 5-21　我国生态产品价值核算研究的发展阶段[19]

2021 年 4 月，《关于建立健全生态产品价值实现机制的意见》（以下简称《意见》）发布，将生态产品价值核算列为我国生态系统管理领域的重要基础工作，在全国范围内全面开展 GEP 核算工作。该《意见》明确指出，要建立生态产品调查监测机制和生态产品价值评价机制，推进自然资源确权登记和开展生态产品信息普查，通过建立生态产品价值评价体系、制定生态产品价值核算规范，推进生态产品价值核算结果在政府决策和绩效考核评价中的应用。

生态产品价值核算是在生态系统产品与服务功能量基础上核算产品与服务的总经济价值。核算模型为：

$$GEP=EMV+ERY+ECV$$

式中，GEP 为生态产品总价值，EMV 为生态物质产品价值，ERV 为生态调节服务价值，ECV 为生态文化服务价值。由于不同地区自然禀赋存在较大差异，生态产品价值核算的科目范围与评估方法在不同地区提出的技术规范或指南中存在较大差异。例如，辽宁、吉林、黑龙江等省份拥有良好的冰雪资源，而在南方诸多省份则难以适用。

整体而言，当前生态价值核算应用主要针对“山水林田湖草”生命共同体为人类社会提供的所有生态产品、生态系统服务功能实物量的价值总和进行规范化、空间化存量核算。如图 5-22 所示，核算的主要工作程序包括：

（1）确定核算的区域范围

根据核算目的，确定生态系统生产总值核算的空间范围。核算区域可以是行政区域，如村、乡、县、市或省，也可以是功能相对完整的生态系统或生态地理单元，如一片森林、一个湖泊或不同尺度的流域，以及由不同生态系统类型组合而成的地域单元。

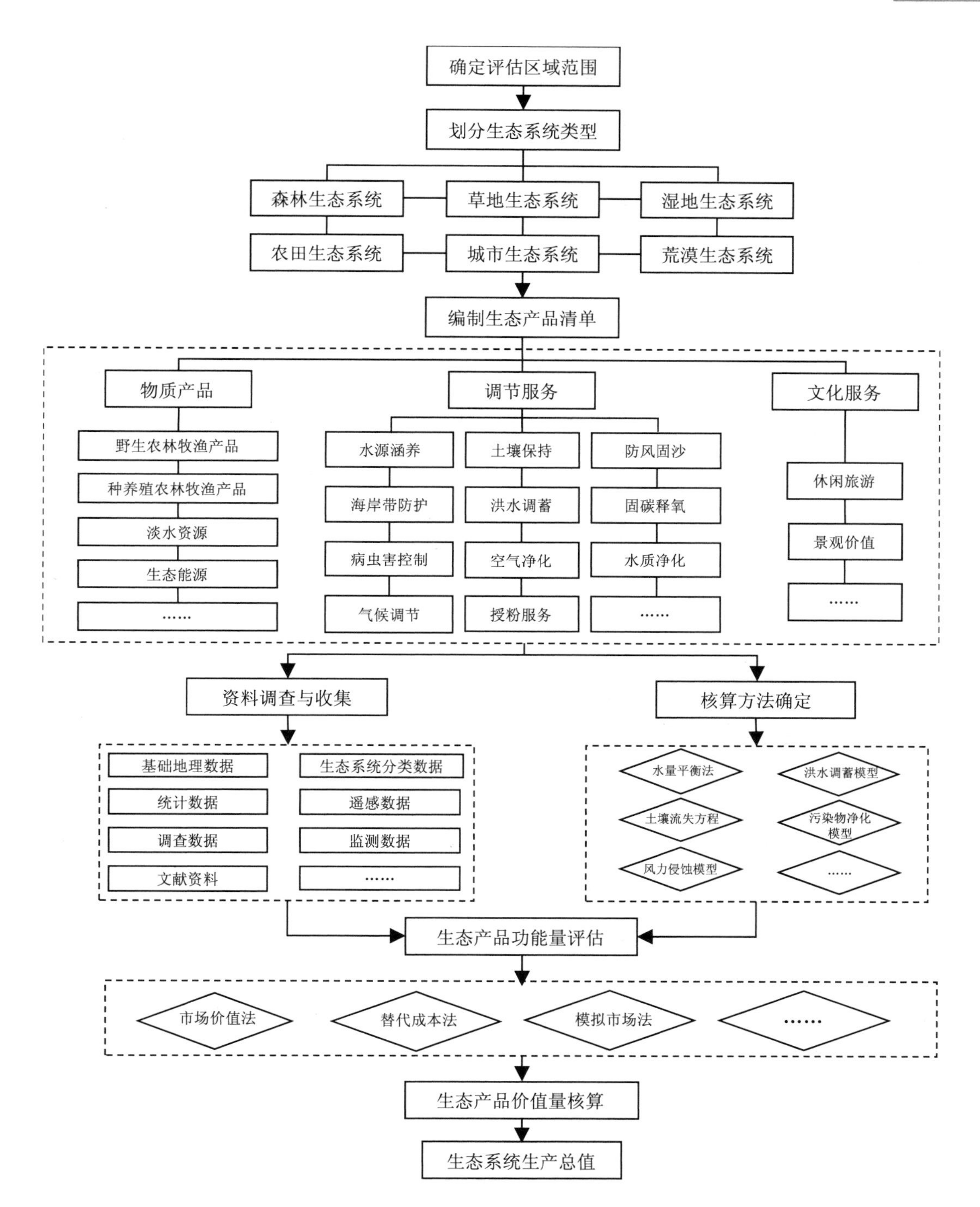

图 5-22　生态系统生产总值核算工作程序

（2）明确生态系统类型与分布

调查分析核算区域内的森林、草地、湿地、荒漠、农田、城镇等生态系统类型、面积与分布，绘制生态系统空间分布图。

（3）编制生态产品清单

根据生态系统类型及生态系统生产总值核算的用途，如生态效益评估、生态补偿、生态保护成效评估、考核、离任审计、生态产品交易，调查核算范围内的生态产品的种类，编制生态产品清单。当核算目标为评估生态保护成效时，可只核算生态系统调节服务和生态系统文化服务价值。

（4）收集资料与补充调查

收集开展生态系统生产总值核算所需要的相关文献资料、监测与统计等信息数据以及基础地理图件，开展必要的实地观测调查，进行数据预处理以及参数本地化。

（5）开展生态产品功能量核算

选择科学合理、符合核算区域特点的功能量核算方法与技术参数，根据确定的核算基准时间，核算各类生态产品的功能量。

（6）开展生态产品价值量核算

根据生态产品功能量，运用市场价值法、替代成本法等方法，核算生态产品的货币价值；无法获得核算年份价格数据时，利用已有年份数据，按照价格指数进行折算。

（7）核算生态系统生产总值

将核算区域范围的生态产品价值加总，得到生态系统生产总值。

结合生态环境大数据方法的生态产品价值核算典型应用如下：

（1）生态系统服务清单分析

根据区域生态系统地域特点、自然资源禀赋、生态系统服务核算用途（如生态补偿、离任审计、生态产品交易等）等由用户自主定制清单内容或通过智能用户画像技术推荐清单模板。生态产品的主体功能包括：固碳、氧气制造、水源涵养、水土保持、水质净化、防风固沙、气候调节、清洁空气、噪声减少、粉尘吸附、生物多样性保护、自然灾害减轻等方面，可分为供给服务、调节服务、文化服务与支持服务。该应用情景能够提供全类型生态系统服务功能清单编制能力，并可针对用户辖区自然生态系统类型智能推荐清单模板、引导生态产品价值核算。

（2）生态系统服务与生态产品价值核算

依照国家或地方制定的核算技术规范，针对物质产品、调节服务和文化服务三大类生态服务功能的实物量评估与价值核算服务。物质产品实物量与文化服务实物量核算指标主要基于辖区统计调查提供全局性、分区性估算值；调节服务实物量方面，需根据不同的功能类型整合固碳机理模型、水量平衡模型、水土流失方程、蒸散模型等专业模型或算法集形成模型库，结合遥感观测数据、定量遥感产品、气象观测、社会人文和自然地形等辅助数据集开展高性能栅格运算，实现多类型调节服务实物量的快速评估。生态产品价值量则在生态系统服务功能估算基础上通过市场价值法、替代成本法、影子工程法、享乐价格法等专用方法确定各类型服务实物量价格与相应价值总量。可针对评估与核算数据产品，根据用户定义时-空范围、清单类型提供核算报告、生态产品价值核算清单总表，能够支持区域查询、辖区排名、组成分析等业务应用。

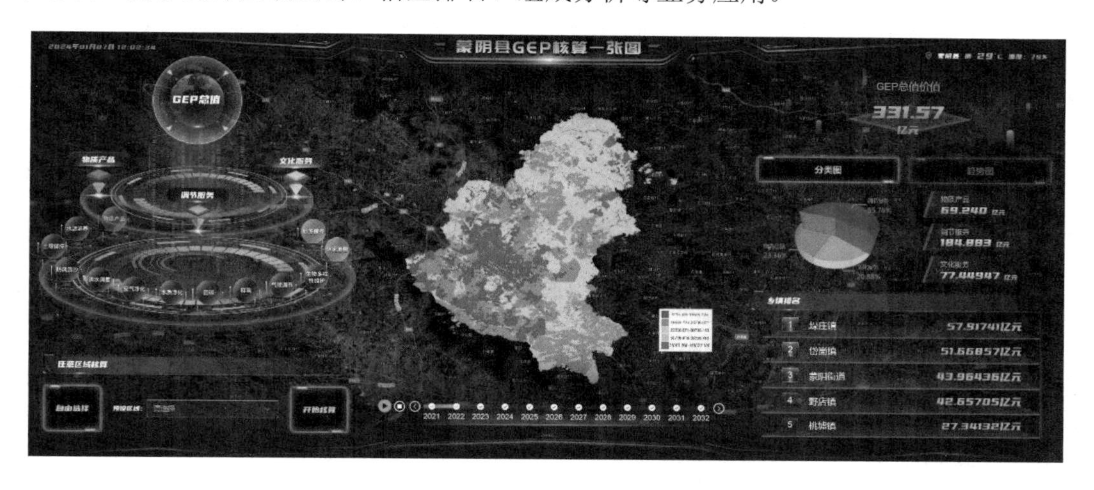

图 5-23　蒙阴县生态产品价值核算系统示例

（3）生态系统服务与生态产品价值变化分析

在核算结果基础上开展多期、长时序生态系统服务与生态产品价值动态核算，形成逐行政单元或栅格单元的生态系统服务与生态产品价值空间分布数据的时序堆栈。通过时间序列分析工具库支持“行政单元-网格-像元”多尺度的平稳性检测、趋势分析、突变点检测等时-空分析任务（图 5-24），可快速形成特定时段或全时段的生态系统服务与生态产品价值趋势动态与演变特征，支持宏观热力图生成与热点区域专题制图和统计，可针对生态系统服务与生态产品价值呈衰退或退化趋势的区域进行多级预警。综合气象观测、植被参数、自然灾害数据、人类活动变量等空间大数据与生态系统服务/生态产品价值动态趋势数据，通过机器学习、关联分析等数据挖掘方法量化评价基础设施建设、生态保护与建设工程等人类活动和气候变化对区域生态系统服务与生态产品价值趋势动态的影响强度、影响路径，智能研判驱动生态产品价值衰退/增强的关键因子并量化分析贡献率。

综上所述，依托生态环境大数据技术与生态价值核算结果，可实现辖区生态系统类型、生态系统服务清单、生态产品价值清单的自主定制与智慧推荐，阐明清单内各类生态系统服务与生态产品价值存量的精细空间分布格局并可视追踪其时空动态，预警生态产品价值退化热点的时空定位并智能研判系统衰退成因，构建“一张图”统揽全局能力、科学决策能力、精准施策能力，能够有效支撑生态价值的准确审计、生态保护效益的科学考评、生态补偿权益权责界定等业务，满足生态补偿、离任审计、生态产品交易等生态文明建设等重点领域的信息服务需求。

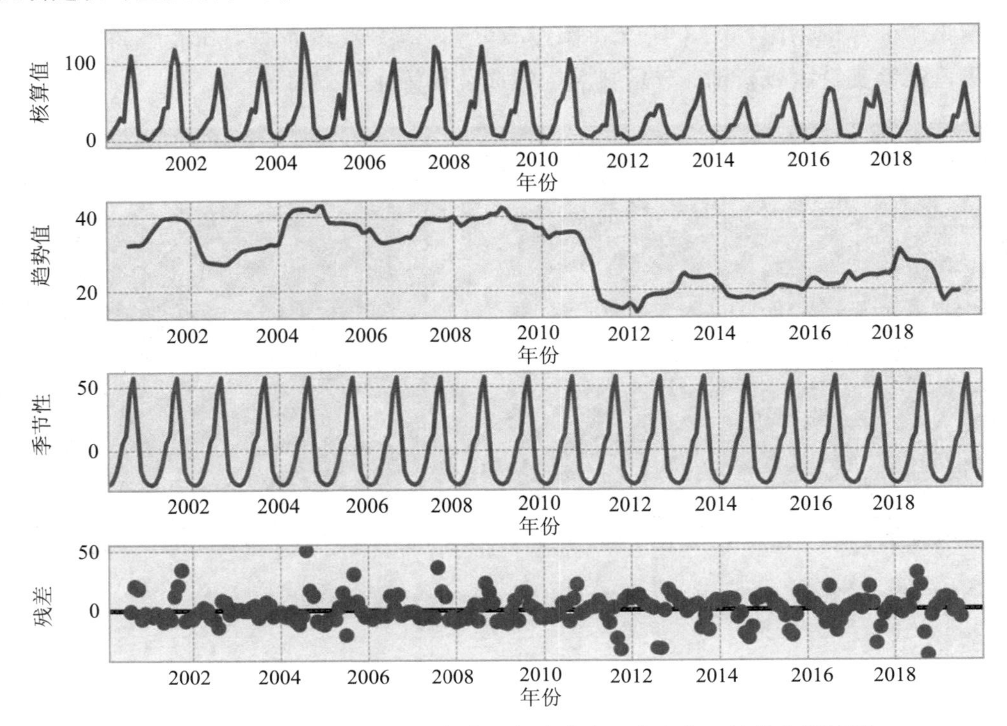

图 5-24 某地 2000—2019 年净初级生产力月度变化及趋势分解示例

5.3.2 生物多样性保护功能

生物多样性是支持地球系统所有生命的基础，与人类的生存和福祉息息相关，是国家生态安全的重要保障。然而，以土地利用、自然资源开发为典型代表的人类活动以及以升温、干旱为特征的气候变化对于自然界的影响日益加剧，生境/栖息地破坏、生物多样性丧失、外来物种入侵已成为全球生态环境管理的焦点问题。因此，亟须针对生物多样性保护与治理开展生物安全管理与生物多样性监测、生境质量评估。

生物多样性监测数据是国家的重要战略资源。我国作为世界上生物多样性最为丰富的国家之一，在生物多样性调查和保护方面已经累积了大量数据。然而，生物多样性数据往往获取困难、更新不及时，如何挖掘处理和更新生物多样性数据仍是生态学家们面临的挑战。将大数据技术应用于生物多样性保护应注重整合目前已有的多元异构数据资源，促进现有信息的深度挖掘和有效利用。利用大数据的机器学习和人工智能算法，探索不同生境下生物多样性数据的内在关联，并结合不同生态环境大数据参数，利用机器学习和模型分析等大数据方法及可视化技术实现对不同生境下生物多样性数据资源的挖掘和分析利用，形成多层次栅格化的数据图层，构建开放开源的生物多样性与生态安全大数据处理利用的通用接口，是大数据技术在保护生物多样性领域的关键突破口。

基于我国的生态环境现状以及生物多样性保护要求，大数据的潜在应用与解决方案主要体现以下几方面：

（1）生物入侵智能识别

针对生物入侵调查困难，开发基于移动端/Web端的众源举证平台，通过公众提交带地理空间位置的照片信息收集生物入侵证据。结合当前我国已有的入侵物种数据库，结合入侵动植物局部特征和总体特征训练DenseNet模型，基于迁移学习智能识别举证照片中入侵物种并通过其空间信息形成入侵物种的空间分布（图5-25）。结合空间统计与分析方法，针对不同行政区划形成入侵生物清单、种群密度及其空间分布专题图件。

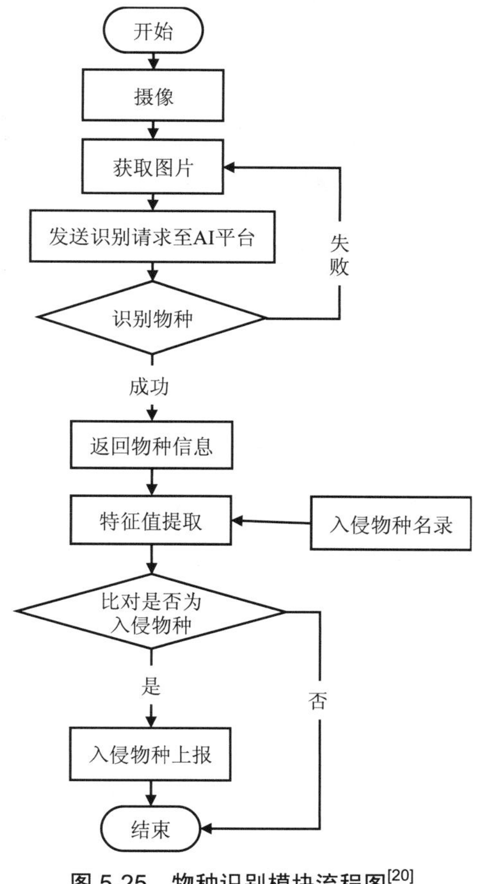

图5-25　物种识别模块流程图[20]

（2）生物入侵危害预警

针对已识别出的入侵生物，利用众源/监测生物入侵分布数据与环境要素训练MaxEnt

模型并开展入侵规律与适生区分析，识别影响入侵生物空间分布/多度的环境限制因子或促进因子，结合区域生态环境特点划定入侵生物适生区域；结合气候变化与土地利用变化情景，通过模型预测功能模拟不同情景下特定生物入侵的演变态势（图 5-26），通过异常分析方法识别和预警高风险区点位并量化评估其潜在危害。该应用场景将提供入侵生物适生区及其适宜度专题分布图，针对不同行政区划提供潜在高危入侵生物名录及其空间位置信息。

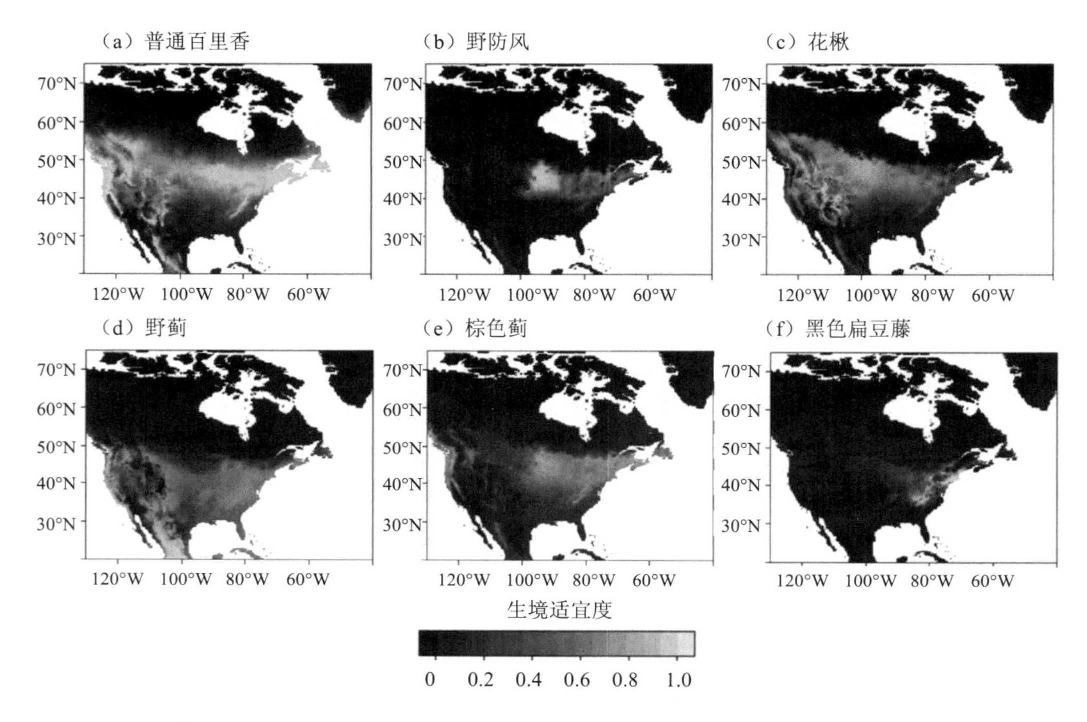

图 5-26 基于物种分布模型预测普通百里香、野防风、花楸、野蓟、棕色蓟、黑色扁豆藤等入侵物种在北美洲的生境适宜性分布图[21]

（3）生物多样性变化模拟

基于生物多样性（植物）监测数据和机器学习算法构建生物多样性测度与光谱、环境、人类活动等要素之间的关系模型，通过模型预测形成全局性生物多样性分布图，通过耦合气候变化-人类活动情景等模拟相关测度的演变趋势，揭示生物多样性变化热点格局。该功能模块可实现气候变化背景下生态系统植物多样性的变化态势分析，提供网格化/区域性生物多样性变化趋势时空分布特征，自动识别生物多样性潜在衰退区。

（4）濒危动植物生境评估

针对辖区内濒危动植物生境质量进行评价，基于濒危动植物空间分布监测数据以及地形、植被、土壤、气候、人类活动强度等环境变量数据，构建物种分布模型并筛选濒危动植物关键生境要素，通过局部依赖函数与规则树实现生境特征参量关键阈值的规则表达，结合区域景观生境特点进行适宜度量化评价，从而提供生境质量空间分布图并自动识别生境重点保护区（高适宜性区）、生境亟须改善区（生境低质区）、生境破碎度等关键信息，结合当前生境特点与濒危动植物栖息地环境要求自动生成生境恢复措施建议报告。

5.3.3　生态环境变化成因分析

影响生态环境变化的因素往往分自然因素和人为因素，量化自然、人为因素在生态环境变化中的相对贡献尤其是人类活动发挥的贡献作用，对理解生态环境变化的驱动机制以及对生态环境保护与修复工作具有重大意义。目前使用比较广泛的量化方法是基于线性回归的残差分析法，该方法将气候变化和人类活动对生态环境变化的影响通过构建回归方程的方式进行分离，以生态环境变化率与气候因子的差值视为人类活动的贡献值，进而定量地分析人类活动对生态环境变化的影响程度。

对生态环境变化进行成因分析时，自然因子的选取主要集中在气温、降水、太阳辐射等，而二氧化碳浓度、氮沉降、蒸散发、地表温度和相对湿度等都会影响生态环境变化（图 5-27）。传统的分析方法很难将全部的气候因子放入模型中进行量化，不仅会耗费大量的精力，而且计算难度也增加使得最后的计算准确度难以保证。此外，由于具体的人类活动比较复杂，如土地开垦与耕地转移、植树造林和乱砍滥伐、城市化、农业灌溉与施肥等难以量化和空间化，使得人类活动与气候变化无法进行时空匹配，也无法有效地耦合到一个模型中研究气候变化和人类活动的双重影响。

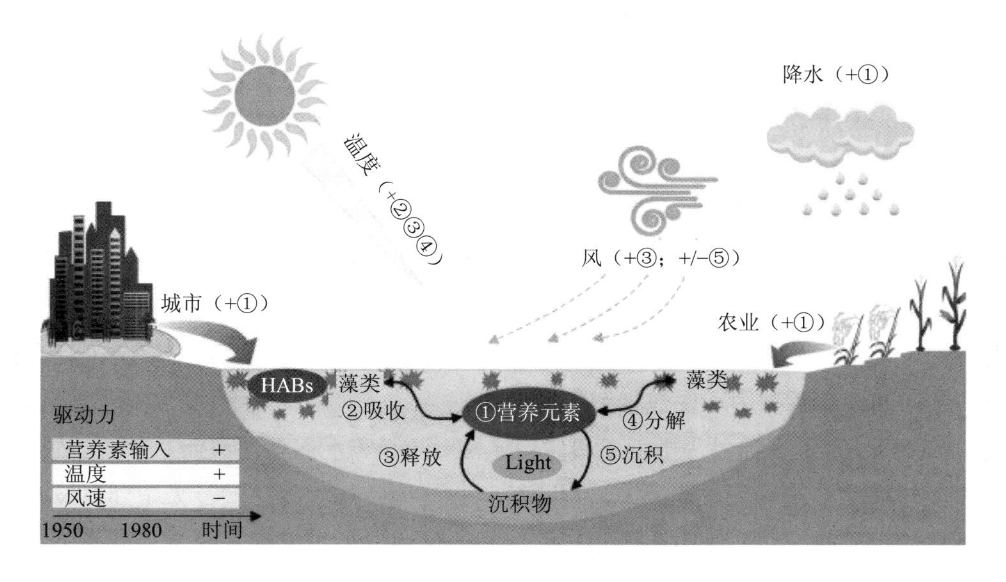

图 5-27　浅水型湖泊生态系统变化示意图

利用大数据技术分析生态环境变化成因时，首先应依赖于更多的数据来源。在分析自然因素影响时，不仅要考虑气候因素（降水量、平均气温、最高气温、最低气温、日照时数、平均风速、相对湿度及潜在蒸散量等），还要关注当地的水体与植被变化情况等；在分析人为因素影响时，也要尽可能地获取和完善人类活动数据，如获取空间分辨率较高的与人类活动有关的时空数据，同时要考虑土地利用类型、植树造林、荒漠化处理、退耕还林还草等人类活动影响。此外，一些基于大数据分析的数据挖掘和机器学习的方法可以应用在人类活动量化方向上以解决传统分析方法所带来的局限性，如随机森林、人工神经网络、支持向量机等机器学习方法。机器学习通过不断优化迭代表达数据中的非线性关系，因此其效果和应用要比相关性分析、偏相关分析、线性回归模型、残差分析、遥感模型和生态模型好很多。通过多源获取各种遥感数据、社会统计数据、环保业务数据，利用大数据分析中的机器学习可以在气候变化、植被变化、土地变化等环境变化中发挥很大的作用。

5.3.4 生态系统保护绩效评估

生态环境绩效评估是基于目标实现程度、结果导向的一种显性绩效，依据生态环境规划所设定的指标，通过提取可测量的生态环境规划实施成效来构建生态环境绩效评估体系。到目前为止，国际上通常采用环境绩效指数（environmental performance index，EPI）来对一个国家或者地区的资源消耗或者污染物排放的绩效进行评估。目前，生态环境绩效评估研究主要集中于 3 个方面：企业生态环境绩效评估、项目生态环境绩效评估和公共政策的生态环境绩效评估。常用的评估方法有 PSR 模型分析、平衡计分卡法和标杆管理法等。

运用大数据技术进行生态绩效评估需要构建以客观感知数据为基础，以生态系统服务功能为核心的考核指标体系。以水生态系统的绩效评估为例，需要将各种传感器反馈时间序列数据与相关的管理数据和调研数据统一处理分析，根据考核目标设计具备技术可行性和现实可操作性的大数据相关考核指标。借助物联网技术构建数据采集、感知、传输与存储处理体系，其中感知层包括搭载了各种传感器的无人巡检设备、视频监控设备、水环境传感设备、人工巡查 App 等为主的 4 种监测方式；传输层同时采用无线网（无人机、无人船等无人航行器）和 GPRS/3G/4G（监控设备、传感设备、巡查 App 等）；在云端部署河湖健康数据中心，包括河湖基础数据、遥感数据、图像视频、指标数据、决策数据以及历史数据。通过大数据手段实现蓝藻、漂浮等水体异常识别与评估，TP、TN、异味等水环境质量评价，非法侵占、垃圾倾倒、盗捕、盗挖等违法行为识别以及其他监测数据分析。借助横向、纵向比较和智能分析，保障评估指标衡量的客观性和公正性，科学评估水体治理绩效。

5.3.5　典型应用案例

在生态环境方面，面向各类自然保护地研制针对矿产资源开发、工业开发、房屋扩建以及违法排放污染物等生态环境破坏事件的遥感诊断方法，综合站点/在线监测网络、物联网（传感器）、卫星遥感、地理基础、土地利用、生态区划及人口、路网、农业生产、工业生产、网络舆情、标准规范、自然-社会经济等相关数据，构建基于深度学习算法、遥感变化检测算法、遥感时间序列分析算法的技术体系，实现生态破坏或受损问题的快速诊断和智能研判（图 5-28）。

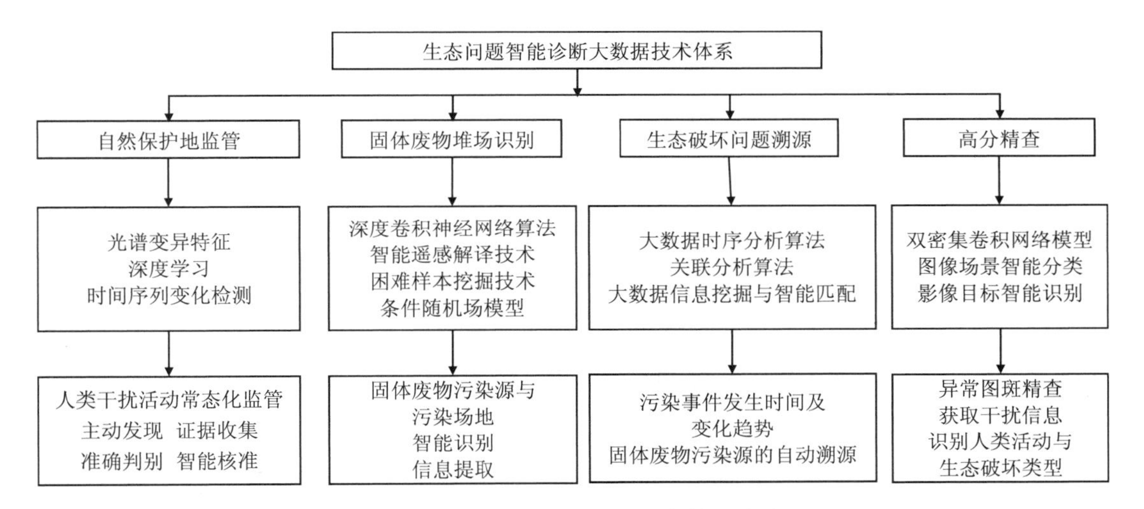

图 5-28　生态问题智能诊断大数据体系

（1）自然保护地人类干扰活动监管

针对重点类型人类干扰活动（如矿产资源开发、工业开发、旅游开发、水电设施等）、一般性人类干扰活动（如农业种植、畜牧养殖、房屋扩建等）、违法排放污染物等进行常态化（半年一次）遥感监测。基于各类国际开源陆地资源卫星（如 Landsat、Sentinel、SPOT 等）与我国自主卫星（如高分系列卫星、环境系列卫星等）构建高密度、多尺度遥感观测大数据，采用“中分巡查、高分精查”两种模式开展自然保护地与生态红线人类活动监管，以斑块形式获取高分辨率、信息完备的人类干扰活动监测信息。中分巡查模式可提供人类干扰强度网格信息，主要利用中-高分辨率（5～30 m）卫星影像基于光谱变异特征、UNet 网络、LandTrendr 等方法开展高频次、像元级人类扰动自动变化检测，获取潜在人类干扰强度热力图与热点区域；高分精查则针对热点区域网格或各类生态破坏线索开展基于高分辨率影像（优于 2 m）的异常图斑精查，通过 CSA-CDGAN 与 ResNet 网络模型针对热点区域/问题区域进行地表变异斑块的准确识别与精细制图（图 5-29），结合各类人类活动样本库与图像场景智能分类、影像目标智能识别等技术可快速诊断和研判干扰斑块的成因要素、受损地物类型、破坏范围等关键属性参量，形成快速、准确、全面的问题发现能力与诊断能力，为自然保护地的监督管理和地面核查、监察、执法提供技术支撑。

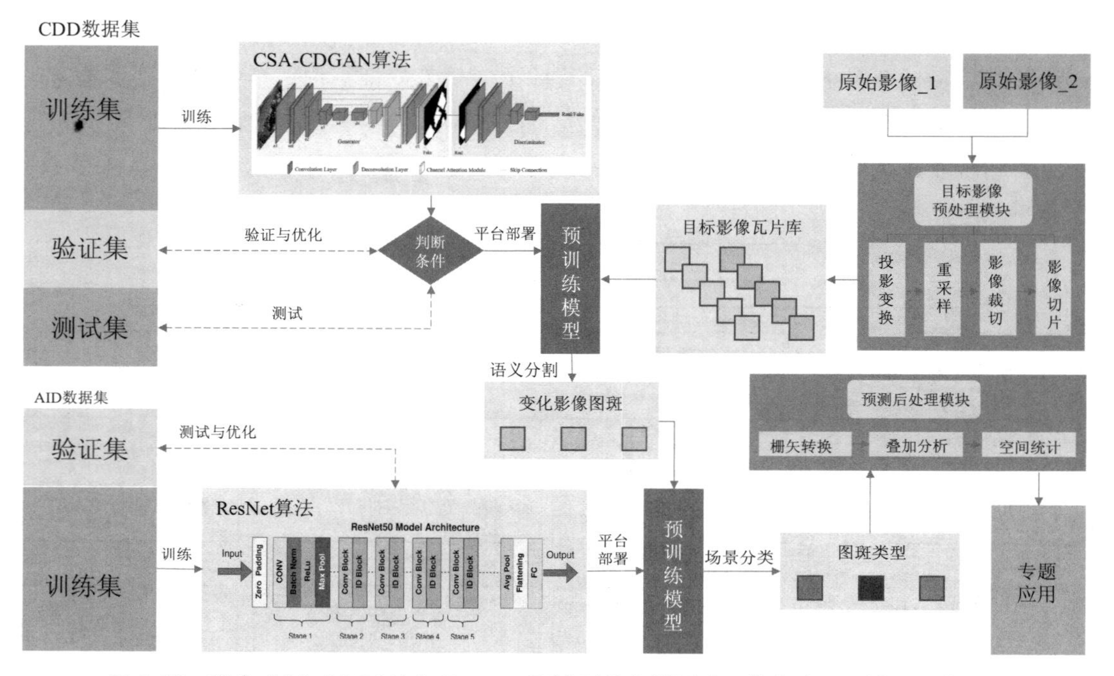

图 5-29 耦合 CSA-CDGAN 与 ResNet 双模型的人类活动干扰斑块识别模型技术流程

（2）固体废物堆场识别

构建基于人工智能与高分辨率遥感大数据的固体废物核查与监管系统，提供固体废物“生产源头-转移过程-处置末端”的全程可监控、可预警、可追溯、可共享、可评估的“一张图”服务模式，提供固体废物的综合评估和专题制图等业务产品。通过该应用，可有力支撑管理部门对固体废物的动态监管和科学精准管控，切实改进城市与农村人居环境的整治工作效能。主要采用的方法为基于人工智能算法的固体废物智能遥感解译技术，针对大型工矿企业固废处理场、城市垃圾处理场和农村非正规垃圾场等典型固体废物污染源与污染场地进行人工智能识别和信息提取。输入数据主要包括地理信息数据、卫星遥感影像和航拍数据以及典型污染源的位置、范围等基础数据。模块将采用深度卷积神经网络算法检测固体废物目标，根据固体废物影像面积小、分布破碎、光谱异质性强等特点，引入困难样本挖掘技术，结合卷积神经网络和条件随机场模型辅助较难检测的目标，实现固体废物空间分布范围的高效自动识别。

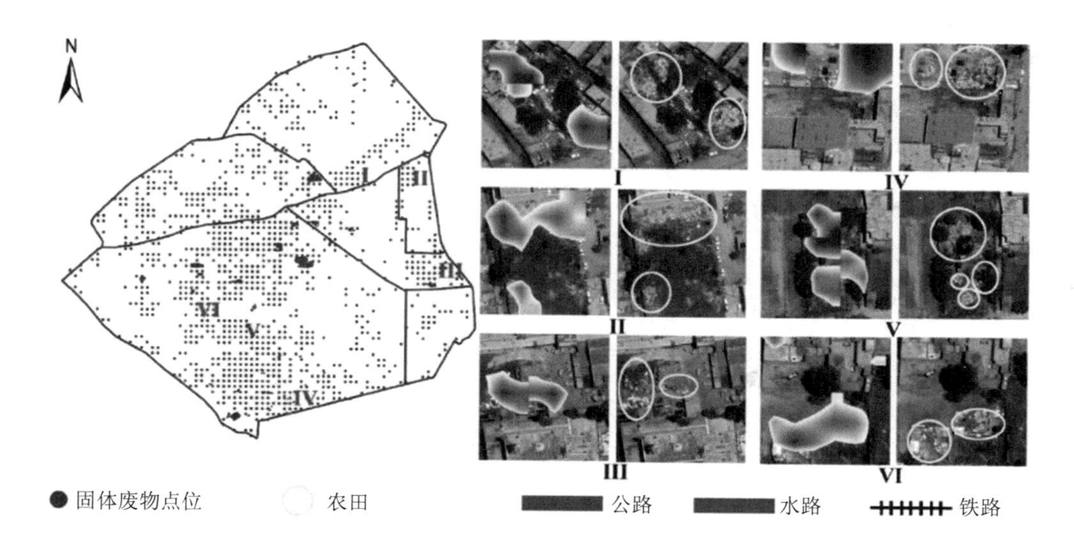

图 5-30　基于深度学习算法通过高分辨率遥感识别的固体废物堆场
（以印度法里达巴德市为例）[22]

（3）土壤污染动态监测

针对耕地、工矿企业场地、城镇建设用地以及城市废弃状态地块，快速、准确地识别土壤重金属污染并评估污染程度是政府部门开展土壤环境治理、土壤污染风险管控、制定重金属污染防控对策的关键。采用的大数据方法：对于不同类型（农田、工矿场地、城市废弃土地等）地块和重金属污染物分别构建土壤波谱数据库，提供包含断点修正、平滑处理、基线校正等预处理工具以及光谱微分、连续统去除等数学变换的信息增强技术以实现土壤光谱曲线关键特征检测功能；通过设置土壤类型变化、有效态含量梯度等组合，利用逐步回归、Theil–Sen 回归等建模方法识别对于不同重金属元素、相关吸附关系物质含量敏感的光谱波段或光谱变异特征，结合增强回归树、卷积神经网络等高效机器学习算法构建土壤重金属元素含量反演模型，具备空间外推与泛化能力；结合物联网、传感器、多源对地观测技术形成“天-空-地一体化”土壤污染高光谱遥感反演能力，可实现土壤原位监测、地面光谱测量、近地面无人机高光谱采集作业、高光谱卫星观测影像等多源、多尺度数据的标准化、一致化融合处理，结合土壤重金属污染反演模型面向农田、工矿场地等不同场景构建多尺度、常态化、规范化遥感反演功能；可结合《土壤环境质量　农用地土壤污染风险管控标准（试行）》（GB 15618—2018）等标准实现不同类型、超标污染地块以及污染强度的智能判定、制图，自动生成污染场地重金属污染物含量空间热力图、动态空间演变态势图、统计报表等。

参考文献

[1] 高雅，刘杨，吕佳佩. 空气质量模型研究进展综述[J]. 环境污染与防治，2022，44（7）：939-943.

[2] 贾瑾. 基于空气质量数据解析大气复合污染时空特征及过程序列[D]. 杭州：浙江大学，2014.

[3] 葛腾. 大数据背景下的哈尔滨大气污染时空分布规律挖掘[D]. 哈尔滨：哈尔滨师范大学，2017.

[4] 赵滨. 大气污染大数据平台的设计与实现[D]. 西安：陕西科技大学，2021.

[5] 沈劲，钟流举，何芳芳，等. 基于聚类与多元回归的空气质量预报模型开发[J]. 环境科学与技术，2015，38（2）：63-66.

[6] 张君，刘咏，商细彬. 人工神经网络在源解析中的应用研究[C]. 国家环境保护恶臭污染控制重点实验室. 恶臭污染防治研究进展——第四届全国恶臭污染测试与控制技术研讨会论文集. 天津：天津科学技术出版社，2012：97-104.

[7] 陈亦辉. 基于机器学习的上海市大气污染源解析研究[D]. 上海：华东师范大学，2019.

[8] 赖格英. 流域非点源模型 SWAT 的修正及其应用[M]. 北京：气象出版社，2021.

[9] 陈军锋，陈秀万. SWAT 模型的水量平衡及其在梭磨河流域的应用[J]. 北京大学学报：自然科学版，2004（2）：89-94.

[10] 董力轩，常顺利，张毓涛. SWAT 模型在天山林区林冠截留过程中的改进应用[J]. 生态学报，2022，42（18）：7630-7640.

[11] 赵堃，苏保林，申萌萌，等. 一种 SWAT 模型参数识别的改进方法[J]. 南水北调与水利科技，2017，15（4）：49-53.

[12] 张佩芳，朱文杰，任妍冰，等. 基于 WASP 7 模型的水质模拟应用——以淮沭新河东海段为例 [J]. 环境监控与预警，2018，10（2）：11-14.

[13] 冯俊. 长江经济带典型流域重化产业环境风险及对策. https：//cjlt. ntu. edu. cn/2020/0608/c5387a144058/page.htm.

[14] 朱丹丹，胡琦，陈兆祺，等. 洞庭湖水质演变特征及驱动因子识别研究[J]. 人民长江，2023，54（2）：106-111.

[15] 朱鹏航，于瑞宏，葛铮，等. 乌梁素海长时序水质变化及其驱动因子[J]. 生态学杂志，2022，41（3）：546-553.

[16] Jiang Jingqiu，Zhao Gaofeng，Wang Dewang，et al. Identifying trends and driving factors of spatio-temporal water quality variation in Guanting Reservoir Basin，North China[J]. Environmental Science and Pollution Research，2022，29（58）：88347-88358.

[17] Dogan Emrah，Ates Asude，Yilmaz Ece Ceren，et al. Application of Artificial Neural Networks to Estimate Wastewater Treatment Plant Inlet Biochemical Oxygen Demand[J]. Environmental Progress，2008，27

（4）：439-446.

[18] Wang Puze，Yao Jiping，Wang Guoqiang，et al. Exploring the application of artificial intelligence technology for identification of water pollution characteristics and tracing the source of water quality pollutants[J]. Science of the Total Environment，2019，693：133440.

[19] 张林波，陈鑫，梁田. 我国生态产品价值核算的研究进展，问题与展望[J]. 环境科学研究，2023，36（4）：743-756.

[20] 闫瑞华. 基于图像识别的湿地外来入侵物种监测系统的设计与实现[J]. 软件工程，2022，25（2）：51-54.

[21] Lake T A，Briscoe Runquist R D，Moeller D A.Predicting range expansion of invasive species：Pitfalls and best practices for obtaining biologically realistic projections. Diversity and Distributions，2020，26（12）：1767-1779.

[22] Niu B，Feng Q，Yang J，et al. Solid waste mapping based on very high resolution remote sensing imagery and a novel deep learning approach[J]. Geocarto International，2023，38（1）：2164361.

第6章 生态环境大数据可视化

6.1 数据可视化概述

可视化是重要的数据分析工具，是实现人机交互的“最后一公里”。数据可视化起源于计算机图形学，20 世纪 60 年代人们开始尝试利用计算机绘制简单图形图表，通过图形化的方式直观呈现数据的属性、变化特征等抽象信息，极大方便了信息检索，增加了人类数据认知能力。可视化概念于 1987 年正式提出，得益于图形学、计算机科学、软件工具的兴起、发展与进步，逐渐形成 3 个分支：科学计算可视化（scientific visualization）、信息可视化（information visualization）和可视分析（visual analytics），涵盖了制图学、图形绘制设计、计算机视觉、数据采集、统计学、图解技术、数型结合以及动画、立体渲染、用户交互等诸多领域。

2000 年以来，Web 技术、数据库技术、图形库/框架技术的发展带来了在线交互式可视化技术，人们可以通过浏览器与数据进行在线实时交互。进入大数据时代，面对复杂、大规模的多源异构数据集，人们需要更高级的计算机图形学技术及方法来理解、表达、运用大数据中所隐含的复杂关系，特别是如何将复杂多维的数据进行图形化表征，包括抽象的、具象隐喻的或是仿真的表征方法以及优化算法。当前，可视化的研究与应用正从单纯的信息表达手段向基于人工智能的可视化分析转变，3 个分支正逐渐整合成为“数据可视化”新学科。

6.1.1 数据可视化概念

传统数据可视化是利用图表（chart）、图形（diagram）和地图（map）等呈现形式直观生动地展示数据特征的过程。它可将枯燥的、不可见或难以直接显示的数据转化为肉眼可感知的图形、符号、颜色、纹理等，帮助人类增强对于数据的理解和认知，提升数据分析效率和信息传递能力。发展至今日，数据可视化已经成为整个认知系统的关键环节（图 6-1），它承载着沟通人和数据之间桥梁的作用。数据可视化通常是以目标驱动，其任务通常包括定位、识别、区分、分类、聚类、分布、排列、比较、内外连接比较、关联、关系等，可概括为对比、分布、组成、关系四大类需求。

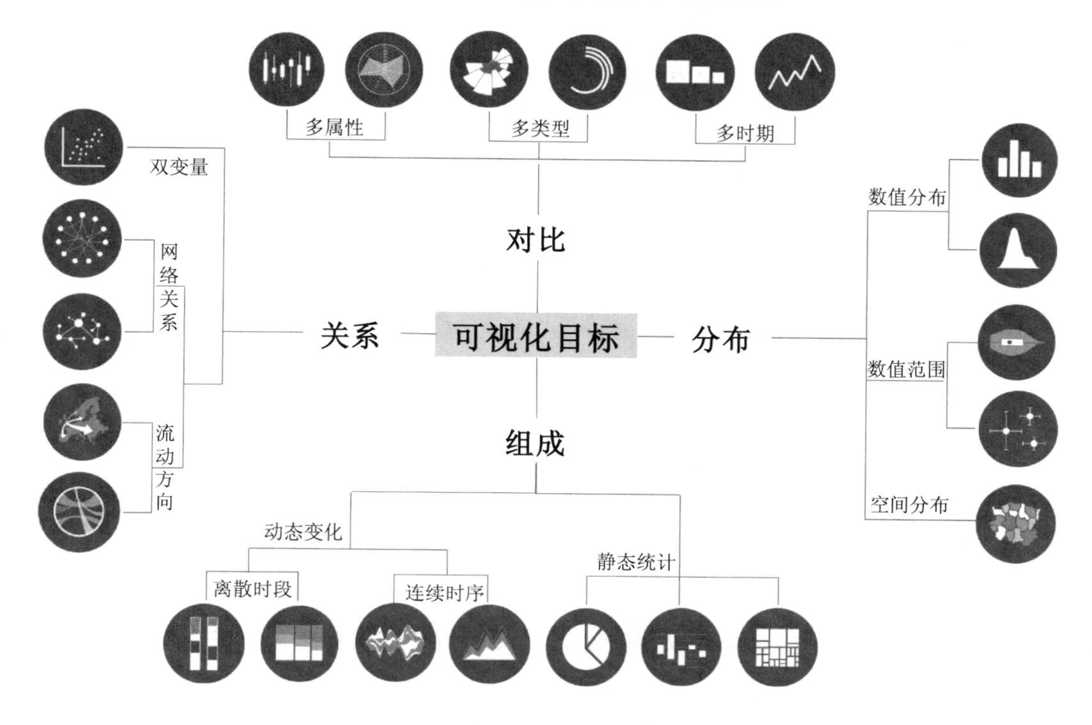

图 6-1　数据可视化目标与示例

大数据可视化是传统数据可视化的继承和延伸，是有效处理大规模、多类型和快速变化数据的图形化交互式探索与显示技术。其中，有效是指在合理时间和空间开销范围内；大规模、多类型和快速变化是所处理数据的主要特点；图形化交互式探索是指支持通过图形化的手段交互式分析数据；显示技术是指对数据的直观展示。数据可视化是大数据生命管理周期的最后环节和最重要的环节。大数据可视化技术能够将数据的各个属性值以多维数据的形式表示出来，方便人们从不同维度来观察数据，进而对数据进行更深入的观察和分析。

数据可视化是通过对抽象"数据"的可视化显示，清晰有效地传达与沟通信息。大数据可视化相对传统的数据可视化，处理的数据对象有了本质不同，在已有的小规模或适度规模的结构化数据基础上，大数据可视化需要有效处理大规模、多类型、快速更新类型的数据。大规模数据可视化一般认为是处理数据规模达到 TB 或 PB 级别的数据。针对大量的数据，要发现数据中包含的信息，可视化是最有效的途径之一，同时也给数据可视化研究与应用带来一系列新的挑战。

6.1.2 可视化基础理论

数据的可视化可以理解为数据到图形空间的映射。对于不同的数据，可视化过程存在不同的实现模型，可视化的流程以数据流向为主线，可以将其核心流程概括为 3 部分：数据分析与处理、元素映射、生成视图，可视化流程如图 6-2 所示。

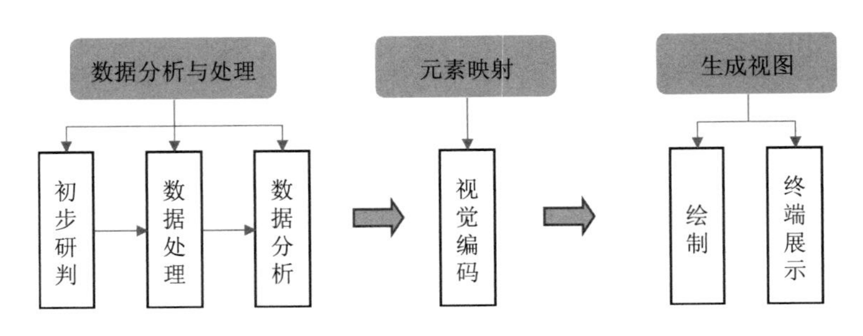

图 6-2 数据可视化流程示意图

（1）数据分析与处理

对于不同结构、不同维度的数据，在清洗处理、视觉编码等方面可能存在较大差异。因此，首先要对获取的数据进行初步判断，包括分析数据结构、定义可视化目标、确定拟展示信息等内容。数据处理目的则是去除冗余数据或者异常数据，并根据可视化需要进行数据变换或数据结构调整。数据分析则是结合算法对预处理后的数据进行具体统计分析，形成完整、有效的数据空间用于建立映射关系。

（2）元素映射

将数据空间的值以系统和逻辑的方式转化为图形空间的视觉元素的过程，也可以理解为视觉编码过程。例如，将地理坐标、数值大小转化为对应的位置、高度等，这是数据可视化的重要一步，它将数据的不同特性映射到多个视觉通道上，以方便生成最终的可视化图形。

（3）生成视图

生成视图部分用来展示最终的可视化结果，这里需要选择相应的技术，将之前的映射进行编码实现，渲染在终端设备上。视图通常包含空间基质、图形元素、图形属性 3 种要素。空间基质是指图形空间，大多数可视化是在二维或者三维空间中开展。图形元素是在空间基质中出现的点、线、面、体 4 类元素。图形属性是用于描述或刻画图形元素的特征，包括大小、方向、颜色、纹理、形状等。

6.1.3　主流技术分类及简介

传统的数据可视化与信息图形、视觉设计等现代技术息息相关，其表现形式通常在二维空间。与之相比，大数据可视化（尤其是在信息和网络领域的可视化）往往更关注抽象的、高维的数据，空间属性较弱，与所针对的数据类型密切相关。统计图表是最早的数据可视化形式之一，也是基本的可视化元素，至今仍被广泛应用。基本统计图表是信息、数据、知识的视觉化表达，它利用人脑对于图形信息相对于文字信息更容易理解的特点，更高效、直观地传递信息。按照所呈现信息和视觉复杂程度其可分为以下 3 类：

（1）原始数据绘图

原始数据绘图主要用于可视化原始数据的属性值，直观呈现数据特征，其代表性方法有数据轨迹、柱状图、饼图、直方图、趋势图、等值线图、散点图、维恩图、热力图等。

（2）简单统计值标绘（也称盒须图）

简单统计值标绘是一种通过标绘简单的统计值来呈现一维和二维数据分布的方法。其基本形式是用一个长方形盒子来表示数据的大致范围，并在盒子中用横线标明均值的位置。

（3）多视图协调关联

多视图协调关联是将不同种类的绘图组合起来，每个绘图单元可以展现数据某个方面的属性，且允许用户进行交互分析，提升用户对数据的模式识别能力。

6.1.3.1　文本和跨媒体数据可视化

各种文本、跨媒体数据都蕴含着大量有价值信息，从这些非结构化数据中提取结构化信息并进行可视化，也是大数据可视化的重要部分。

（1）文本可视化

文本是大数据时代和非结构化数据类型的典型代表，是互联网上的主要信息类型。文本可视化的意义在于能够直观地显示文本中蕴含的语义特征（如词频、语义结构、逻辑等）。词云图（word cloud）是典型的文本可视化技术（图 6-3）。它根据词频和其他一些规则对关键词进行抽取和排序，并按照一定的顺序、重要性、规律等规则排列和输出。词云图通常利用字体的颜色和字号来表征重要性，越重要的词字号越大、颜色越醒目。除此之外，文本中通常包含逻辑层次结构和特定的叙述模式，文本语义结构可视化技术可以实现结构语义的可视化。文本的聚类算法也是数据挖掘中的一个很重要的算法，可以将文本的一维信息数据投影到二维空间中（图 6-4）。

图 6-3 物种分布模型相关研究中文文章题目词云图[1]

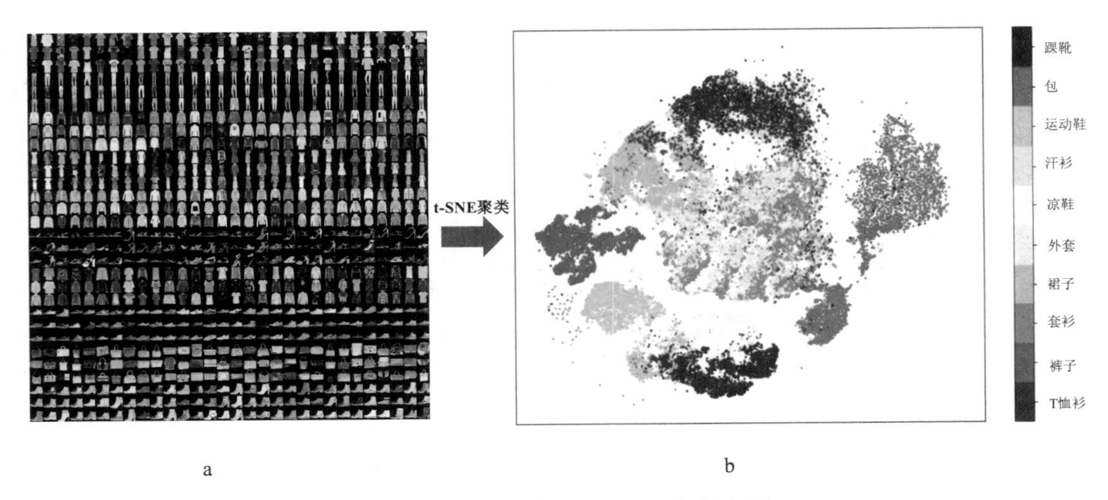

图 6-4 语义聚类的 t-SNE 可视化案例

注：通过对 Fashion-MNIST 图片数据集 a 进行语义识别后采用 t-SNE 算法进行聚类 b，该数据集涵盖了来自 10 种类别的共 7 万个不同商品的正面图片。

（2）图像数据可视化

图像是日常生活中最常见的信息载体，包含有大量的细节信息（如明暗特征、场景复杂、轮廓色彩等），对于图像数据的可视化可能帮助用户理解图像大数据中隐藏的特征模式。图像数据可视化的方法主要有图像网格、基于时空采样的图像集可视化、基于相似性的图像集可视化、基于海塞图的社交图像可视化、基于故事线的社交图像可视化等方式。

（3）视频数据可视化

互联网与便携摄影设备的技术精进使得视频数据的获取越来越容易，如何从海量视频数据中获取有效信息是视频数据可视化的重要目的。视频可视化旨在通过视频分析（如视频解构、关键帧抽取、视频语义理解、视频特征和语义可视化等）从原始视频数据集中提取有意义的信息，并采用适当的视觉表达形式进行凝练与传递。视频可视化方法通常包括视频摘要、视频嵌入、视频图标、视频条形码、视频指纹等。

（4）音频可视化

声音是最常见的一种物理现象，声音属性包括音调、音量、速度、空间位置等，声音的可视化途径通常包含声乐波形可视化、声乐结构可视化（图 6-5）。针对音乐的可视化是目前最常见的音频可视化形式，多通过多媒体播放器软件以动画形式呈现。

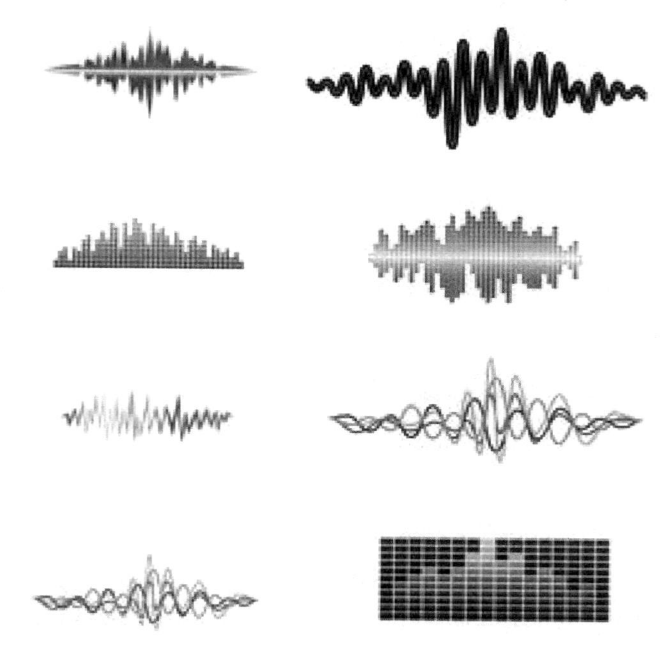

图 6-5　几种音频可视化示例

6.1.3.2　层次与网络结构数据可视化

层次与网络数据都是常见的数据类型，前者注重表达个体之间的层级关系（如包含、从属、承接等），强调层次结构；而后者则通常不具备层次结构，所表达的关系具有自由化、复杂化特点。层次与网络结构数据通常使用点线图来可视化，如何在空间中合理有效地布局节点和连线是可视化的关键。

（1）层次结构数据可视化

层次结构常用树状结构进行组织和表达，如机器学习中的决策树。如图 6-6 所示，通过递归地将数据集划分为不同的子集来进行决策，从根节点开始针对每一个数据集的特征进行测试并产生分割阈值从而形成内部节点，而从根节点和内部节点延伸出的线称为分支，代表不同的阈值条件，通过多次分割直到满足条件停止分割，此时最终节点层级称为叶节点。针对分类任务或者回归任务，叶节点分别代表一个类别或者数值，表征最终决策。树状层次数据模型结构简单直接、逻辑清晰，但是同时也具有灵活度低、难以表征复杂关系等特点。

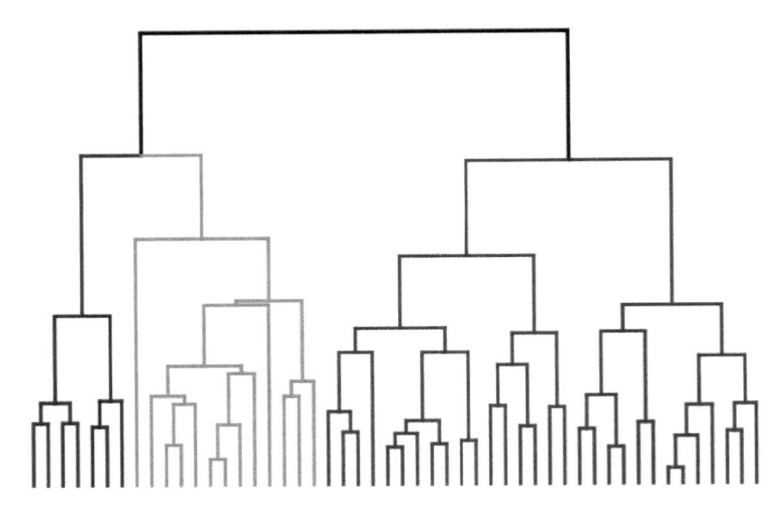

图 6-6　分类树聚类示例

层次数据可视化注重内在逻辑关系展示，总体上可分为节点链接法和空间填充法。

1）节点链接法：用节点与连线表示个体之间的层次关系，代表性可视化方法有聚类树、缩进图、冰柱图、空间树、圆锥树等。这种方法直观、清晰，擅长刻画承接的层级关系，核心是节点分布问题和节点间链接问题。通常采用正交布局，如图 6-7 所示，节点放置按照水平或者垂直对齐，方向与坐标轴一致，整体布局规则、直观，与视觉习惯一致。但是，由于节点数量按照指数级增长，当节点数量过多，尤其是广度与深度相差较大时，传统正交布局将导致数据过度拥挤从而极大降低信息可读性。正交布局容易造成不合理长宽比，如图 6-8 所示，多采用径向布局方法来解决空间浪费的问题，成为径向树。该布局方式将根节点置于圆心，不同的节点按照层级放置于不同半径的同心圆，采用直线或者曲线对存在承接关系节点进行链接。由于外层圆周更长，可容纳更多数据节点，满足了节点数量随层次数量（深度）增加而大幅增长的特点。结合径向树的布局特点衍生出了多种空间树的可视化方法，如环状径向树、放射状树等。

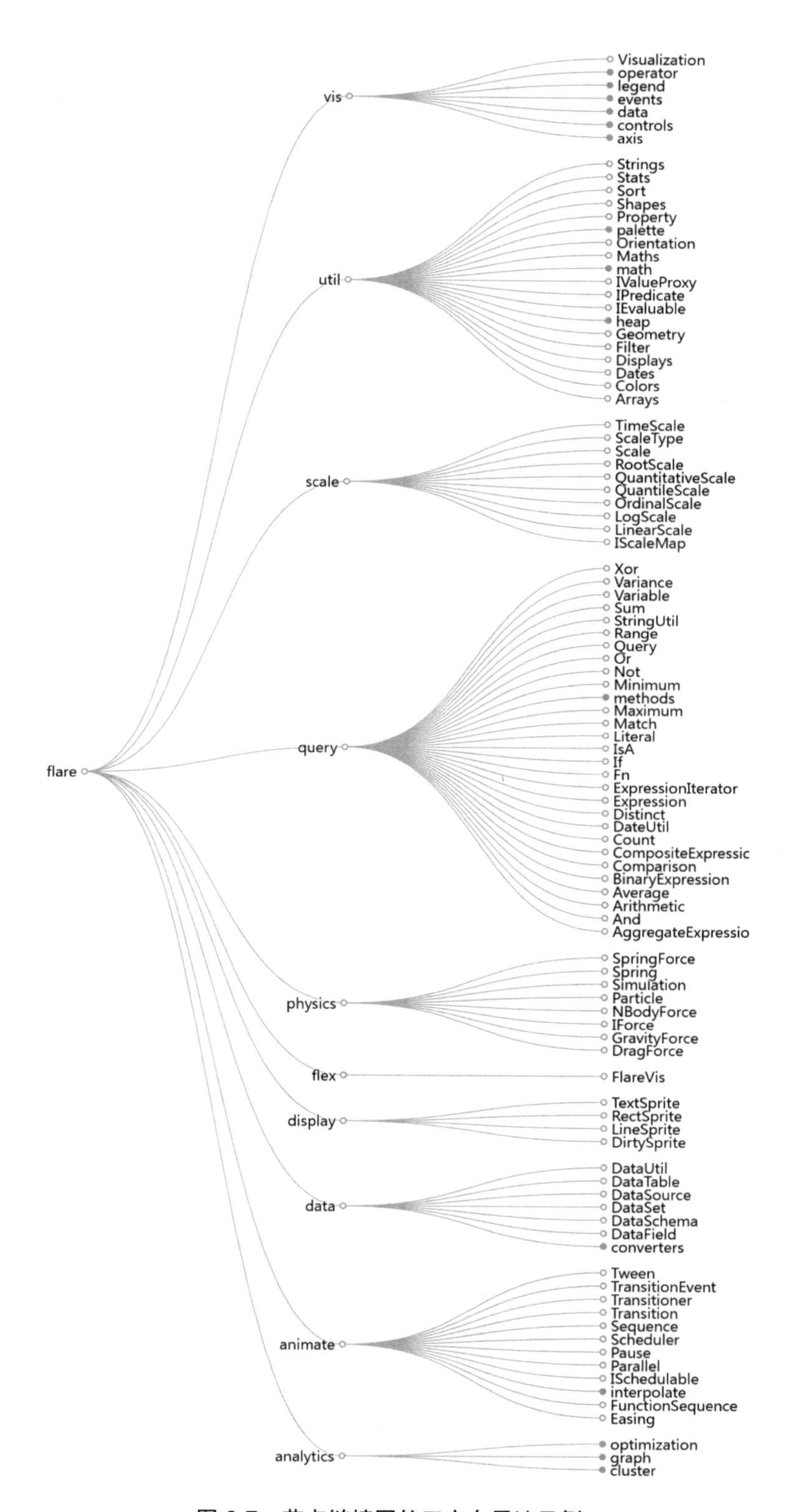

图 6-7　节点链接图的正交布局法示例

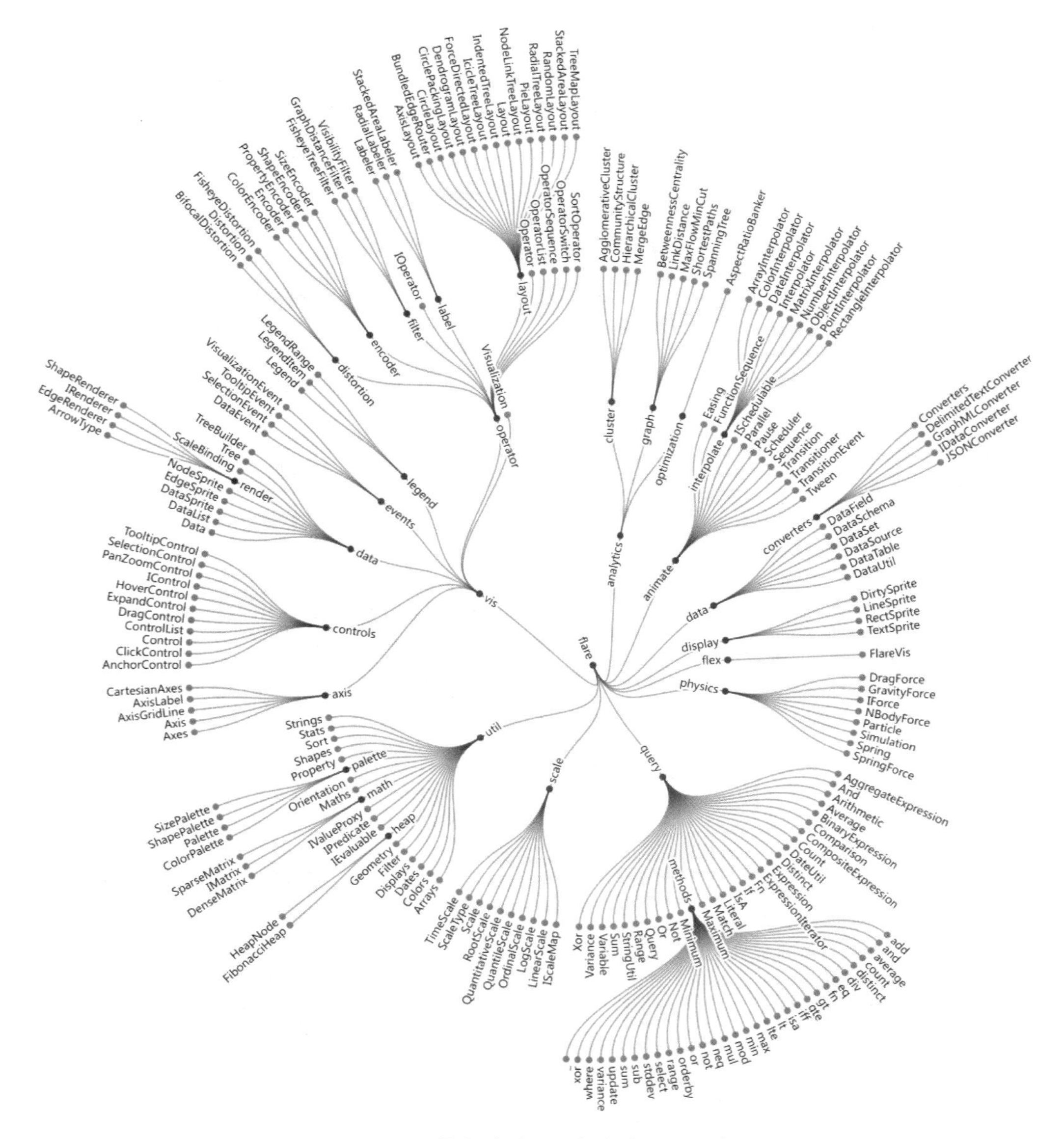

图 6-8　节点链接图的径向布局法示例

圆锥树则是对放射状树在三维空间上的扩展，它结合了正向布局和径向布局的思想，如图 6-9（a）所示，其布局以一个圆锥为基础，树的根节点位于圆锥的顶端，子节点则从根节点向下分布，形成圆锥的层次结构。树的不同层次在圆锥的不同半径上展示，使得用户可以清晰地识别层次关系。从树的顶部往底部平面投影，如图 6-9（b）所示可形成类似环状径向分布的可视化，而从侧面观察则表现为正交分布树状结构。为防止三维可视化存在的遮挡问题，多选择采用半透明或轮廓线方式展示各个子树节点之间的关系。圆锥树可视化可用于展示组织结构、文件系统、分类体系等。

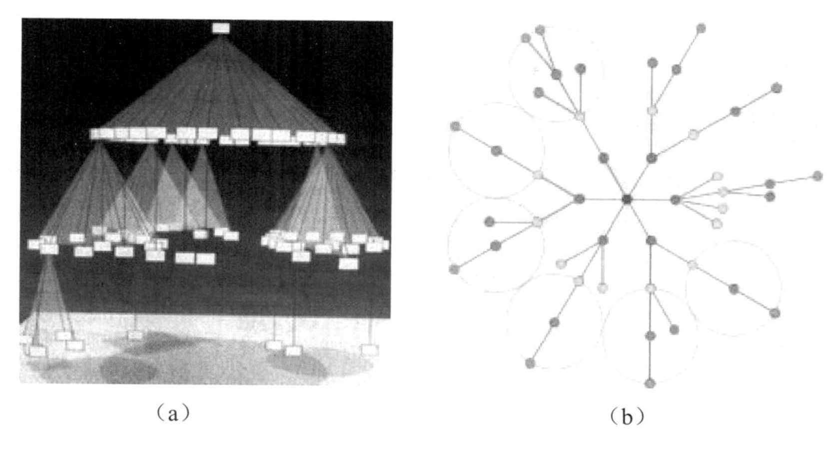

图 6-9　圆锥树（a）与环状径向树（b）示例

2）空间填充法：采用矩形表示层次结构与节点，通过矩形之间的相关嵌套关系来表达节点之间的承接关系。该方法最早由马里兰大学人机交互实验室 Johson 和 Ben Shneiderman 于 1991 年提出，被称为树图（Treemap）法。如图 6-10 所示，该方法能够最大限度利用可视化面板空间，从根节点开始根据相应子节点数量划分矩形，矩形面积大小通常对应节点属性，每个矩形按照对应子节点数量递归分割，直至叶节点为止，父节点的矩形面积是所有节点面积之和。该方法具有较高的空间利用率，可通过设置颜色与矩形大小对节点进行编码，但是数据结构层次不如节点链接法直观，深层次节点难以辨识。除矩形树图划分方法外，还发展出了 Voronoi 树图［图 6-11（a）］、BubbleTreemap 树图［图 6-11（b）］、旭日图［图 6-11（c）］、Gospermap 树图［图 6-11（d）］等。

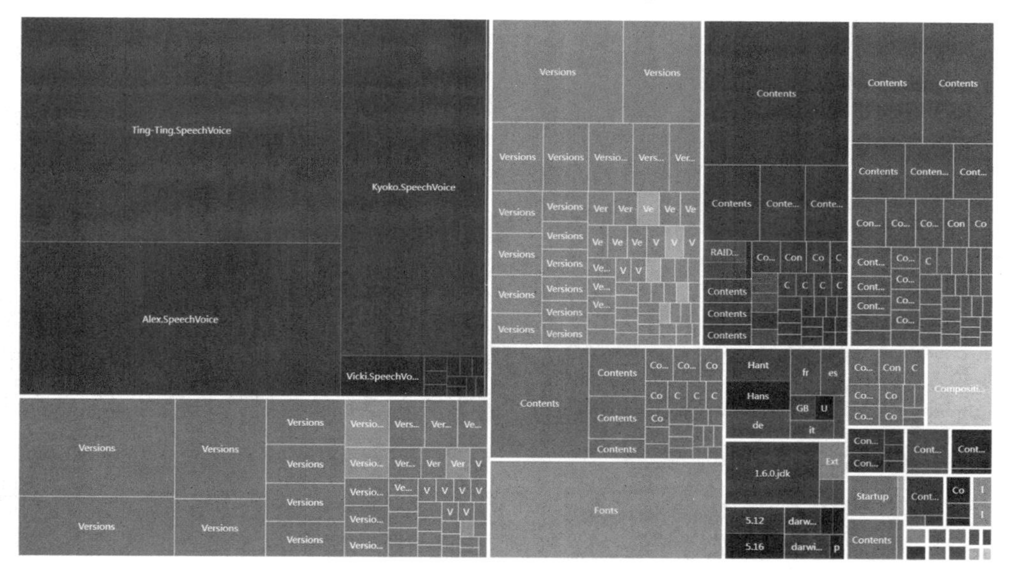

图 6-10　树图示例

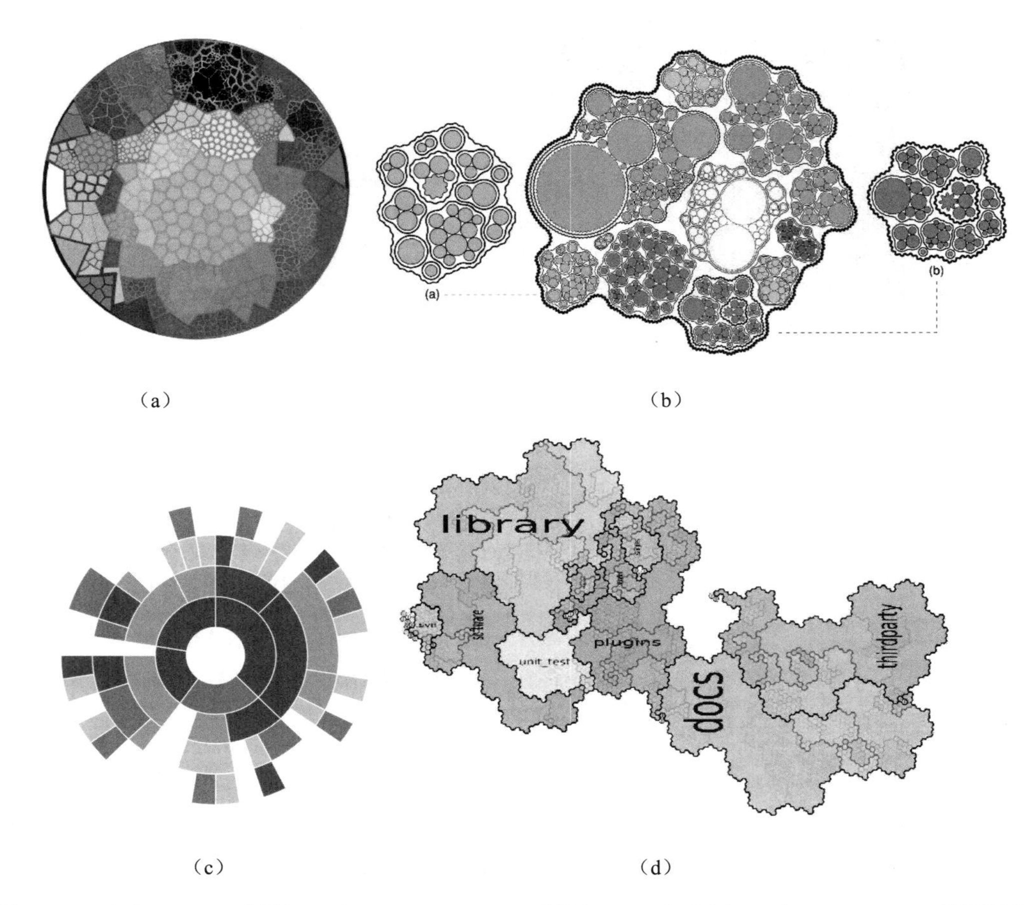

（a） （b）

（c） （d）

图 6-11 （a）Voronoi 树图、（b）BubbleTreemap 树图、（c）旭日图、（d）Gospermap 树图示例

（2）网络数据可视化

网络由若干节点和连接节点的链路构成，可表征诸多对象及其相互联系。网络数据是网络人类社会和虚拟世界中最常见的数据类型，如 Internet 和社交网络。网络数据不具备层次结构，常需要通过对点和连接的可视化挖掘出数据的内在联系，如网络之间的链接、层次结构、拓扑结构等。表达基于节点与连接的拓扑关系是网络可视化的主要内容之一，可以直观地显示网络中潜在的模式，如节点或边缘聚集。通过对复杂网络数据的可视化与分析可帮助用户高效方便地浏览网络内部结构，挖掘和展现数据背后隐藏的规律从而辅助人们进行决策。网络数据布局常用方法主要有节点链接法、力引导布局法、多尺度分析布局法、相邻矩阵法等。

1）节点链接法：用节点以及连线表示网络数据中对象之间的联系，常用于关系数据库的模式表达、社交网络分析、交通运输网络可视化、金融分析等。节点链接布局易于理解，可实时更新，且通常提供人机交互能力供用户探索数据并发现隐藏信息。节点链接布局能够使用多种颜色、形状和其他视觉要素提升其可视效果。但是，由于网络节点众多容易使该布局变得异常复杂，尤其对于大规模网络数据的表达容易引起连线交叉、节点拥挤等问题。常用方法主要包括力引导布局和基于距离的多尺度分析布局两类。

2）力引导布局法：基于图论和物理学的原理，旨在通过模拟节点之间的相互吸引和排斥力来呈现网络结构，使得相连的节点更靠近，不相连的节点相对分散。该方法采用了类似弹簧模型的力学模型，节点之间的连接可以视为弹簧，而节点之间的距离可以视为弹簧的伸缩状态。引力和斥力的平衡决定了节点的最终位置。为得到最佳的布局，通常采用迭代的优化算法，如力引导布局的迭代过程。在每个迭代步骤中，计算节点之间的相互作用力，并调整节点位置。通过多次迭代，系统将逐渐趋于平衡状态，节点的运动逐渐减缓，最终形成一个稳定的布局。

如图 6-12 所示，力引导图通常在二维或三维空间里配置节点，节点之间用线连接。各连线的长度几乎相等，且尽可能不相交。节点和连线都被施加了力的作用，力是根据节点和连线的相对位置计算的。根据力的作用，来计算节点和连线的运动轨迹，并不断

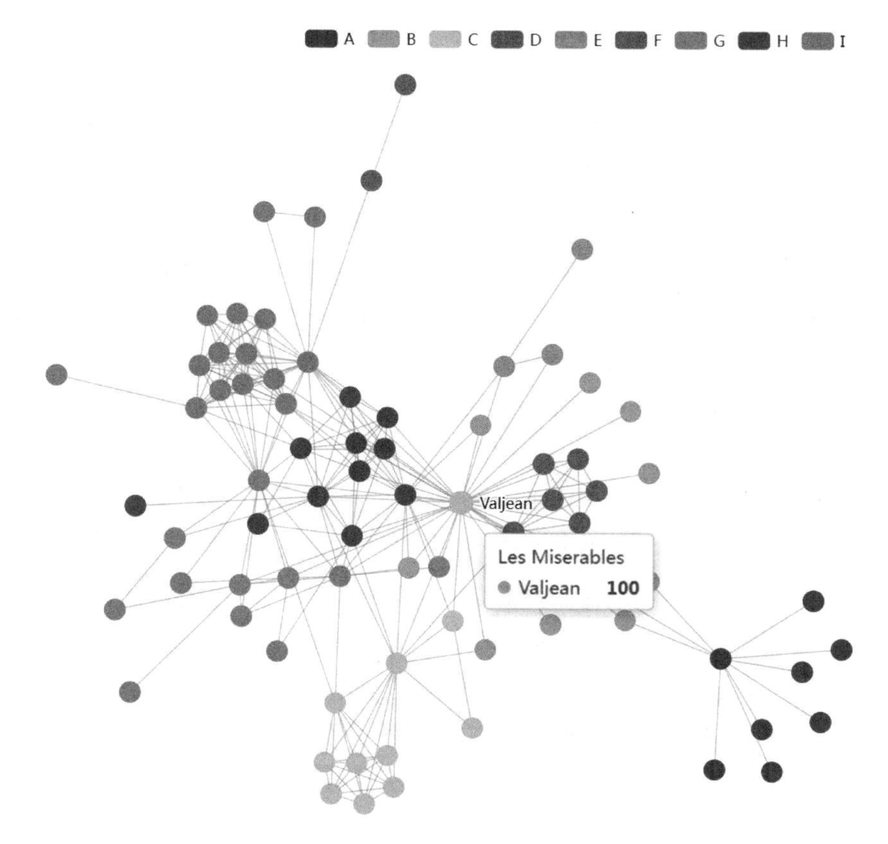

图 6-12 《悲惨世界》小说中人物关系力引导图

降低它们的能量，最终达到一种能量很低的安定状态。力引导布局法的优势在于它能够在二维或三维空间中清晰呈现复杂网络结构，使得相邻节点更靠近，从而更容易观察和理解网络的拓扑结构。力引导图能表示节点之间多对多的关系，可以完成良好聚类效果，方便用户理解节点之间的亲疏关系。由于力引导布局的结果有良好的对称性和局部聚合性，图形美观、易理解，多应用于复杂网络可视化，如绘制社交网络、生物网络、网络流程图等各种类型网络数据。

3）多尺度分析布局法：该方法认为网络数据包含多个尺度的结构，从整体结构到局部结构，每个尺度都有其特定的特征和关系。该方法将网络数据组织成层次结构，其中每个层次代表一个尺度，通过对网络进行层次聚类或使用其他方法来实现单个布局中同时展示多尺度数据整体结构以及局部细节。该布局方法因为能够保持全局优化而保证整体网络的布局质量，而在局部尺度上该方法的优化目标则更侧重于显示局部群集或节点之间的关系。多尺度布局法通常包含一些可调参数，允许用户调整布局的显示范围和细节级别。例如，控制整体缩放比例、局部聚焦以及如何处理细节。此外，多尺度布局法通常具有交互性，允许用户通过缩放、平移或聚焦来改变布局的尺度和视图。这使得用户可以自由切换不同尺度的展示，从而更好地理解网络的结构。多尺度布局法适用于展示复杂网络数据，尤其是具有多个层次结构的网络。它使得用户能够同时获得全局视图和局部细节，有助于更全面地理解和分析网络结构。

4）相邻矩阵法：该方法是一种静态图可视化方法，可通过矩阵的形式展示节点之间的关系。矩阵中元素表示节点之间的关系，可通过行列号进行索引和查询。如果两个节点相连，则相应的矩阵元素为非零值，否则为零。对于无权重的关系网络可采用二值（0/1）矩阵表征关系是否存在，而对于带权重的关系网络则使用对应位置的值表示节点间关系紧密程度。对于无向关系网络相邻矩阵为对角线对称矩阵，而对于有向关系网络，相邻矩阵不具备对称性。

如图 6-13 所示，在实际布局矩阵中的节点，一方面可以按照某种规则排列在矩阵的行和列上，如按照节点的连接数量进行排序，使得高度相连的节点在矩阵中呈聚合状；另一方面，矩阵中的元素可以通过颜色编码来表示连接的强度或权重，从而提供更多信息。相互关联的节点在矩阵中往往形成块状结构，有助于直观地发现网络中的聚类结构。该方法提供了一种简洁直观的方式来呈现网络的连接关系，特别适用于稀疏网络，即大部分节点之间没有连接的情况。通过比较矩阵的不同部分，用户可以容易地发现节点之间的关系、聚类以及整体的网络结构，轻松识别网络中不同区域的连接情况。

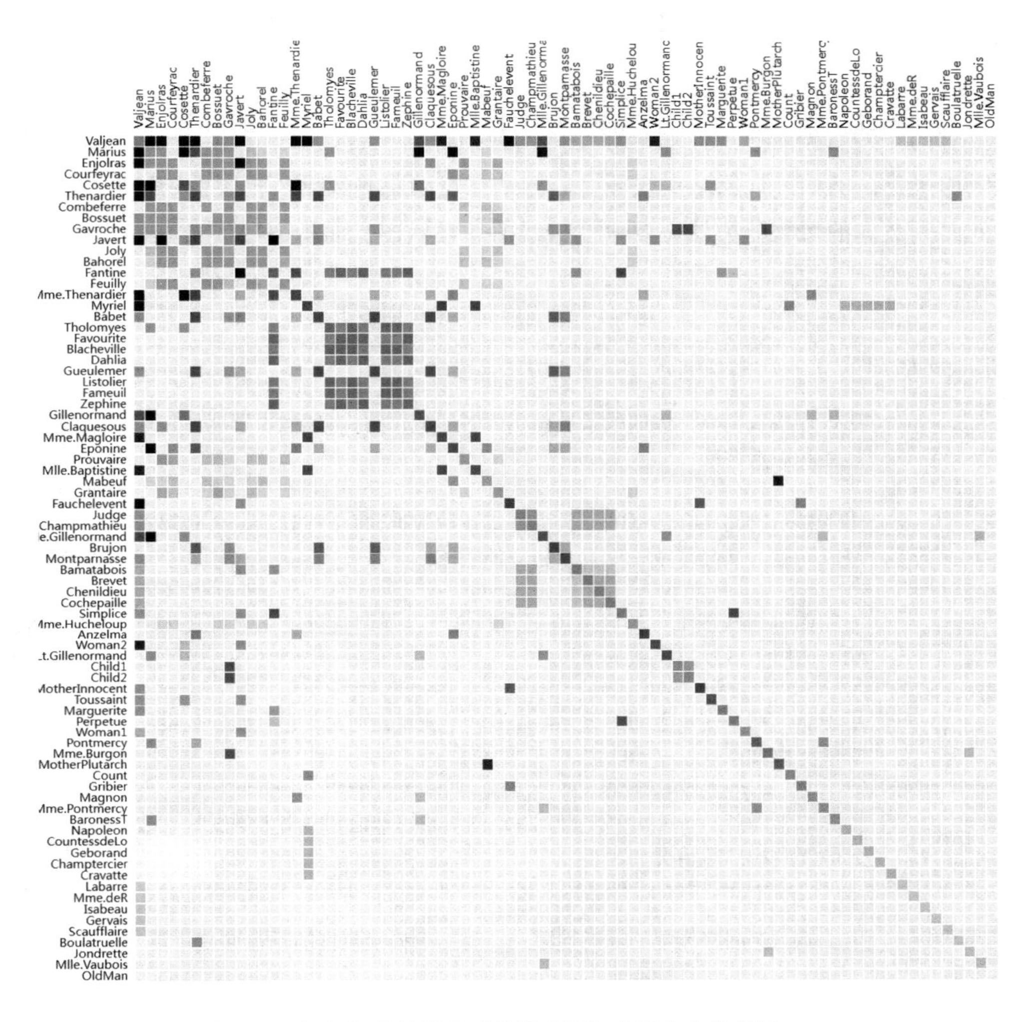

图 6-13　相邻矩阵法展示《悲惨世界》小说中人物关系

6.1.3.3　时空数据可视化

时空数据是指含有空间信息的时序数据，是最为常见的大数据类型。这一类数据通常需要展示地理信息的分布情况、随时间的变化情况等。要实现地理信息可视化就常会用到地图，常见的有二维地图展示、三维地图展示，展示方法可以是点状分布、柱形图等，需要根据数据特点选择最合适的可视化方式。而时间序列数据则旨在揭示数据中的趋势、季节性、周期性模式，以便于理解和预测变量的未来发展走向。

时空数据可视化需要选择合理的地图分布形式去展现规律，使可视化效果可以凸显数据的特点，不能因为海量数据的叠加而变得杂乱，否则将无法从地图分布上得出相应的结论，这种情况下需重新考虑可视化问题。以下分别从时间序列数据可视化和空间数据可视化角度分别进行介绍。

（1）时间序列数据可视化

时间序列数据是按照时间顺序排列的数据点的集合，这些数据点通常在相等的时间间隔内采集。例如，气象站点或环境监测站点自动监测数据、股票市场价格变动数据等。时间序列数据的可视化方法主要包括折线图、柱状图、面积图等（表 6-1）。

表 6-1　时间序列可视化图表类型

图表类型	方法描述	示例
折线图	通过连接数据点形成的线条展示了随时间变化的趋势，适用于展示长期趋势和短期波动	
柱状图	用于显示时间序列数据的离散事件或计数数据，每个柱表示一个时间点或时间段，其高度或长度表示相应的数值	
面积图	面积图将折线图下方的区域填充为颜色，以强调变量变化的可视化方法，适用于展示累积效果	
散点图	用于显示两个变量之间的关系，其中一个变量是时间。它有助于观察异常值和离群点	
箱形图	汇总数据的分布，包括中位数、四分位数和异常值，可用于识别数据的分散程度和异常情况	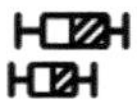
周期图	用于显示时间序列中的周期性模式，有助于揭示数据的季节性变化	
热力图	以颜色编码的方式显示数据在时间和另一个维度上的变化，适用于展示大量时间序列数据	
日历图	以日期为基础，按照月份和年份的布局，将数据点与日期对应，通过颜色编码，不同的颜色或色阶表示不同的数值范围或类别，适用于展示时间趋势和季节性变化	

（2）空间数据可视化

空间数据是利用图像、图形、图表、符号、颜色、纹理、光照、渲染、透明以及动画视频等多种表现形式，对空间数据及其变化进行二维、三维直观表达和动态展示，目的在于增强人们对于多维数据的视觉感知能力和内在规律解析能力。地图是地理空间数据可视化的最早展现形式，通过地图来反映自然和社会现象的空间分布，通过揭示各种关联和规律以达到指导人类的社会行为的目的。伴随 GIS 技术发展，空间信息的表达与分析已产生巨大变化。图形表达技术、数字图像处理技术以及制图技术的进步与融合，从传统地图制图学的基础上衍生出了空间数据可视化技术。

空间数据可视化是使用图形、图像、符号、颜色编码等结合图层、图表、文字、表格、多媒体等可视化形式对地理空间数据进行显示和表达并允许交互处理的方法和技术。地理空间数据可视化主要包括空间几何数据可视化、空间属性数据可视化、空间数据集成可视化等类型。

空间几何数据可视化主要涉及将空间位置、形状和尺寸等几何特征信息以视觉方式呈现，以便更好地理解和分析空间数据的几何结构。空间几何对象包括点、线、面、体等要素，多通过地图符号化和视觉变量函数等方式进行显示。地图符号是表达地理要素的线划图形、颜色编码、符号形状、数学语言和文字注记的总和，针对不同的要素类型采用不同形式的符号进行处理。

1）点符号化：用于表示地图上如城市、村庄、景点等点状要素，也可以使用点符号来表示城市人口、交通流量、污染物浓度等。点符号的选择可以基于地点的类别、大小、重要性等进行。

2）线符号化：用于表示地图上道路、河流、铁路等线状要素，可表示交通路线、水流方向、气流方向等。线符号的选择可以根据线的类型、等级、宽度等进行。

3）面符号化：用于表示地图上行政区划、湖泊、土地斑块等面状要素，可以用来展示行政区划、土地利用、人口密度等。面符号的选择可以基于区域的特性、用途、类别等进行。

4）体符号化：用于表示建筑物、山体、树木、各类设施等体状要素。体符号化的选择可以基于物体类型、特征、形状等进行。

视觉变量是指在地图上能引起视觉差别并传达信息的基本图形和色彩因素变化的图形变化量，涵盖了视觉上可感知的间距、大小、透视高度、方向、形状、排列、亮度、色调等属性，可分别在点线面体等要素形态中体现。

1）位置：表示在图形中对象的位置。在地图上，位置信息能够直观地传达地理要素的空间分布。

2）颜色：用于表示地图中的不同属性、类别或数值。颜色的选择需要考虑对比度、饱和度和色调等因素。

3）形状：指物体的外形，不同的形状可以用来表示不同的地理特征或类别。例如，圆形可能表示点状要素，线条可能表示线状要素，多边形则表示面状要素。

4）大小：表示对象的尺寸，可以用来表示数量、重要性或其他定量信息。较大的符号通常表示较大的数值或重要性。

5）明暗度：指颜色的明亮和暗淡程度。在灰度图中，明暗度通常用于表示高程、深度等信息。

6）纹理：是图形的表面纹理或图案，可以用来表示地表的特征，如土地利用类型或植被密度。

7）方向：表示物体的朝向，如箭头可用于表示流向、方向等。方向变量在表示地理过程中很有用。

8）连接性：表示对象之间的连接关系，如线条之间的连接关系可以表示网络结构、交通流向等。

9）透明度：表示对象的透明程度，可以用于处理重叠部分，使得用户能够看到底层的信息。

10）动态变化：表示对象随时间的运动或变化。动画效果可以用来表示地理现象的演变过程。

空间属性数据可视化是将地理几何要素的空间分布特点、数量、类别、统计分析结果等属性特征通过专题图形式进行反映。通过结合要素几何特点与属性特点，综合运用不同的可视化方法有助于更全面、直观地理解地理空间中的属性分布和变化。

1）地图可视化：地图可视化是将空间属性数据在地图上进行可视化，是空间属性数据可视化的最常见方法。地图可视化可以直观地显示数据在空间中的分布情况，以及数据与空间之间的关系。

2）符号法：运用不同形状、大小、颜色的符号表达空间要素属特征的方法。如图 6-14 所示，符号可以是点、线、面、体等几何图形，也可以是文字、图像等图形，通常需对应要素的空间位置。通常以符号大小表示数量或重要性差别；以形状和颜色表示质量差别，并且可与符号大小配合使用表征分级、顺序等属性。

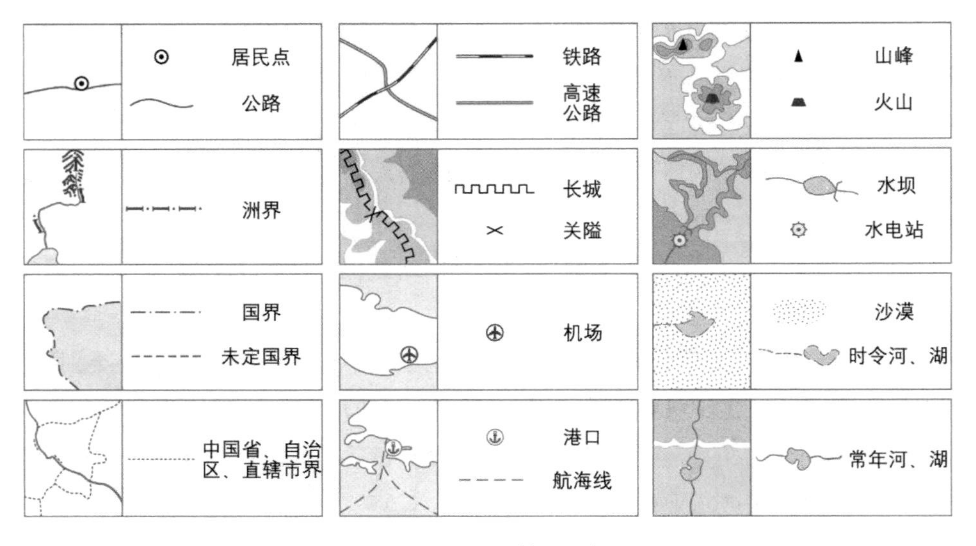

图 6-14 地图符号示例

3）点密度法：通过计算空间数据点的密度，将其以颜色或大小等形式表示要素属性的分布、数量、集中情况［图 6-15（a）］。热力图是最常用的点密度可视化方法，它是将点密度以颜色的变化形式表示。如图 6-15（b）所示，热力图可以直观地显示数据在空间中的分布情况，以及数据的密度高低。此外，也可结合符号法，通过空间点符号大小、分布数量展示点要素属性密度。

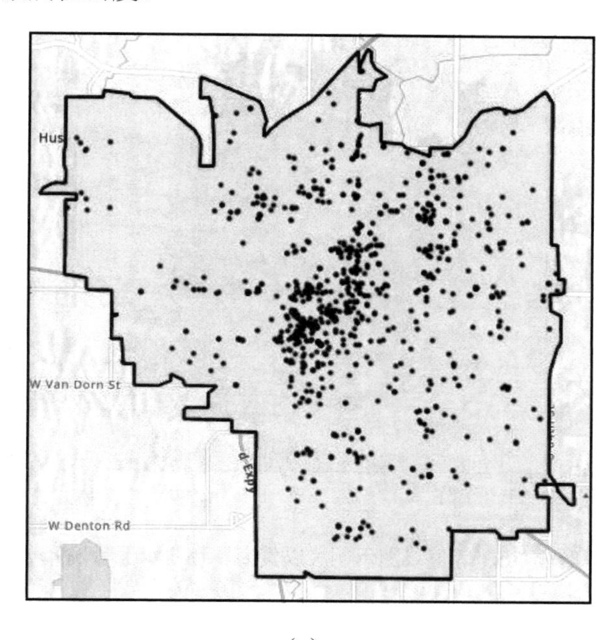

（a）

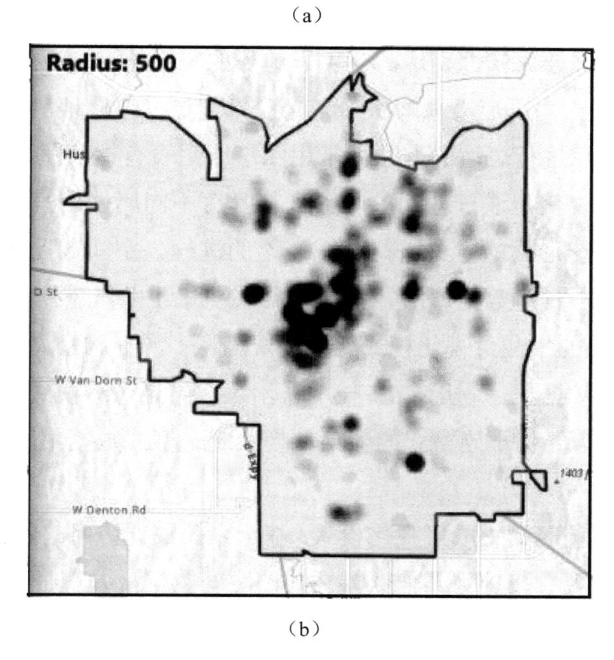

（b）

图 6-15　（a）空间点分布与（b）空间点密度

4）等值线法：通过将空间数据连续变量等值区域划分为若干个等值区，并用等值线连接等值区的边界来表示。等值线法可以直观地显示数据的变化趋势，以及数据的范围和分布情况，如等温线、等高线、等深线等（图 6-16）。

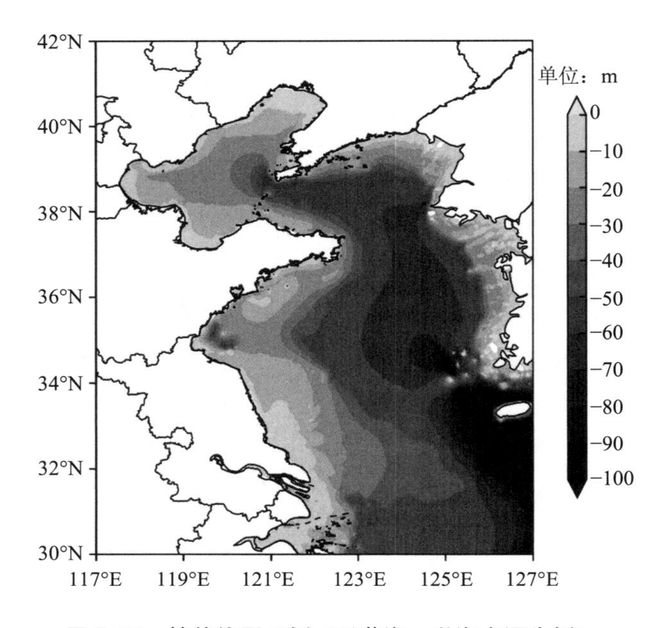

图 6-16　等值线图示例（以黄海、渤海水深为例）

5）曲面法：通过将空间属性数据的连续变量用曲面表示，通常结合图像渲染技术增强起伏以立体形式增强要素属性表达。常用于地形的三维透视。

6）统计图法：通过对面状要素相关统计信息，通过在专题地图中标绘图形或图表对相应区域属性统计信息进行表达的方法，常用图形或图表有柱状图、饼图等。

空间数据集成可视化是通过空间关联关系将具有不同属性的空间数据通过一定的算法构建新的数据并以图形化的方式进行可视表达的过程。空间数据集成可视化方法可分为基于格式转换、基于直接数据访问、基于数据共享和互操作 3 种基本模式。

1）基于格式转换的集成可视化模式：按照规范将多源异构空间数据转换为统一坐标系和一致数据格式的数据集，利用 GIS 技术显示集成结果。该模式优点是可视化方法简单、效率高，缺点是需要将不同格式的数据转换成统一格式数据集，数据存储存在冗余、信息丢失等情况。

2）基于直接数据访问的集成可视化模式：基于直接数据访问的数据集成可视化模式，是指在 GIS 环境中实现直接访问其他数据格式的空间数据，并在宿主 GIS 软件中进行显示。该模式的优点是数据不需要重复存储、用户操作简单，缺点是需要开发人员熟悉不同格式的数据结构，开发难度大、集成显示效率不高。

3）基于数据共享和互操作的集成可视化模式：是一种由开放地理空间信息联盟（Open GIS Consortium，OGC）制定的空间数据共享与互操作、集成规范，是指在空间数据分布式的情况下，GIS 用户在相互理解的基础上，能透明访问所需要的空间数据。基于 Web Service 技术，OGC 提出了 Web 地图服务（Web Map Service，WMS）、Web 要素服务（Web Feature Service，WFS）、Web 覆盖服务（Web Coverage Service，WCS）、Web 切片地图服务（Web Map Tile Service，WMTS）、Web 处理服务（Web Process Service，WPS）等一系列地图服务规范。该模式是宿主 GIS 软件按照 OGC 统一的服务规范和接口发布地图服务，客户端只需按照 OGC 规范叠加显示多种服务。该模式集成简单、功能强大，已成为当前主流空间数据共享和集成显示模式。

6.1.3.4 多维数据可视化

数据可分为低维数据和多维数据，低维数据包含一维数据、二维数据、三维数据，多维数据是指维度多于三维的数据。用来描述现实世界中复杂问题和对象的数据常常是多变量的高维数据，其特点是数据量大、特征多、结构复杂，常规可视化方法在对多维数据展示时将存在重大挑战。通常维度超过三维时可通过增加视觉编码来表示额外属性（如颜色、大小、行政等），但是受视觉编码数量与信息可读性之间的权衡关系限制。目前，多维数据可视化方法可分为空间映射、基于图标的可视化、基于像素的可视化 3 种基本方法。

（1）空间映射法

此法是将高维数据映射到低维空间以便于人类进行可视化和分析，常用方法包括降维方法、投影方法。

1）降维方法：降维是将高维数据转换为低维数据的过程。降维可以帮助用户理解高维数据中的结构和模式。常见的降维方法包括主成分分析（principal components analysis，PCA）、线性判别分析（linear discriminant analysis，LDA）、t-SNE 等。

2）聚类方法：聚类是将相似的数据点聚合在一起的过程。聚类可以帮助用户发现高维数据中的异常值和聚类。常见的聚类方法包括聚类分析（K-means）、层次聚类等。

3）图论方法：图论是研究图的理论和应用。图论可以用于表示高维数据中的结构和关系。常见的图论方法包括强连通分支（SCC）、连通子图等。

4）拓扑方法：拓扑是研究几何图形的形状和性质。拓扑可以用于理解高维数据中的拓扑结构。常见的拓扑方法包括拓扑排序、拓扑图等。

5）平行坐标法：采用相互平行的坐标轴，每个坐标轴代表一个属性，每个数据点可在图形中形成穿越所有（或部分）坐标轴的连线。如图 6-17 所示，该方法一方面可以展示数据点在属性上的分布，同时可以描述相邻属性之间的关系。

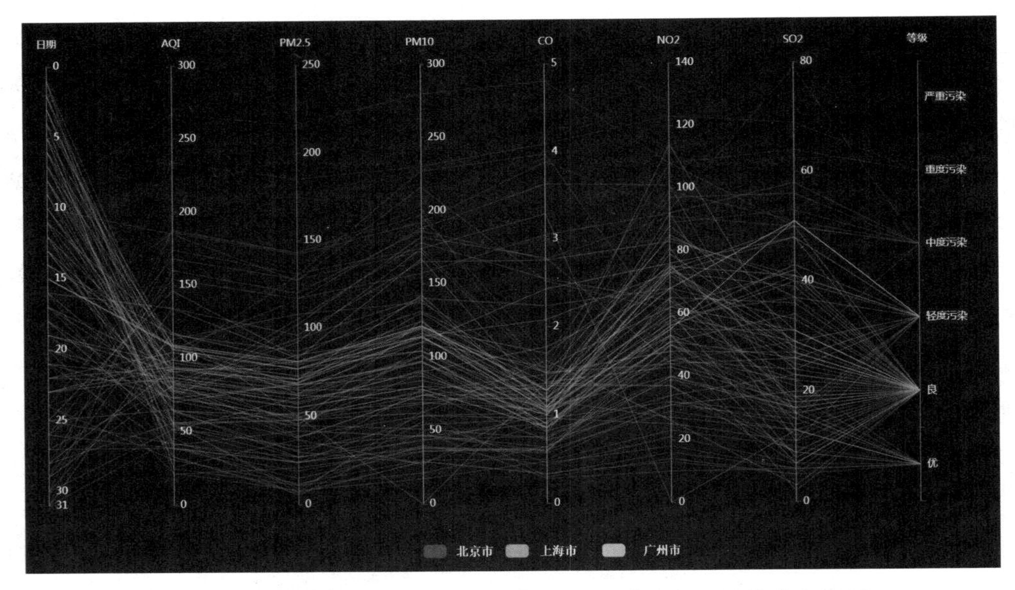

图 6-17 平行坐标法示例（以北京、上海、广东大气污染物浓度为例）

（2）基于图标的可视化方法

图标（Glyph）是一种可视化符号，可以通过其形状、大小、颜色、纹理、方向或内部元素等视觉特征同时编码多个数据维度。可以通过将数据点聚合并为每个聚类分配一个代表性 Glyph，从而使用 Glyph 来聚合和汇总数据点。这可以减少混乱，并帮助识别数据模式。因此，可利用图标的不同视觉元素代表数据对象的不同属性，从而形成高维复杂数据的高效、紧凑、直观表达，代表性的方法有 Chernoff Face（图 6-18）、雷达图（图 6-19）、星形图标、图标数组等方法。

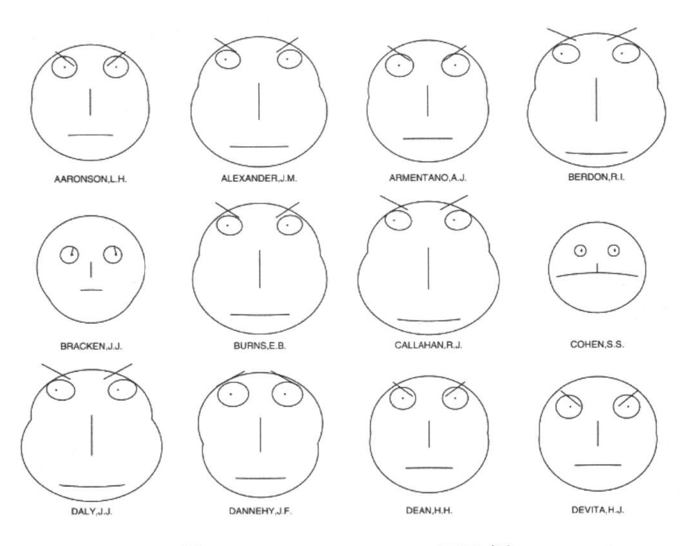

图 6-18 Chernoff Face 图示例

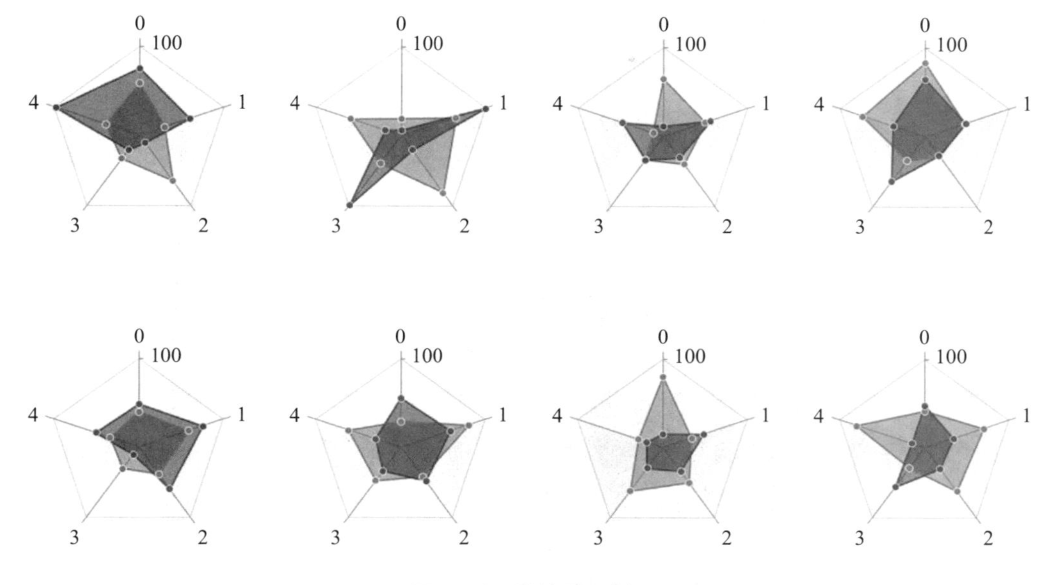

图 6-19　雷达图示例

（3）基于像素的可视化方法

以像素作为可视化基本显示单元，通过颜色编码展示相关数据信息。高维数据被转换为一个 2D 像素网格，其中每个像素的位置对应于特定的数据点或特征。像素的颜色、强度或其他视觉属性可以用来表示有关数据的其他信息。这种方法允许分析人员探索数据集中的模式、聚类或趋势，利用人眼对视觉模式的敏感性。代表性的方法有像素柱图（图 6-20）、热力图（图 6-21）等。

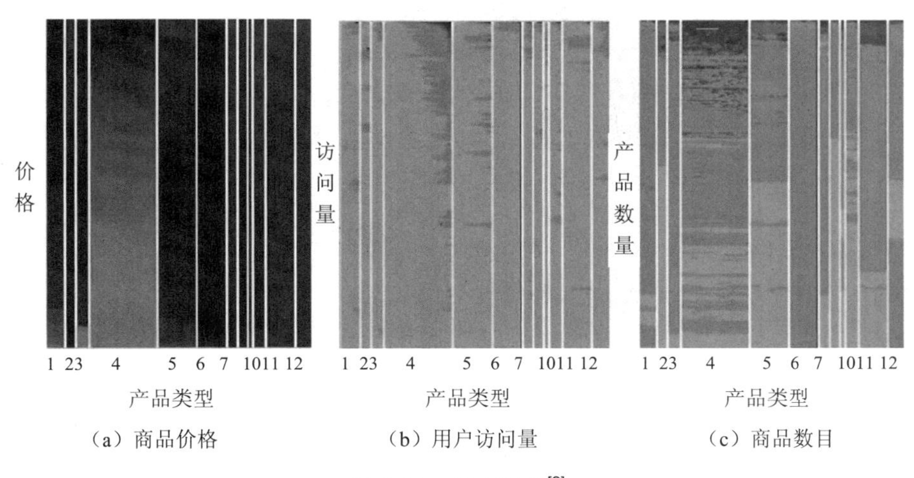

（a）商品价格　（b）用户访问量　（c）商品数目

图 6-20　像素柱图[2]

基于像素图可视化电子商务网站中商品数量，按照商品类型区分，排序属性中横轴按照商品的用户访问数排列，而纵轴按照商品价格排列。图 6-20 分别显示使用颜色表示下列属性的结果：（a）商品价格，（b）用户访问量，（c）商品数目。

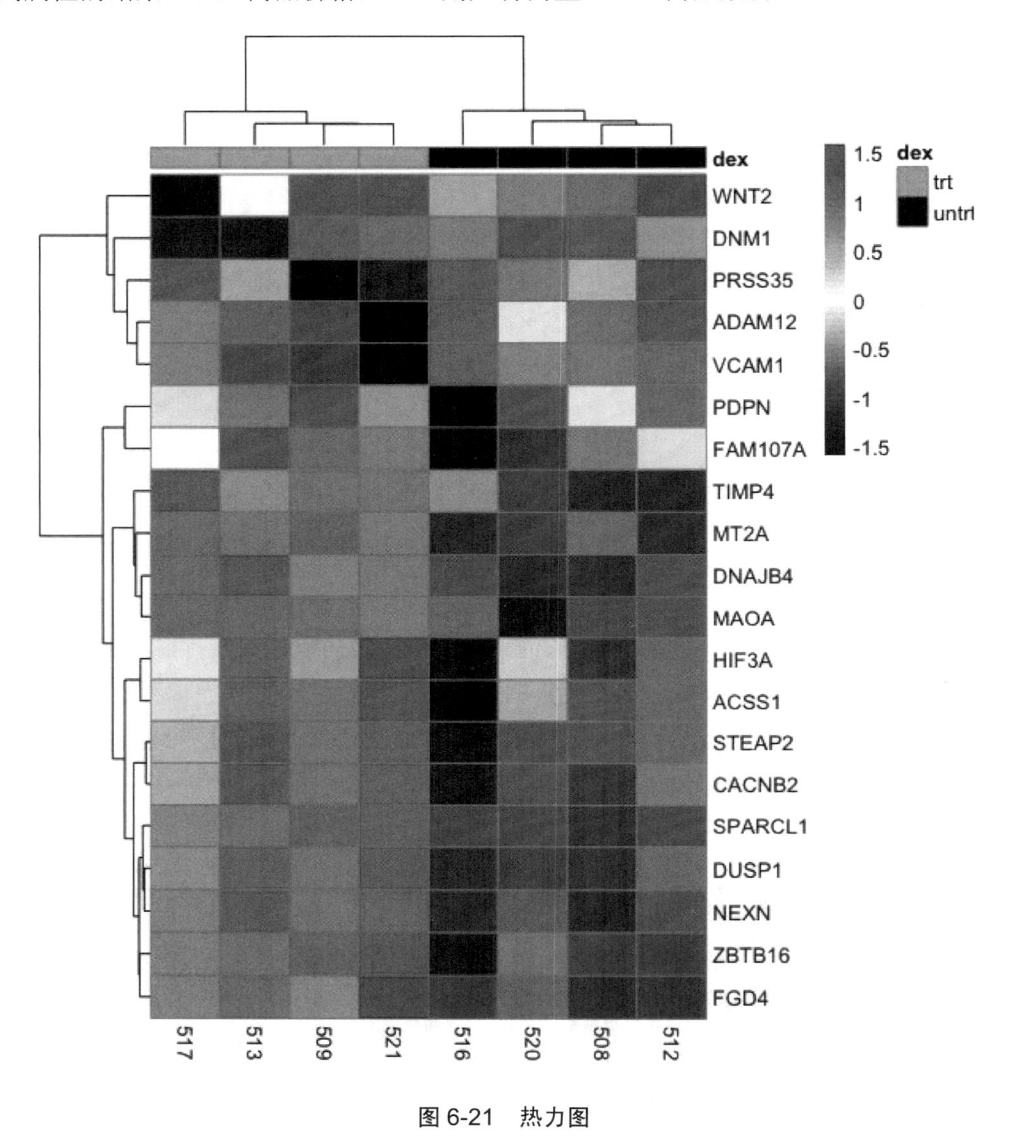

图 6-21 热力图

注：展示了 RNA 测序样本之间的相关性，其基本思想是生物复制品之间的相关性应该比处理组之间的样本更高，树状图将相似的样本聚类在一起。

6.2 信息图表可视化工具

在可视化方面，如今用户有大量的方法可供选用，常见的有散点图、柱状图、饼图、直方图、折线图、气泡图、维恩图、雷达图、等值线图、热力分布图、地图分布等，除2D展示，还有基于三维空间的可视化，如3D柱状图、3D地球等，三维可视化是现在研究的热门方向。但哪一种工具最适合，这将取决于数据以及可视化数据的目的。而最可能的情形是，将某些工具组合起来才是最适合的。有些工具适合用来快速浏览数据，而有些工具则适合为更广泛的读者设计图表。

常用的信息图表数据可视化工具包括软件类的工具，如Excel、Power BI等。基于Web前端类工具，如ECharts、D3、Highcharts等，以及编程语言类的Python、R语言、MATLAB等。

6.2.1 Tableau

Tableau是一款商业大数据可视化软件，由Tableau Software公司开发。Tableau以其直观易用的操作界面、丰富的可视化图表类型和强大的分析功能而闻名，广泛应用于商业、政府、教育等领域。其产品线较为丰富，包括Desktop、Server、Cloud、Pre、Public、AI等一系列产品。

Tableau Desktop是其桌面端分析工具，操作界面采用了图形化设计，使用者只需拖拽数据即可创建可视化图表。Tableau还提供了丰富的预设模板和样式，用户可以快速创建专业级别的可视化图表（图6-22）。Tableau提供了丰富的可视化图表类型，数量上超过90种，涵盖了常见的柱状图、折线图、饼图等，以及更高级的热力图、树状图、地图等。Tableau还支持自定义图表类型，用户可以根据自己的需求创建新的图表。此外，Tableau提供了强大的分析功能，包括数据透视、交叉分析、数据筛选、数据聚合等。Tableau还支持连接到各种数据源，包括关系数据库、NoSQL数据库、云数据库等。

在可视化图形上，Tableau采用“用图表说话”的设计理念，按照“从问题类型走向可视化图形类型”的逻辑思路开展主题业务。可视化图表的选择依据在于拟解决问题的关键词和字段特征之中。用户可以针对自身需求设计任何想要的可视化样式，如帕累托、桑基图、多层环形图、“南丁格尔玫瑰图”等。用户可以将可视化作品共享为交互式仪表板，并将其发布到Tableau Server或Tableau Online，以便团队成员协作和访问。

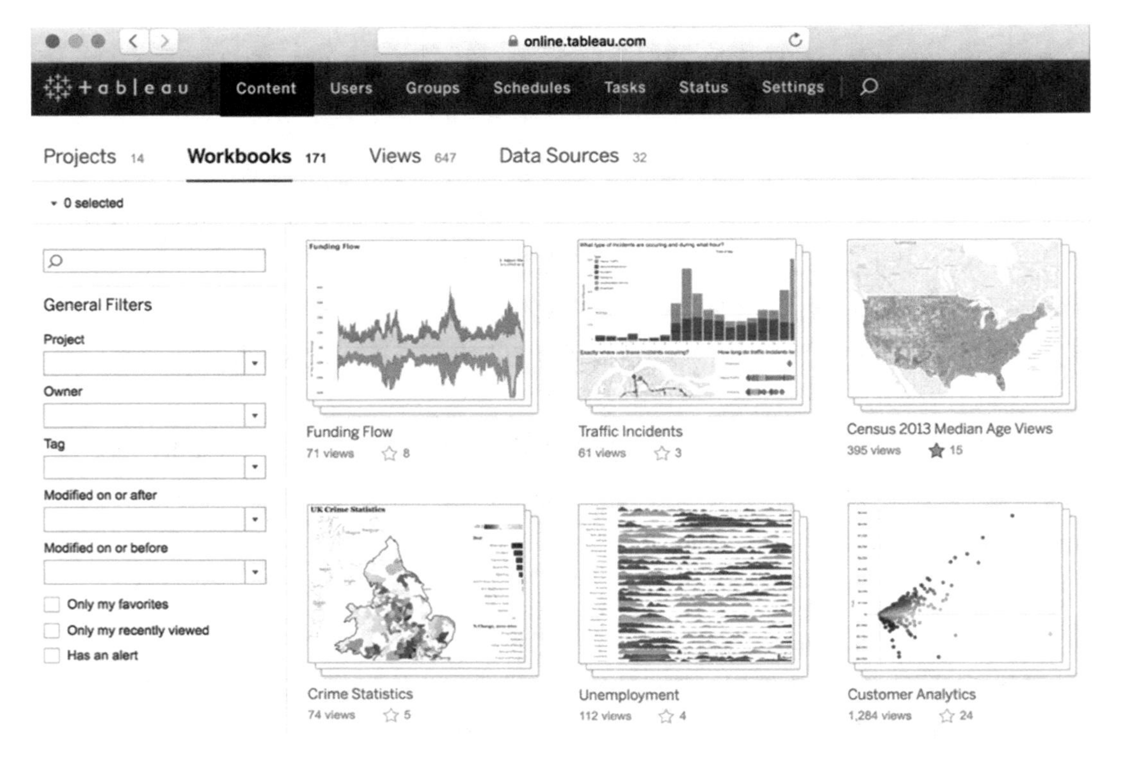

图 6-22　Tableau Desktop 界面示例

6.2.2 ECharts

ECharts 是一个免费的、功能强大的制图和可视化库，提供直观、生动、可交互、可个性化定制的数据可视化图表。它是基于 ZRender 的用纯 JavaScript 编写的全新轻巧的 Canvas 库。ECharts 上手容易，中文 API 相当完善，调用方式简单，而且图表样式美观，调用百度地图也是非常快捷。但是，ECharts 更像是快餐，它能够满足我们基本的需求，ECharts 在高度定制化方面并不灵活。ECharts 提供了常规的折线图、柱状图、散点图、饼图、K 线图，用于统计的盒形图，用于地理数据可视化的地图、热力图、线图，用于关系数据可视化的关系图、Treemap、旭日图，多维数据可视化的平行坐标，还有用于 BI 的漏斗图，仪表盘，并且支持图与图之间的混搭（图 6-23）。其可以流畅地运行在 PC 和移动设备上，兼容当前绝大部分浏览器（IE8/9/10/11、Chrome、Firefox、Safari 等），底层依赖矢量图形库 ZRender，提供直观、交互丰富、可高度个性化定制的数据可视化图表（图 6-24）。

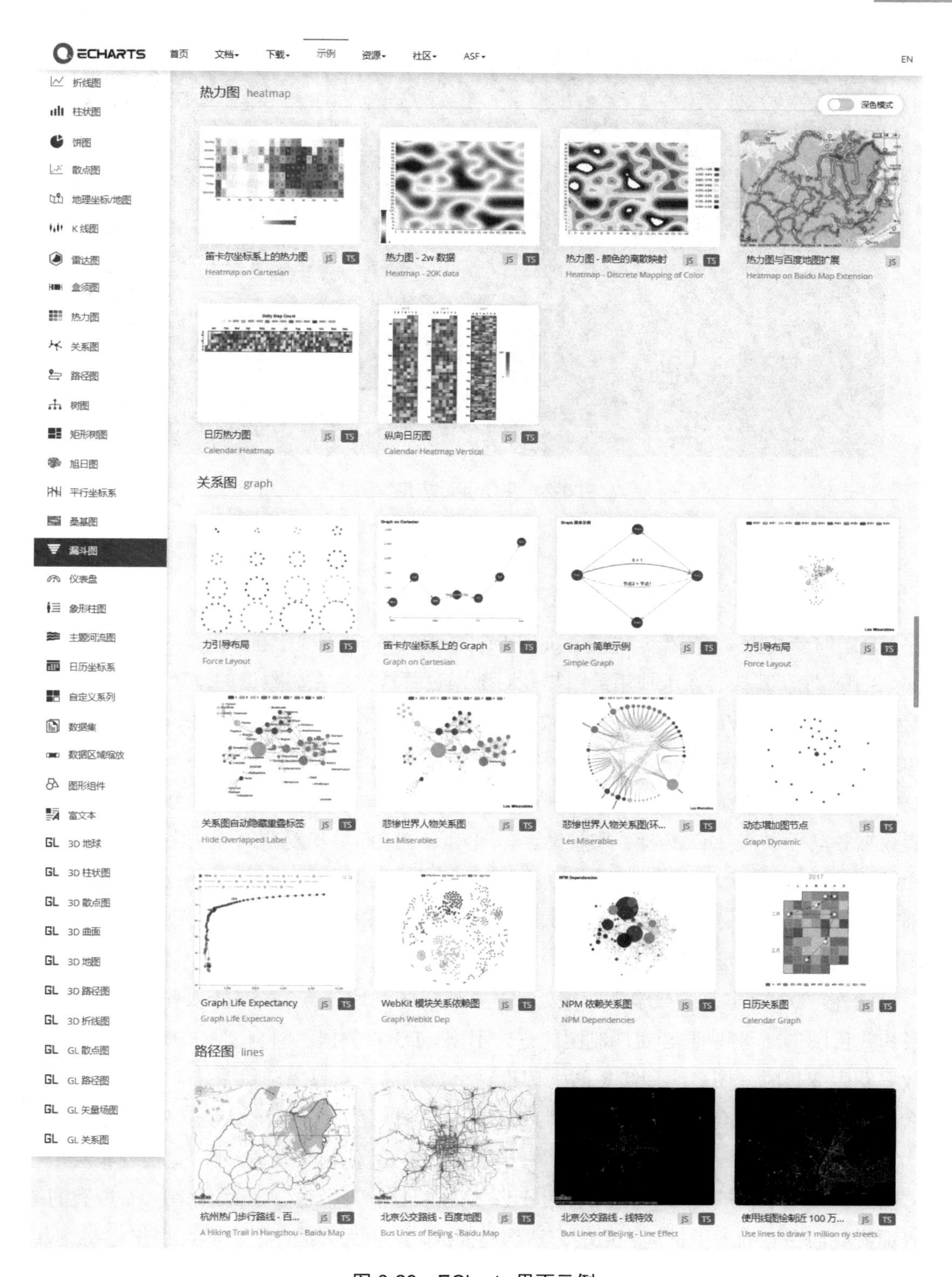

图 6-23　ECharts 界面示例

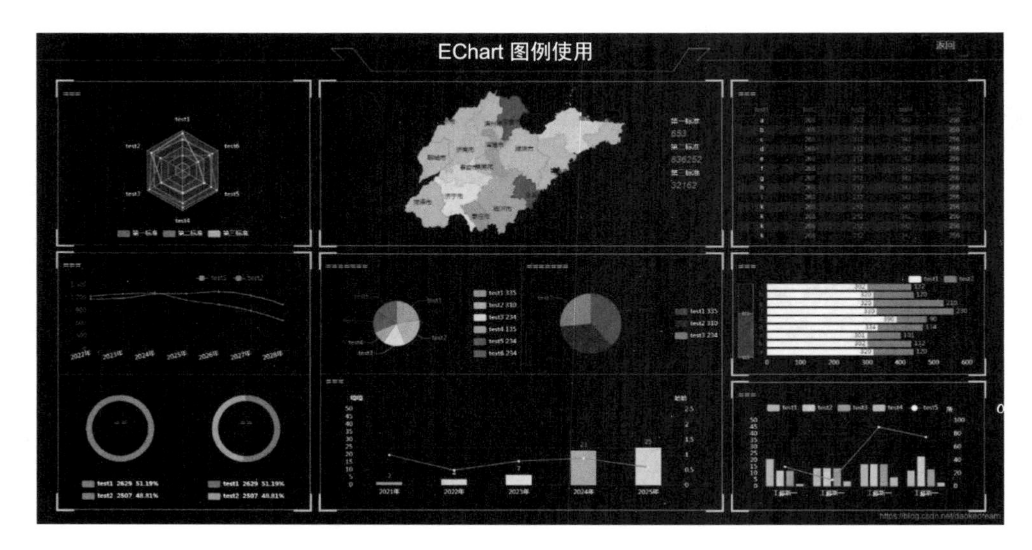

图 6-24 ECharts 应用案例

6.2.3 D3

D3 的全称是数据驱动文档（data-driven documents），是基于数据来操作文档的 JavaScript 库，其核心在于使用绘图指令对数据进行转换，在源数据的基础上创建新的可绘制数据，生成 SVG 路径以及通过数据和方法在文档对象模型（document object model，DOM）中创建数据可视化元素。D3 利用诸如 HTML、SVG（scalable vector graphic）以及 CSS（cascading style sheets）等编程语言让数据变得更生动，并将强有力的可视化组件和数据驱动手段与 DOM 操作实现融合。可用于生成简单和复杂的可视化以及用户交互和过渡效果，能够提供大量线性图和条形图之外的复杂图表样式，如 Voronoi 图、树形图、圆形集群和单词云等（图 6-25）。它通过使用 HTML、SVG、CSS 等，将数据转换为各种简单易懂的绚丽图形。

此外，D3 有丰富的数学函数来处理数据转换和物理计算，擅长于操作 SVG 中的路径和几何图形。与其他 JS 实现制图的方式不同。D3 将数据和网页 SVG 绑在了一起，当数据发生变化时，图表会同步更新。假设这个数组的元素设为随机变量，定时变化，那么相应的柱状图也会是不断变化的动态图效果。除此之外，它能够接受海量数据的可视化显示和动态更新。相对于 ECharts 等开箱即用的可视化框架来说，D3 更接近底层，它可以直接控制原生的 SVG 元素，并且不直接提供任何一种现成的可视化图表，所有的图表都需我们在它的库里挑选合适的方法构建而成，这也大大提高了它的可视化定制能力。而且 D3 没有引入新的图形元素，它遵循了 Web 标准（包括 HTML、CSS、SVG、Canvas）来展示数据，所以它可以不需要依赖其他框架独立运行在现代浏览器中。

D3 Gallery

Looking for a good D3 example? Here's a few (okay, 166...) to peruse.

Animation

D3's data join, interpolators, and easings enable flexible animated transitions between views while preserving object constancy.

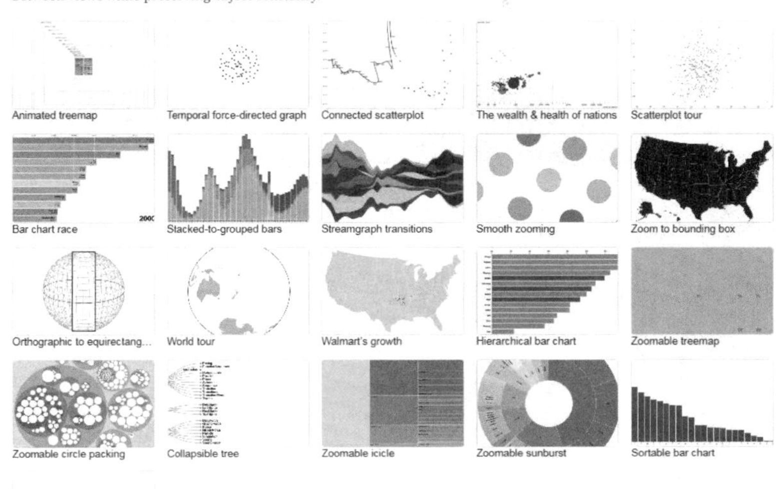

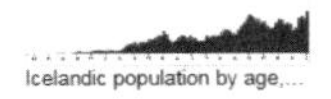

Interaction

D3's low-level approach allows for performant incremental updates during interaction. And D3 supports popular interaction methods including dragging, brushing, and zooming.

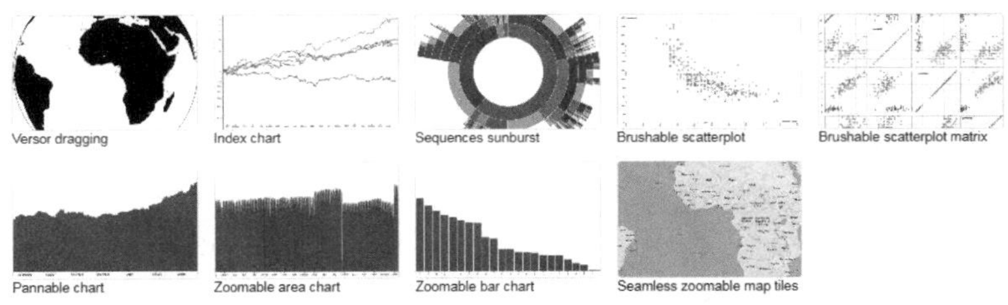

Analysis

D3 is for more than visualization; it includes tools for quantitative analysis, such as data transformation, random number generation, hexagonal binning, and contours via marching squares.

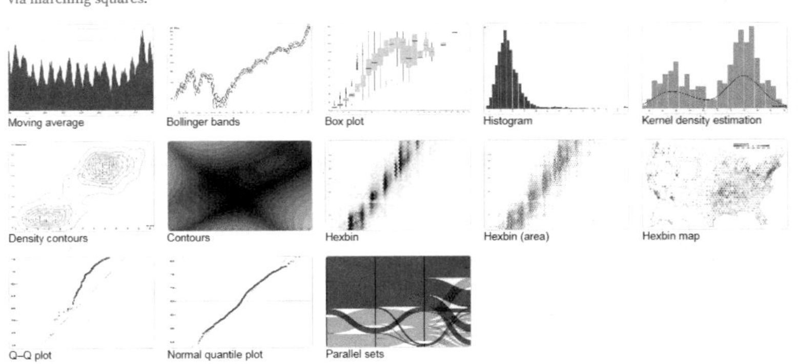

图 6-25　D3 界面

6.2.4 Highcharts

Highcharts 是一个用纯 JavaScript 编写的一个开源图表库，能够简单便捷地在 Web 网站或是 Web 应用程序添加有交互性的图表（图 6-26）。Highcharts 系列软件包含

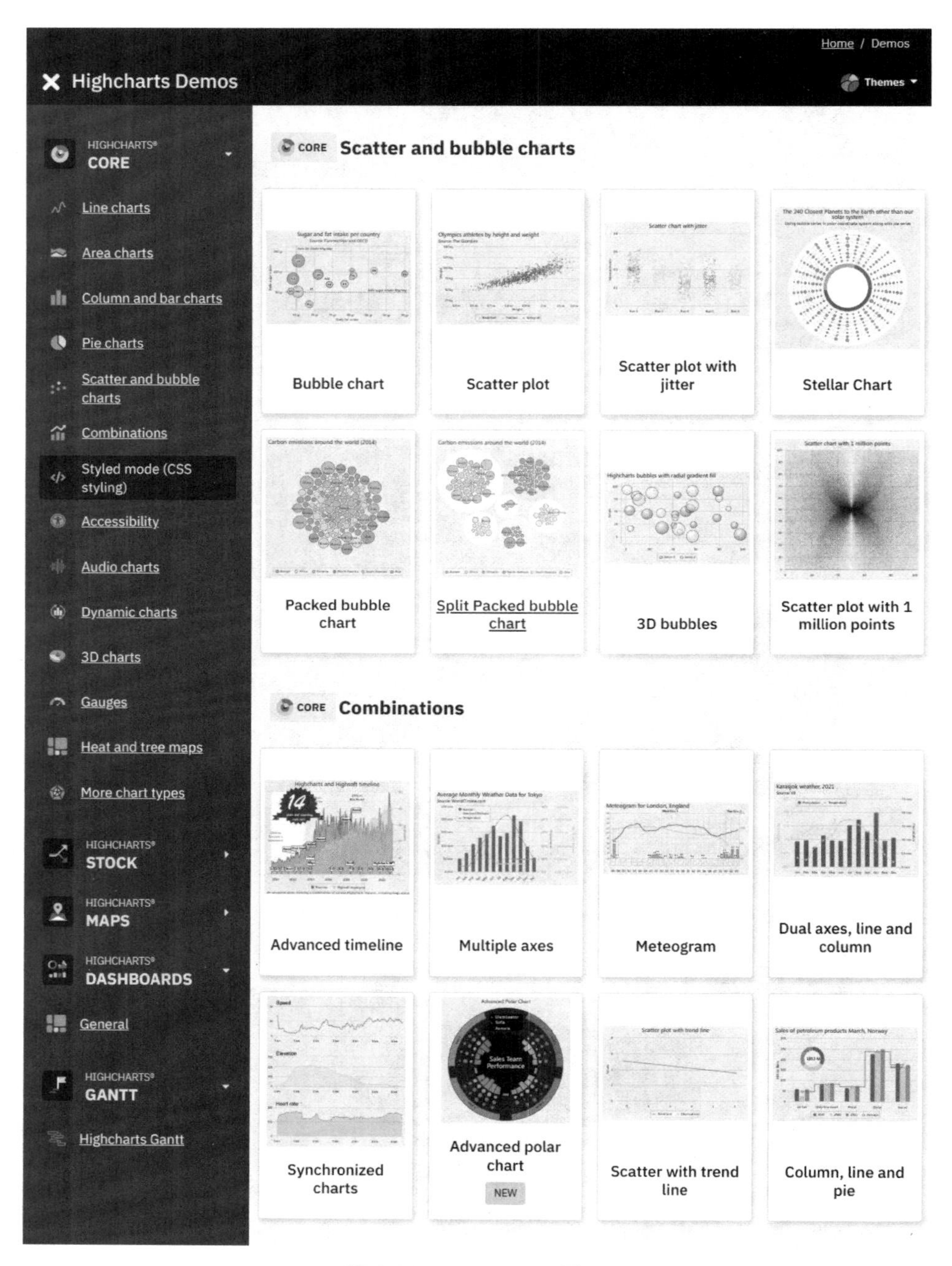

图 6-26 Highcharts 界面

Highcharts JS、Highstock JS、Highmaps JS 共 3 款开源软件，均为纯 JavaScript 编写的 HTML5 图表库。Highcharts 具有轻量级、可定制、易于使用等特点，提供了丰富的配置选项、完整的文档和示例，可应用于网站仪表板、移动应用程序的统计分析、数据可视化等应用。

6.3 地理信息可视化工具

地理信息是大数据的常见属性，地图是空间信息最主要、最常用的形式，空间信息的展示可以更为直观地反映大数据的地理信息属性。地图工具在数据可视化中较为常见，地理信息可视化是运用图形学、计算机图形学和图像处理技术，将地学信息输入、处理、查询、分析以及预测的结果和数据以图形符号、图标、文字、表格、视频等可视化形式显示并进行交互。常用的主流地理信息可视化工具包括 ESRI 公司的 ArcGIS 和北京超图软件股份有限公司的 Super MapGIS，类似的还有 QGIS、MapGIS、MapInfo、TITANGIS 等。主流的虚拟地球软件包括 Google Earth、Virtual Earth，类似的还有 Skyline Globe、Geo Globle、EV-Globe 和 World Wind。3D GIS 是未来地理信息可视化发展的方向，包括 3D GIS 与虚拟现实、增强现实等技术的结合，代表性工具有 CityMake、GISVRMAP3.0、Unity3D 和 UE4。

6.3.1 ArcGIS 软件

国际上应用最为广泛的 GIS 软件是 ESRI 公司开发的 ArcGIS 系列软件，它包括桌面版的 ArcGIS for Desktop 以及基于命令行的 Arc Info 等。ArcGIS 是一个全面的系统，用户可用其来收集、组织、管理、分析、交流和发布地理信息。传统的 GIS 功能包括，收集创建空间数据集，管理和分析数据，创建地图和分析模型。随着科技的发展和编程语言的更新，ArcGIS 软件可以在服务器端、Web 端和移动端进行开发和部署。ArcGIS 提供多种开发工具（如 ArcGIS for JavaScript、ArcGIS for Silverlight 和 ArcGIS API for Flex），方便满足用户快速、简洁地创建交互式 Web 应用、处理前台可视化操作的需求。以下是对该系列软件产品的简要介绍：

（1）ArcGIS Desktop

ArcGIS Desktop 是用于创建、编辑、分析和共享地理信息的主要桌面应用程序。它包括多个组件，如 ArcMap 和 ArcCatalog。ArcMap 用于创建和编辑地图，进行地理空间分析；ArcCatalog 用于管理 GIS 数据；AreGloble 用于配置三维工程地图的桌面程序；ArcReader 用于三维地图显示，功能比 ArcGloble 简单，不适合于大量数据；ArcTool 则是一个非常强大和实用的工具箱，用于批量数据处理等工作。

（2）ArcGIS Pro

ArcGIS Pro 是 ESRI 推出的下一代桌面 GIS 应用程序（图 6-27），它提供了现代化的界面和更强大的功能。与 ArcGIS Desktop 不同，ArcGIS Pro 是基于 64 位的应用程序，支持三维地理空间分析和更流畅的用户体验。

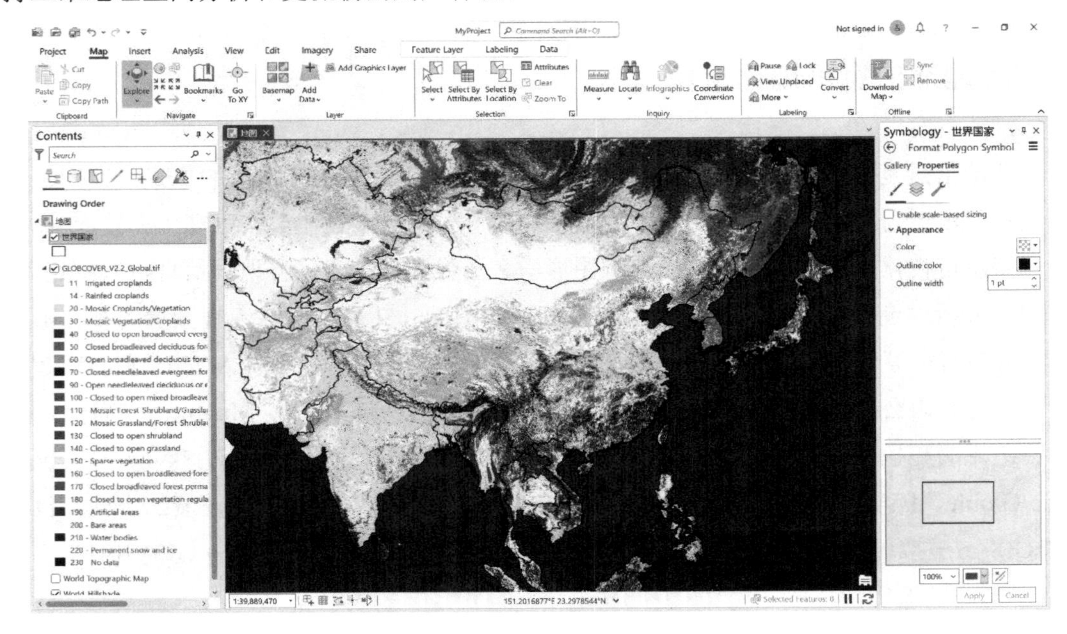

图 6-27　ArcGIS Pro 软件示例

（3）ArcGIS Online

ArcGIS Online 是一种云服务平台，用户可以在云中存储、管理和共享地理数据。它还提供了一系列的 Web 地图和应用程序模板，使用户能够创建自定义的地理信息产品。

（4）ArcGIS Server

ArcGIS Server 允许用户在企业级环境中发布、管理和分发 GIS 服务。这使得组织可以通过网络向用户提供实时地理信息数据和分析功能。

（5）ArcGIS Enterprise

ArcGIS Enterprise 是一个支持地理信息系统的全面平台，包括 ArcGIS Server、Portal for ArcGIS、ArcGIS Data Store 等组件。它提供了一种在企业内部部署和管理 GIS 服务的方式。

（6）ArcGIS Collector

ArcGIS Collector 是一款用于在移动设备上采集数据的应用程序。它允许用户在野外使用智能手机或平板电脑收集地理空间信息，并将其传输到 ArcGIS 平台。

（7）ArcGIS Survey123

ArcGIS Survey123 是一款用于创建和部署调查问卷的应用程序。用户可以使用该应用程序设计定制的问卷，并在移动设备上进行数据收集。

（8）ArcGIS StoryMaps

ArcGIS StoryMaps 是一种用于创建交互式地理故事的工具。用户可以结合地图、图表、多媒体等元素，讲述地理信息相关的故事。

6.3.2 QGIS 软件

QGIS（Quantum GIS）是开源地理信息系统桌面软件，使用 GNU（General Public License）授权，属于 OSGeo（Open Source eospatial Foundation）的官方计划。在 GNU 授权下，开发者可以自行检阅与调整程序代码，并保障让所有使用者可以免费且自由地修改程序。QGIS 由基于 Python 和 C++语言开发的核心功能组件以及功能插件组成，集成了地理空间数据抽象库（GDAL）。因此，QGIS 可以对栅格型和矢量型地理空间数据进行读取、处理、分析和可视化。

QGIS 支持的矢量数据格式：PostgreSQL/PostGIS 以及 OGR 函式库，包含 ESRIShapefiles、MapInfo、SDTS 和 GML。支持的栅格数据格式：GDAL 函数库，如 GeoTiff、Erdas Img、ArcInfo Ascii Grid、JPEG、PNG。此外，QGIS 还支持 GRASS 栅格与矢量数据，同时也支持在线 OGC 数据 Web Map Service（WMS）、Web Map Tile Service（WMTS）、Web Feature Service（WFS）。与 ArcGIS 类似，QGIS 也支持专题地图制作，除提供大量图例、绚丽的颜色方案外，同时也支持通过插件添加免费的电子地图（如 OSM 数据库）或遥感影像（如 Google Earth 影像）。

6.3.3 Google Earth/Google Earth Engine

（1）Google Earth

谷歌地球（Google Earth，GE）是一款谷歌公司开发的虚拟地球软件，它把卫星照片、航空照相和 GIS 布置在一个地球的三维模型上。用户可以通过下载客户端软件，免费浏览全球各地的高清晰度卫星图片 Google Earth 的卫星影像，是卫星影像与航拍的数据整合（图 6-28）。其卫星影像部分来自美国 DigitalGlobe 公司的 QuickBird（快鸟）商业卫星与 EarthSat 公司（美国公司，影像来源于陆地卫星 Landsat-7 卫星居多），航拍部分的来源有 BlueSky 公司（英国公司，以航拍、GIS/GPS 相关业务为主）、Sanborn 公司（美国公司，以 GIS、地理数据、空中勘测等业务为主）、美国 IKONOS 及法国 SPOT5。其中 SPOT5 可以提供分辨率为 2.5 m 的影像、IKONOS 可提供 1 m 左右的影像、而 QuickBird 就能够提供最高为 0.61 m 的高精度影像，是全球商用的最高水平。

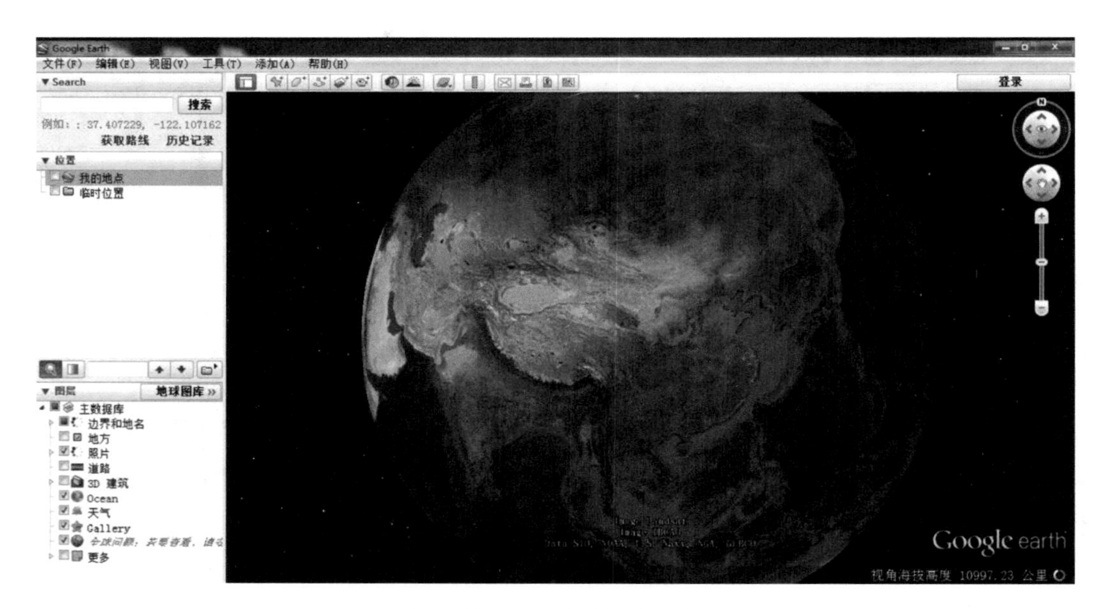

图 6-28　Google Earth 界面

Google Earth 采用的 3D 地图定位技术能够把 Google Map 上的最新卫星图片推向一个新水平。用户可以在 3D 地图上搜索特定区域，放大或缩小虚拟图片，然后形成行车指南。此外，Google Earth 还精心制作了一个特别选项——鸟瞰旅途，让驾车人士的活力油然而生。Google Earth 主要通过访问 Keyhole 的航天和卫星图片扩展数据库来实现这些上述功能。该数据库含有美国宇航局提供的大量地形数据，未来还将覆盖更多的地形，涉及田园、荒地等。

（2）Google Earth Engine

Google Earth Engine（GEE）是谷歌公司提供的全球尺度地球科学数据（尤其是卫星遥感数据）在线可视化计算和分析云平台。该平台能够存取和同步遥感领域目前常用的 MODIS、Landsat 和 Sentinel 等卫星图像和 NCEP 等气象再分析数据集，同时依托全球上百万台超级服务器，提供足够的运算能力对这些数据进行处理（图 6-29）。截至目前，GEE 上包含的数据集超过 200 个公共的数据集，每天新增数据量超过 4 000 幅影像，容量超过 50 PB。相比于 ENVI 等传统的处理影像工具，Google Earth Engine 在处理海量遥感数据方面具有不可比拟的优势，一方面 GEE 平台提供了丰富的计算资源，另一方面其巨大的云存储节省了科研人员大量的数据下载和预处理的时间。可以说，GEE 在遥感数据的计算和分析可视化方面代表世界该领域最前沿水平，是遥感领域的一次革命。

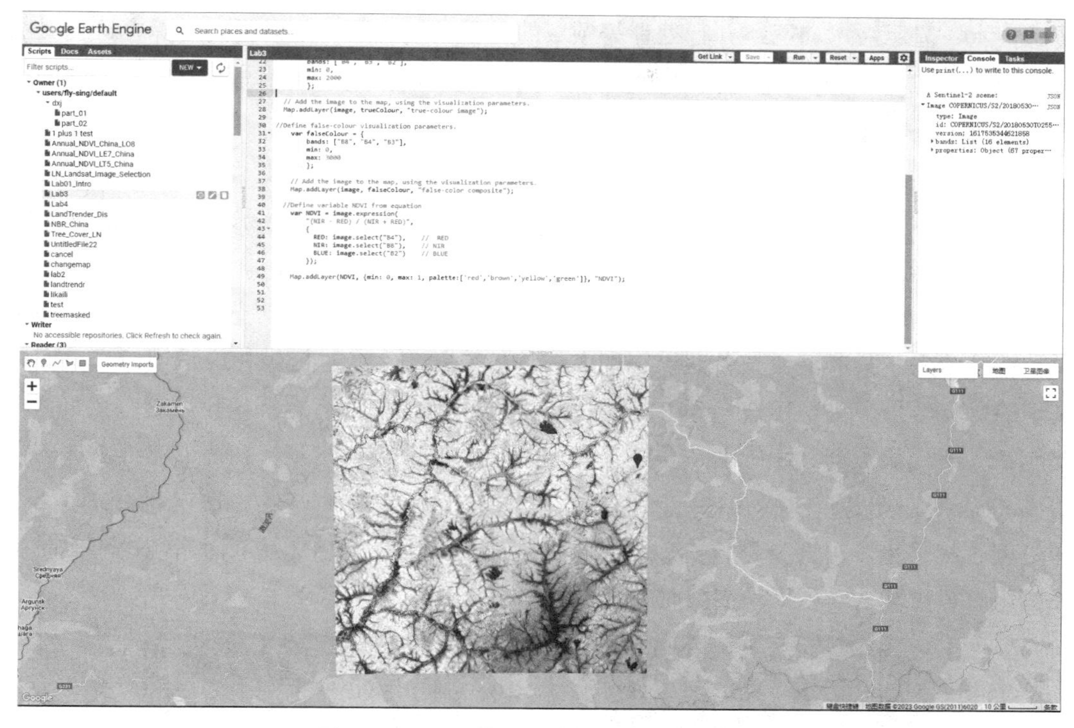

图 6-29　GEE 处理指定区域 NDVI 可视化

GEE 提供了基于 JavaScript 和 Python 语言的 API，前者是官方主推平台的编程语言，易于上手但在输入/输出和绘图可视化等方面存在不足，而 Python 作为目前最受欢迎的编程语言，能够弥补 JavaScript 在这方面存在的不足，且更方便批量处理和机器学习。近年来，GEE 正逐渐成为遥感大数据数据空间可视化的重要工具，在植被物候信息提取、森林健康状态监测、生态环境质量动态监测等领域产生了一系列的应用案例，极大提高了数据资产的高效管理。

6.4　虚拟现实技术

虚拟现实（virtual reality，VR）也称虚拟环境，是由美国 VPL 公司创建人拉尼尔（Jaron Lanier）在 20 世纪 80 年代初提出的，也称灵境技术或人工环境。VR 是利用计算机在特定范围内模拟生成逼真的视觉、听觉、触觉等一体化的虚拟环境，用户借助必要的设备以自然的方式与虚拟环境中的对象进行交互、相互影响，从而产生亲临真实环境的感受和体验。例如，用户进行位置移动时，电脑可以立即进行复杂的运算，将精确的三维世界视频传回产生临场感。

VR 是一项具有颠覆性的技术，集成了计算机图形技术、计算机仿真技术、人工智能、传感技术、显示技术、网络并行处理等领域的最新发展成果，是学科高度综合、交叉的新领域。VR 需要数据采集与获取、分析与建模、绘制与表现、传感与交互等多方面的技术支撑，涉及硬件平台与装置、核心芯片与器件、软件平台与工具、软硬件标准与规范，以及虚拟现实结合各行业领域的内容与应用系统。近年来，虚拟技术在各行各业都得到了不同程度的发展，并且越来越显示出广阔的应用前景，如虚拟战场、虚拟城市、“数字地球”等应用。

VR 具有沉浸感、交互性、构想性等特点。为了实现人机之间的充分交换信息，必须设计特殊输入工具和演示设备，以识别人的各种输入命令，且提供相应反馈信息，实现真正的仿真效果（图 6-30）。不同的项目可以根据实际的应用有选择地使用这些工具，主要包括头盔式显示器、跟踪器、传感手套、屏幕式、房式立体显示系统、三维立体声音生成装置。这些设备一方面让用户在视觉、听觉、触觉等方面产生身临其境的沉浸感，同时可通过手势、语音、身体追踪等技术与虚拟世界进行实时交互，而系统也将实时生成变化虚拟环境从而使用户突破时空局限获得更加流畅的体验。

图 6-30 虚拟现实设备

广义的 VR 还包括增强现实、混合现实和增强虚拟。如图 6-31 所示，增强现实（augmented reality，AR）是指将虚拟信息叠加到现实世界中，让用户在现实世界中看到虚拟信息。与 VR 不同，增强现实技术不会完全隔离用户于现实世界，而是让用户在现实世界中体验虚拟信息。混合现实（mixed reality，MR）是虚拟现实和增强现实的结合，它既可以将虚拟信息叠加到现实世界中，也可以将现实世界信息叠加到虚拟世界中，用户可以在虚拟世界和现实世界之间自由切换。增强虚拟（augmented virtuality，AV）是虚拟现实和增强现实的延伸，它可以将虚拟信息与现实世界信息进行交互，让用户在虚拟世界中体验现实世界的信息，也可以让用户在现实世界中体验虚拟世界的信息。

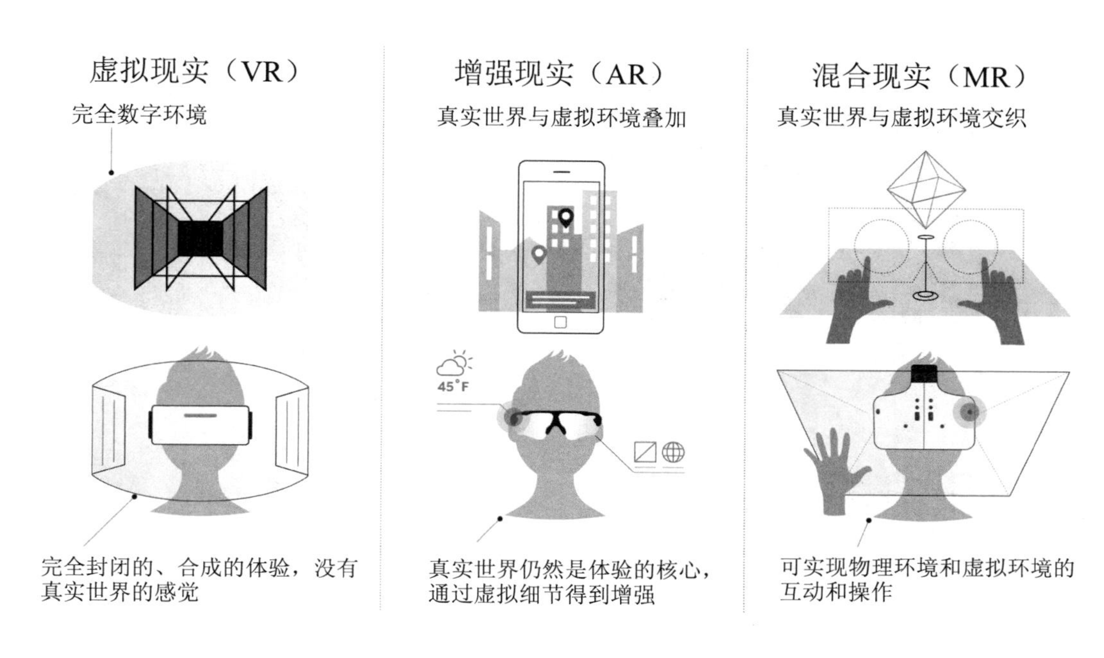

图 6-31　VR、AR、MR 示意图与区别

如表 6-2 所示，从逻辑关系上看，VR 是基础，AR 是对 VR 的补充，MR 是 VR 和 AR 的结合，AV 是 VR 和 AR 的延伸。具体来说，VR 和 AR 是两种相对独立的技术，它们可以单独使用，也可以结合使用。MR 是 VR 和 AR 的结合，它可以将两种技术的优势结合起来。如图 6-32 所示，VR、AR、MR 也可总称为扩展现实（extend reality，XR）。

表 6-2　4 种虚拟现实技术的对比

技术名称	简称	虚拟世界	现实世界	融合程度
虚拟现实	VR	完全虚拟	完全隔绝	完全
增强现实	AR	叠加	存在	部分
混合现实	MR	融合	存在	部分
增强虚拟	AV	存在	存在	部分

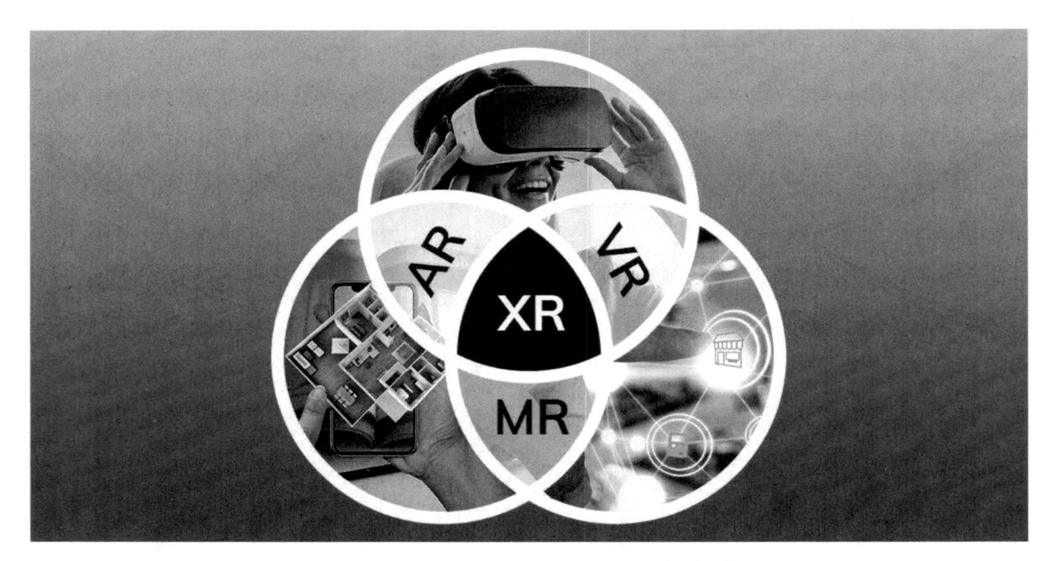

图 6-32 VR、AR、MR、XR 逻辑关系

6.4.1 VR 系统组成

VR 系统主要由专业图形处理计算机、应用软件系统、输入设备和演示设备等组成，其核心是与 VR 眼镜相关的计算机技术，主要有 3 个方向，分别是显示技术、定位技术和识别技术，如图 6-33 所示。

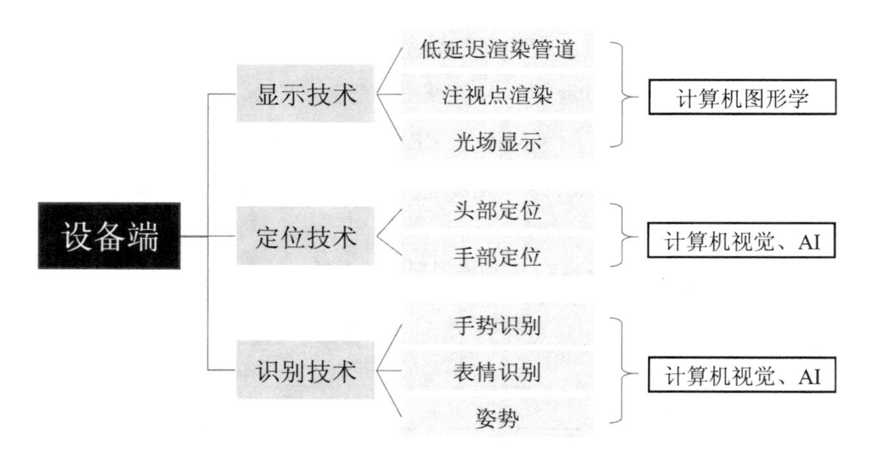

图 6-33 VR 系统端技术构成

6.4.2　VR关键技术

（1）显示技术

显示设备是VR系统的核心，它负责将虚拟世界呈现给用户。目前VR设备的显示技术有三大类：外接式头显（pcvr、psvr、oculus）、一体机、手机盒子，常用的显示设备包括头戴式显示器（HMD）、立体显示器（3D display）和投影显示器（projector）等。这3类设备用到的操作系统都是基于现有计算设备的系统，所以从系统层面并没有引入新的技术，但是在显示层面，它的技术却复杂许多。当游戏引擎渲染出一个VR画面后，并不能像手机、电脑等直接上屏，还需要经过反畸变、合成、位置预测等过程，才能上屏。这需要用到计算机图形学和操作系统相关的知识。此外，为了提高渲染的效率，还需要引入注视点渲染技术（图6-34、图6-35）。

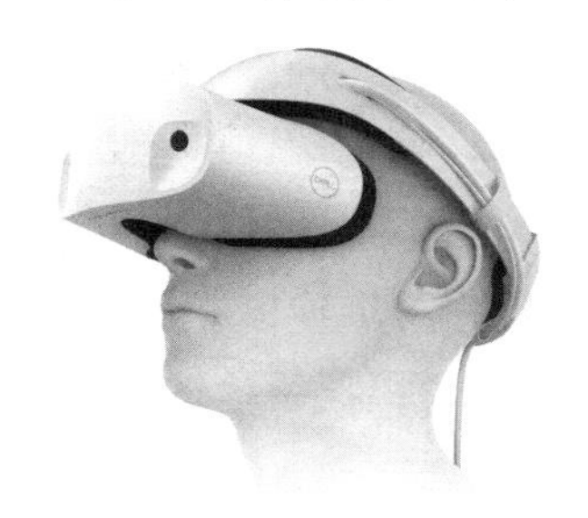

（a）头戴式显示器（HMD）

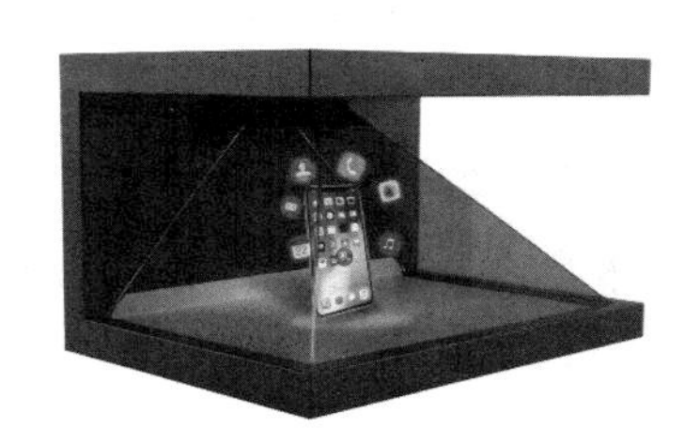

（b）立体显示器

（c）投影显示器

图6-34　VR系统显示设备

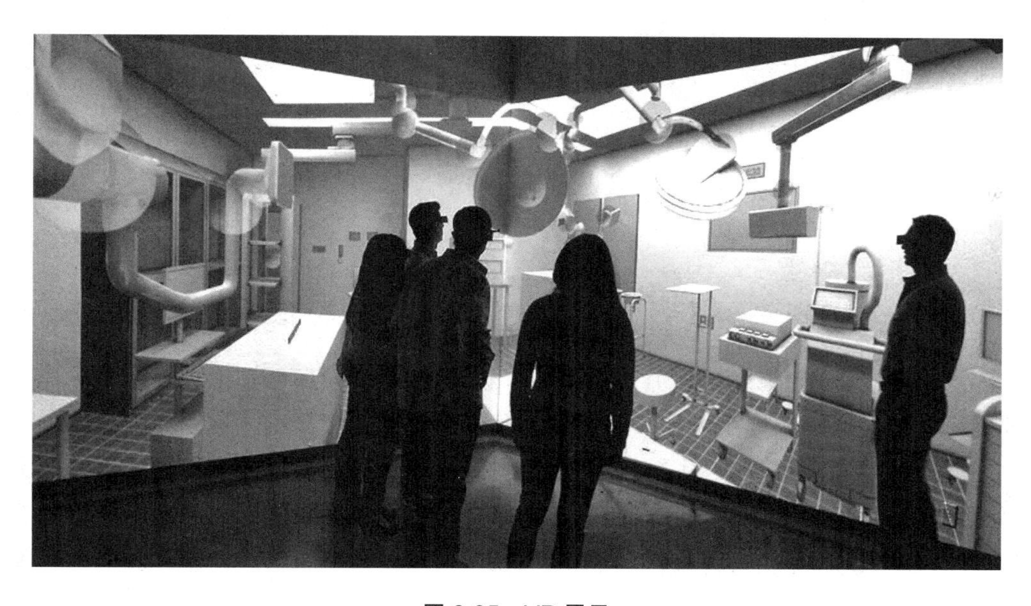

图6-35　VR展示

（2）定位技术

定位技术用于确定用户在虚拟世界中的位置和方向，可以让用户在虚拟世界中进行更加真实和沉浸式的交互。VR 中图像的生成，主要依赖于定位的准确性。常用的 VR 系统定位技术包括：

1）光学定位：利用摄像头或传感器来捕捉用户在现实世界中的位置和方向。光学定位技术的优点是精度高，缺点是容易受到光照条件的影响。

2）惯性定位：利用陀螺仪、加速度计等传感器来测量用户的运动状态。惯性定位技术的优点是实时性高，缺点是容易积累误差。

3）混合定位：将光学定位和惯性定位等技术结合起来使用。混合定位技术的优点是兼顾了精度和实时性。

（3）识别技术

VR 系统中的识别技术是指识别用户的输入信息的技术。为了能对用户的动作指令做出响应，需要对人体的姿态进行识别。包括手势识别、身体姿态识别、表情识别、眼动追踪等。常用的虚拟现实系统识别技术包括以下几种：

1）手势识别：手势识别技术可以识别用户的手势，并将其转化为虚拟世界中的操作。手势识别技术主要用于游戏、娱乐等领域。主要通过佩戴手套或者根据手柄的按键，靠硬件识别，也可基于计算机视觉进行识别。

2）眼球追踪：眼球追踪技术可以识别用户的视线方向，并将其用于虚拟世界的交互。眼动追踪主要是靠计算机视觉来做，也有靠眼部肌电信号进行眼动追踪的方法，主要用于工业、医疗等领域。

3）身体姿势识别：可利用摄像头通过机器视觉方法捕捉用户身体的姿势信息或者通过传感器进行硬件识别。

4）表情识别：主要是用计算机视觉来做，也可以在脸上贴片进行面部轮廓示踪。

5）语音识别：语音识别技术可以识别用户的语音，并将其转化为虚拟世界中的命令。语音识别技术主要用于游戏、娱乐等领域。

6.4.3 VR 技术在生态环境领域的应用

VR 技术在生态环境保护与治理领域也受到了越来越多的关注，在生态环境监测、生态环境规划、环境保护宣教等领域在国内外得到了广泛的应用。

1）中国国家公园 VR 体验系统：中国自然资源部开发了“国家公园 VR 体验系统”，可以让用户身临其境地感受国家公园的自然风光，激发人们的保护意识。用户可以在虚拟环境中观赏国家公园的壮丽景观，了解国家公园的动植物资源，并学习如何保护国家公园的生态环境。

2）中国城市生态环境虚拟现实模拟系统：中国科学院生态环境研究中心开发了“城市生态环境 VR 模拟系统”，可以模拟城市的生态环境变化，帮助城市规划人员制定科学的生态环境保护和治理方案。用户可以在虚拟环境中看到城市的绿化覆盖率、空气质量、水质等数据，并根据这些数据进行规划和决策。

3）美国珊瑚礁虚拟现实项目：美国国家海洋和大气管理局（NOAA）开发了“Coral Reef VR”项目，使用 VR 技术让用户沉浸在珊瑚礁的虚拟世界中，了解珊瑚礁的构成、功能和保护的重要性。用户可以在虚拟环境中漫游珊瑚礁，了解珊瑚礁的多样性，并学习如何保护珊瑚礁免受破坏。

4）南非野生动物保虚拟现实项目：南非野生动物保护组织开发了 VR 项目，让用户体验濒危野生动物的生活环境，了解野生动物面临的威胁，并学习如何保护野生动物。用户可以在虚拟环境中与大象、狮子、犀牛等野生动物互动，并了解这些野生动物的习性。

5）澳大利亚海洋污染虚拟现实教育项目：澳大利亚海洋保护组织开发了 VR 教育项目，让学生体验海洋污染的严重后果，了解如何减少海洋污染。用户可以在虚拟环境中看到被塑料垃圾污染的海洋，了解海洋污染对海洋生物和人类健康的影响，并学习如何减少一次性塑料的使用。

6）全球气候变化 VR 虚拟体验：多个组织开发了 VR 虚拟体验，让用户体验气候变化的影响，了解如何应对气候变化。用户可以在虚拟环境中体验海平面上升、极端天气事件等气候变化现象，并学习如何减少碳排放量，保护地球环境。

6.4.4 VR 技术面临的挑战与困难

大规模 GPU/CPU 并行计算技术和硬件系统的迅猛发展极大提升了大规模图形处理能力和精细渲染水平，使得 VR 应用能够呈现更加逼真、流畅的虚拟环境，大幅提升用户体验。VR 在改变人们的互动方式、医疗、设计、娱乐等领域产生了深远影响，但同时也面临着一系列的挑战与困难。以下是当前 VR 技术发展所面临的一些主要问题：

1）硬件成本与性能：VR 设备的硬件成本仍然是一个重要的挑战，尤其是高质量、高性能的头戴式显示器和传感器。为了提供更好的用户体验，需要不断提升硬件性能并降低成本。

2）运动感知与交互：目前的 VR 设备对用户的运动感知和交互仍有局限性。解决这一问题需要更先进的传感技术和更智能的交互设计，以更自然地模拟用户的动作和手势。

3）运动症状与眩晕：一些用户在使用 VR 设备时可能出现晕动症状，即运动症状或眩晕感。这一问题的解决需要更好的运动追踪和创新的 VR 交互设计，以减轻用户的不适感。

4）内容创作与应用：尽管 VR 内容在娱乐、教育和培训方面已经取得了一些成功，但仍然需要更多高质量、多样化的内容。内容创作者需要适应 VR 特有的创作方式，并开发吸引人的虚拟体验。

5）社会隔阂与安全问题：使用 VR 技术可能导致用户在虚拟世界中感到与现实世界的隔阂。此外，也存在一些安全和隐私问题，如 VR 中的身份验证和数据安全。

6）标准化和互操作性：目前，VR 行业缺乏统一的硬件和软件标准，这使得不同厂商的设备和应用之间的互操作性较差。标准化的推进有助于创建更广泛、更兼容的 VR 生态系统。

7）长时间使用的舒适性：长时间使用 VR 设备可能导致眼部疲劳、头痛和其他不适感。未来的发展需要更舒适、轻便的硬件设计以及更智能的调整机制，以减轻使用者的不适。

8）教育和培训的认可：VR 在教育和培训中的应用正逐渐增多，但学术界和企业界需要更多时间来认可 VR 作为有效的学习工具，同时解决虚拟和现实之间的认知差异。

参考文献

[1] 郭彦龙，赵泽芳，乔慧捷，等. 物种分布模型面临的挑战与发展趋势[J]. 地球科学进展，2020，35（12）：1292-1305.

[2] Keim D A，Hao M C，Dayal U. Pixel bar charts：a visualization technique for very large multi-attribute data sets [J]. Information Visualization，2002，1（1）：20-34.

第 7 章

生态环境大数据平台

生态环境大数据平台，集成空-天-地多源多维度的海量环境数据，聚合海量数据分析与挖掘的先进模型与算法，面向各级生态环境管理部门水-气-生单要素及跨要素的环境监管急需业务，提供问题发现与诊断、态势分析与研判、污染溯源与管控、变化预测与预警、成效解析与评估等数据分析与方案定制服务，解决海量环境数据堆积闲置、难以实现价值的问题，帮助多级环境监管部门全面提升业务水平和服务能力，为新时代生态环境保护管理与决策提供支撑。

7.1 平台架构

生态环境大数据平台系统通常采用多层架构设计，主要包括数据层、支撑层、应用层和服务层，以软硬件环境、综合管理、接口、信息服务、身份认证、可视化等串接管理使其成为一个有机整体。在数据层，构建数据存储系统，集成卫星遥感、地面监测、地理基础、气象、社会经济等相关数据；在支撑层，构建数据处理与模型研发系统，实现多源数据处理与模型工具研发，调用并处理相关数据支撑相应业务分析模块运行；在应用层，构建业务应用系统，针对不同环境部门的监管业务，发现问题、污染溯源、风险分析、情景模拟、预测预警等专有业务分析模块，满足多级环境监管部门的数据分析与业务管理需求；在服务层，构建产品服务系统，基于业务应用系统的算法或模型，生产共有或用户定制的专题服务产品，直接服务于有关部门环境监管与高效决策。平台总体架构设计如图 7-1 所示。

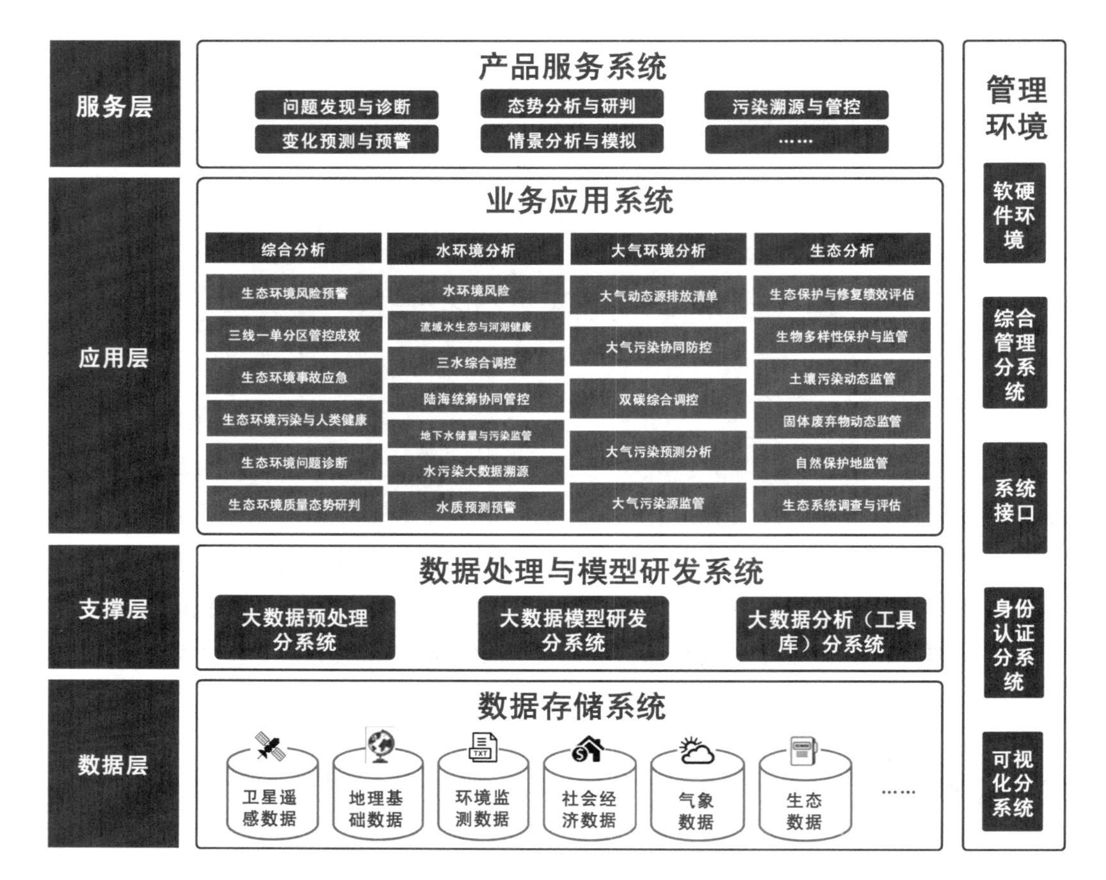

图 7-1　生态环境大数据平台架构示意图

7.2　数据存储系统（数据层）

数据库系统负责管理所有数据对象，实现海量生态环境数据的智能存储、高速抽取、高效处理，为业务运行系统提供数据支撑。鉴于生态环境数据类型复杂多样（涉及文本、图片、影像、视频等），可采用 MySQL 等免费数据库与 Oracle 等商业数据库相结合的方式统一对所有数据进行管理。数据库的管理主要包括数据预处理、数据质检、数据入库、数据浏览展现、数据查询、数据下载、数据统计、数据编目管理、数据集管理、元数据管理等功能。

依据数据内容、类型和应用方式的不同，数据库具体包括卫星遥感子数据库、环境质量监测子数据库、自然-社会经济子数据库、政策法规标准子数据库 4 个部分。

（1）卫星遥感子数据库

国内外多光谱遥感（Landsat、MODIS、Sentinel、SPOT、资源、高分等系列）、高光谱遥感、高空间分辨率遥感（米级及亚米级）、雷达遥感、近地无人机遥感等原始光谱、植被指数及产品数据。

（2）环境质量监测子数据库

国家、省、市、县级环境空气质量监测站点、河流/湖泊/海洋等自然水体水质断面的在线监测数据，保护区、生态功能等调查、监测、统计数据，重点工业源排放在线监测数据，污染源排放清单，污染源普查等数据。

（3）自然-社会经济子数据库

地形地势、行政区划、植被类型、人口分布、河网水系、土地利用等自然地理基础数据，自然保护区、饮用水水源地保护区、重点资源开发区和工业园区等区域的边界数据和属性信息，气候、水文、洋流、气象等监测与模拟数据，工业源、交通路网、固体废物产生量及分布情况等。

（4）政策法规标准子数据库

国家、地方、行业级别的法律法规、政策规划、规范指南，生态环境基础标准、生态环境质量基准、生态环境质量标准、污染物排放标准、污染物总量控制标准等。

数据的接入方式分以下几种情况：①对于实时更新的卫星遥感数据，通过与第三方数据公司或卫星数据分发机构签订协议，定期自动推送相关数据入库；②对于更新较慢的地理基础、调查普查、排放清单、社会经济、政策法规标准等数据，通过线上、线下收集或有偿/无偿联系索取等方式获取；③对于环境质量线上、线下监测数据，可公开的通过相关渠道索取、下载或购买，不可公开的在许可局域网内处理；④对于网络舆情数据，可通过线上爬取的方式定期更新入库，但由于时效性和存储要求，陈旧数据会被逐次覆盖。

7.3 数据处理与模型研发系统（支撑层）

数据处理与模型研发系统是利用高性能、高可扩展性、高可用性的云计算技术，通过分布式存储与并行计算模型，实现生态环境海量数据的高速处理和智能挖掘以及业务产品的批量生产。数据处理与模型研发系统包括大数据预处理分系统、大数据模型研发分系统及大数据分析工具分系统。

（1）大数据预处理分系统

针对来自卫星遥感、物联网感知、互联网、移动平台等的文本、信号、图像、视频等结构化、半结构化、非结构化生态环境数据，发展有针对性的数据自动化预处理体系，以摒弃一些与数据分析目标不相关的属性，为分析和挖掘提供干净、准确、有针对性、便于实施的数据，提高数据分析效率和准确度。根据不同的环境场景、数据源和应用目标，生态环境大数据的预处理主要包括：①数据集成，对接入的实时数据进行格式转换、异常警告、数据落库等初步操作，以标准格式导入数据库系统；②数据抽取，通过全量抽取和增量抽取的方式将持续不断更新的分布式、异构数据抽取到目标文件、数据仓库或数据中心；③数据清洗，通过缺失值处理、噪声光滑、离群点识别、数据纠偏、重复记录筛查去除等技术，为生态环境专题应用提供质量高、噪声少、数据标准的数据源；④数据融合，为满足生态环境长时序、多频次、大范围、高精度的监测需求，根据应用目标，对多源遥感数据在原始层、特征层以及决策层等进行数据融合，提高数据的信息维度和深度，同时实现缺失数据的有效插补；⑤数据同化，在进行模型模拟与预测时，融合时空上离散分布的、不同来源的、不同分辨率的直接或间接观测信息来自动调整模型轨迹，从而改善动态模型状态的估计精度。设置并行分析引擎，将数据以文件为单位或数据块为单位分发到大数据管理平台中的各个节点上进行并行分析处理，提高分析效率。

（2）大数据模型研发分系统

大数据分析模型可以基于传统数据分析方法中的建模方法建立，也可以采用面向大数据的独特方法来建立。根据具体业务应用需求，调取或接入相关数据，研究人员首先通过浏览数据发现一些可能的、潜在的关联性，基于分析目标选择模型自变量，定义模型因变量。其次，从大数据分析工具库或模型库中，选择若干备选模型，根据需求或者数据的形式，通过聚类、学习等方式来确定模型参数。最后，基于独立样本数据的结果评价，结合专业人员的业务解释，分析模型的精度和可靠性。有些情况下，需要根据模型评估结果迭代修改模型形式，直至取得预期结果。模型建立并验证以后，封装进入工具库，用于同一问题或业务的典型应用。

（3）大数据分析工具分系统

针对生态环境大数据的多源异构特性，整合能够处理复杂文本格式的数据处理与建模工具，包括但不限于传统机器学习工具库、深度学习基础工具库、智能认知工具库、智能感知工具库、评测工具库、预训练模型库、强化学习工具库、生态环境知识库等（表 7-1），让开发者和用户可以通过简单组合或离线自建，完成模型设计、训练、测试、部署的全部过程，实现对业务应用系统各模块的有效支撑和产品服务。

表 7-1 机器学习工具库

工具库类型	工具库说明
传统机器学习工具库	SVM、随机森林、决策树、K 近邻、K-Means 等
深度学习基础工具库	包括全连接网络、非线性激活函数、Normalization、Conv（卷积操作）、Pool（池化操作）、Padding、RNN、GRU、LSTM、Transformer、Attention 等基础模型与工具

工具库类型	工具库说明
智能认知工具库	包括文件操作、文本清洗、分词、关键短语抽取、停用词过滤、词典加载、分句、地址解析、地名识别、情感分析、词汇分析、实体识别等自然语言处理模型与工具
智能感知工具库	包括 AlexNet、VGG、ResNet、SqueezeNet、DenseNet、Fast R-CNN、Mask R-CNN、RetinaNet 等机器视觉常用的模型，进行图像识别与分类、目标检测、语义分割、图像标注等任务
评测工具库	包括 Accuracy、Precision、Recall、F1、AUC、ROC、Cos-Similarity、MAE、RMSE、BLEU、Rouge 等回归或者分类评测指标的计算工具与接口
预训练模型库	包括 GPT、Transformer-XL、Reformer、XLNet、BERT、XLM、Longformer、T5 等常用的预训练大模型工具
强化学习工具库	包含 DQN、Policy Gradient、Actor-Critic、DDPG、SAC、A2C、A3C、TRPO 等强化学习常用优化算法与工具
生态环境知识库	水知识图谱、大气知识图谱、生态知识图谱等

7.4　业务应用系统（应用层）

针对水、气、土、生等多个生态环境要素的日常管理、应急处置与综合决策等业务需求，以用户提供的专有数据或者相应的共有数据为基础，从平台模型库中筛选适合的、已训练好的大数据模型，或者利用工具库中的、适合的多元模型工具，独立或组合构建适用于特定场景的大数据模型，解决用户提出的科学问题或者管理需求。根据环境要素的复杂性，可分别设置水、气、生等业务子系统及涉及多个要素的综合子系统，面向不同的业务管理领域设置具体的业务管理模块，有针对性地提高环境监管效率和科学性。

（1）综合大数据分析

面向生态环境诸要素共性或跨要素综合的业务管理需求，针对生态环境系统组成成分的复杂关联性，利用大数据在多变量、全尺度、总样本方面的关联分析优势，开展生态环境质量评估/态势研判、生态环境时空变化与多维表征、生态环境问题/线索筛查与识别、生态环境问题成因与驱动力分析、生态环境风险大数据预警、“三线一单”分区管控成效大数据分析、生态环境事故应急大数据分析等大数据综合分析业务，实现对生态环境复杂过程的全面认识，为生态环境综合管理和调控提供决策建议。

（2）水环境大数据分析

面向生态环境厅（局）水生态环境管理部门的海洋、湖泊、河流污染防治监管业务，基于水质、水量、水生态“三水”的交互耦合作用机制，通过大数据建模，开展重点水域污染源-水质的响应关系分析、水环境质量预测预警、水环境风险大数据分析、流域水生态健康大数据分析、水量-水质-水环境综合调控大数据分析、陆海统筹协管大数据分析、地下水储量与污染监管，实现流域水环境问题的风险预警、精准调控、统筹管理，提高区域水环境质量监测与管理的整体水平。

（3）大气环境大数据分析

为支撑生态环境厅（局）大气环境监管部门大气污染防治、区域联防联控、重污染天气应急处置和污染物排放总量控制等急需业务，解决区域大气复合污染成因不明、监管低效的问题，研发基于机器学习的大型工业源/园区与空气质量关系、大气污染源精细化动态监管、大气重污染来源解析、高精度三维空气质量预测预警、$PM_{2.5}$ 与 O_3 污染协同管控、减污降碳协同治理等分析系统等，厘清大气污染过程的复杂机制，提高大气重污染的成因判别、系统管控、碳源汇核算的效率。

（4）生态大数据分析

传统的基于地面调查的手段，难以满足生态监管部门对地表土地利用高效监管及参数精准估算的要求，利用遥感大数据的广覆盖性和高时效性，结合智能、快速的机器学习自处理技术，实现对人类干扰活动与生态系统受损、生物入侵监测与预警、土壤污染时空变化动态、固体废物时空分布动态、生物多样性时空变化动态、生态价值量与生态补偿、生态系统碳汇、生态保护与修复绩效评估等业务，提高生态保护与恢复的评价体系和监管模式。

7.5 产品服务系统（服务层）

面向各级政府、生态环境保护部门、科研人员和社会公众，在安全、可靠、高效的前提下，通过生态环境大数据分析业务网和互联网，提供多层次、多类型交互式信息服务，在线发布各类生态环境大数据分析信息及专题、应用产品，包括大数据基础数据集、专题图集和应用分析报告。专题产品包括但不限于以下几种。

（1）环境质量时空变化分析评价产品

环境质量时空变化分析与综合评价是协调经济开发与环境保护之间关系，实现可持续发展的重要手段。利用生态环境大数据技术提供不同时间尺度、不同网格尺度的环境质量现状评价结果，整合水、气、生、土、固废等各种污染防治相关要素，实现环境质量的优劣程度及其时空演变特征研究，为我国环境保护提供科学依据和决策支持，使国家的环保政策更具有针对性、合理性。

（2）环境要素关联分析产品

生态环境质量变化离不开各环境要素数据的共同作用，获取要素之间的关联关系从而进行重要环境污染要素的预测预报，是一个亟待解决的问题。通过分析不同维度（时间、空间）生态环境要素之间及生态环境与社会经济要素之间的关系，提供包含水、气、生、土、固废等各环境要素之间的相关系数、关联特征、协同影响特征与变化特征等信息，确定各个环境要素的耦合关联度及其与环境质量之间的逻辑关系，为环境质量规划布局、环境整治提供相应的数据支撑。

（3）环境污染过程及影响三维模拟产品

在了解环境质量的现状基础上，开展污染过程模拟，构建三维模拟产品，是揭示环境要素污染过程内部驱动机制及源头追踪的关键。从三维角度真实再现环境污染过程，能够详细刻画水、大气等污染的立体过程、强度与辐射范围等，有助于辅助分析环境要素污染过程内部驱动机制，为开展生态环境污染成因解析提供技术支撑。随着遥感大数据与计算机性能的不断提升，该产品可为环境质量改善提供新的技术方法和模型框架。

（4）生态环境问题与督察线索自动判别产品

以遥感、大数据技术为支撑，定期开展国家自然保护区、生态红线、重点流域等重要区域生态环境监测，做到对大量疑似问题的主动、及时发现是生态环境监管的趋势。该产品综合应用卫星、无人机、物联网、大数据统计分析等技术，实现大范围、定量化、同步生态环境监测，实时提供生态环境问题线索、实现重大污染源自动判别，发布污染发生的可能线索与位置信息，提高生态环境问题发现与督察的时效性。

（5）污染源感知与溯源产品

采用可靠有效的污染源感知与追溯方法对污染事件进行追溯研究是当前生态环境治理面临的主要问题。基于大气、水体等监测信息，快速、有效、准确地对污染事件进行追溯，以获知污染源的必要历史信息（致污位置、致污量和污染传递过程），可为污染事件风险评估、应急调控和生成处置预案、环境监管等提供决策支持。通过整合优化物理化学过程、气象、交通和社会经济等各类模型，实现智能化信息感知与溯源探测，提供潜在污染发生位置、污染强度、影响范围与可能的污染源等信息，实现环境污染快速感知、可靠溯源与高效监管。

（6）环境污染与生态系统受损分析产品

环境污染与生态系统损害评估作为环境管理的技术手段，在我国尚处探索阶段，没有形成一套有效评估方法。利用大数据、信息挖掘与云计算等技术手段，通过生态环境污染前后环境质量时空变化分析与溯源、生态系统结构与功能变化指标特征提取与对比等全过程分析，提供环境污染前后社会经济损失估算与生态系统受损分析等信息，为开展环境管理损失评估提供技术与数据支撑。

（7）环境风险智能预警产品

快速搜集和处理环境风险、环境污染事件、环保举报、社会舆论等海量数据，形成环境污染事故模拟预警能力，提高环境应急指挥、处置的力度与水平是降低环境风险的重要手段。利用大数据、云计算等技术手段，通过环境质量时空变化分析、生态环境问题自动判别与污染源感知和溯源等全过程分析，提供潜在污染的环境风险地域范围、持续时间、变化过程与污染风险等级等信息，从而实现环境风险预警。

（8）全景式生态环境态势研判产品

基于生态环境大数据分析与挖掘技术，对生态环境质量、污染源、生态状况等进行关联分析与综合研判，给出主要环境要素因子（如大气、水环境质量）的变化状况、未来动态趋势与相应的预警信息。通过整合水、气、生、土、固废等各种污染防治相关要素风险评估与筛查，强化生态环境多要素态势研判能力，利于生态环境与经济社会、气象水文、互联网等数据资源深度融合利用，提升生态环境政策法规、规划计划、标准规范等制定的科学性。

（9）环境管理决策辅助产品

基于生态环境变化情景大数据分析能力与生态环境形势综合研判，结合实际分析生态环境变化状况，为生态环境管理决策部门提供不同经济社会发展条件与污染排放情景下的环境变化可能状况、主要工作方向、调整思路、建议措施与变化预测等辅助决策信息，有助于提高环境管理决策的预见性、针对性和时效性。

（10）生态环境保护成效定量评估产品

科学评估生态环境保护成效，对于确保相关保护政策实施的效果，以及开展多尺度利益相关者成本效益分析等具有十分重要的意义。利用生态环境大数据技术提供突发性污染防治、污染指标跟踪变化、评估指标数据来源、绩效考核指标现状与变化、成效评估结果与等级等信息，强化目标责任考核和绩效评估，从而实现环境污染治理成效和目标责任绩效的定量分析和科学评估。

7.6 管理环境

7.6.1 软件环境

生态环境大数据基础软件包括操作系统、Java 运行环境及 Java 项目管理工具、Python 运行环境及环境管理工具、Web 服务器软件、容器引擎软件、全文检索软件、GIS 软件等（图 7-2）。

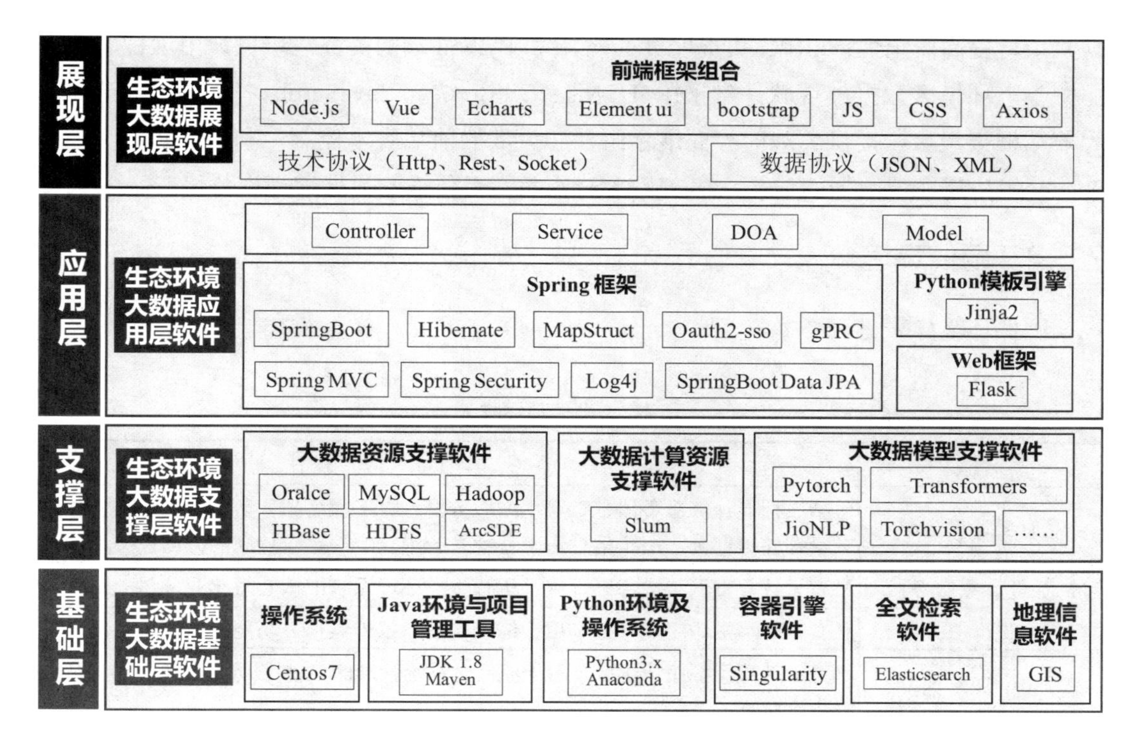

图 7-2　软件架构

生态环境大数据支撑软件通常包括大数据资源支撑软件、大数据计算资源支撑软件和大数据模型支撑软件 3 类。大数据资源支撑软件中关系型生态环境数据库常采用 Oracle 和 MySQL，支撑环保大量监管、审批、环境质量等业务数据，对基础生态环境数据产品、固定报表业务以及商务智能应用提供数据支撑；半结构生态环境数据库可采用 HBase 对气象、互联网舆情、Web 及社交媒体等海量半结构生态环境数据进行存储；HDFS 作为分布式文件存储系统，可以存放大量复杂格式文件（如环评审批附件、公文、监控视频、标准规范及大数据分析过程中产生的中间过程、结果文件等）。大数据计算资源支撑软件用于计算资源分配、集群管理和作业调度，如 Slurm。大数据模型支撑软件用于大数据模型构建与运行的基础框架，如 Pytorch、Torchvision、Transformers 等机器学习模型库。

生态环境大数据应用软件可采用 Spring 框架，其中 Hibernate 负责加载生态环境数据，并将生态环境数据持久化到数据库；JPA 实现数据库的持久化，可以通过函数式的调用实现与数据库的交互；Spring 负责对象的依赖注入及面向切面的日志处理、事务处理；SpringBoot 实现对 Spring 进行快速配置，提高开发效率；SpringMVC 是应用的 MVC 框架，即把一个应用的输入、处理、输出流程按照 Model、View、Controller 的方式进行分离，将单个应用划分为模型层、视图层、控制层；Spring Security 和 Oauth2-sso 负责登录注册模块，包括登录鉴权和单点登录；MapStruct 实现 VO 和 Entity 的互相转换，减少数据冗余，提高安全性；gRPC 负责项目 Java 端和 Python 端的交互，可以调用远程服务。

生态环境大数据展现软件常采用 HTML&CSS，结合 JavaScrpit、VUE、ElementUI 等前端框架组合，提供美观的界面展示组件和灵活的前端脚本控制，利用 Http、Rest、Socket 等协议实现数据的传输，JSON/XML 则负责对传输的数据进行规范化。

7.6.2 硬件环境

硬件环境样表见表 7-2。

表 7-2 硬件环境样表

名称	用途
私有云计算资源	包括高性能计算服务器、综合生产服务器、Web 服务器、数据库服务器、文件共享存储等部分，用于运行生态环境系统中安全性要求较高的关键业务
高性能计算服务器	私有云计算资源组成部分，用于运行生态环境系统中核心敏感业务
综合生产服务器	私有云计算资源组成部分，用于综合制图、报告制作等功能
Web 服务器	私有云计算资源组成部分，用于提供对系统管理的 Web 服务，方便管理人员查看生产状态
数据存储服务器	私有云计算资源组成部分，用于存储生产数据索引信息以及生产相关信息
公有云计算资源	用于运行生态环境系统中不敏感业务，作为私有云计算资源的动态弹性补充

7.6.3 综合管理分系统

综合管理分系统是生态环境大数据应用服务系统的数据处理、数据管理、业务生产以及业务运行调度的核心和中枢神经，由任务管理子系统、模型管理子系统以及系统监控子系统组成。

（1）任务管理子系统

任务管理子系统是综合管理系统的信息枢纽和运行调度中心。主要负责接收业务应用系统提交的生态环境大数据处理、归档、提取、生产等任务，进行任务汇总分析，根据重要性原则制定产品生产计划单，指挥整个系统主体业务的运行，并闭环跟踪任务的完成情况。

（2）模型管理子系统

模型管理子系统基于统一的插件开发标准，负责插件管理、业务流程搭建、产品分类和配置，同时支持人机交互操作、自动化、服务端运行等业务插件的注册机制，实现生态环境大数据分析业务模块的集成管理。通过平台基础框架，结合业务模块的功能建模，实现功能动态定义，达到客户端、服务端处理能力的高效应用。通过对大数据分析功能的业务组装，形成各类生态环境大数据分析业务工具软件，形成独立的业务工作台。

（3）系统监控子系统

系统监控子系统负责监控各子系统/模块设备的工作状态和业务执行状态，同时实现业务流程运行状态、计划执行状况等综合信息的显示。为了合理有效地利用计算资源和存储资源，应用系统采用各子系统计算资源、存储资源共享的方式，由监控子系统负责对应用系统计算资源、存储资源、网络资源进行统筹管理，保证常规模式和应急模式下产品生产任务的顺利实施。同时，收集服务、系统、平台的运行信息，评估并进行故障预告预警，协助生成解决方案。

7.6.4　系统接口

（1）集群服务接口

集群服务接口见表7-3。

表7-3　集群服务接口样表

类型	接口	功能
集群资源管理接口	集群管理接口	为用户提供获取集群列表、设置集群状态、设置集群运行条件等功能的调用接口
	分区管理接口	为用户提供获取分区列表、创建分区、删除分区、检索分区、更新分区等功能的调用接口
	节点管理接口	为用户提供获取节点列表、检索节点、更新节点等功能的调用接口
任务管理接口	作业管理接口	为用户提供获取作业列表、获取作业信息、更新作业信息、删除作业、提交作业等功能的调用接口
	容器管理接口	为用户提供获取容器列表、创建容器、检查容器、导出容器、获取容器资源使用情况、运行容器服务、终止容器服务等功能的调用接口
辅助管理接口	镜像管理接口	为用户提供获取镜像列表、创建镜像、检查镜像、删除镜像等功能的调用接口
	插件管理接口	为用户提供获取插件列表、安装插件、检测插件、删除插件、升级插件等功能的调用接口

（2）数据交互接口

数据交互接口见表7-4。

表 7-4 数据交互接口样表

类型	接口	功能
数据集成接口	离线数据集成接口	将满足信息条件的基础环境数据以离线数据包的形式提供基础数据服务，包括一次性和定期提供两种服务方式
	实时数据集成接口	对于数据需要实时更新的数据，采用数据中间库（或者影子表）方式实现数据采集
	批量数据集成接口	通过 ETL 管理工具将分散存储的数据以 ETL 数据导入包的形式定期自动或手动集成到数据库中
数据交换与加工接口	数据交换接口	数据交换接口是实现各接口系统之间互联互通的核心平台，负责与不同业务系统、不同网络之间的消息传递，为环境管理各应用系统之间的信息交换、外部数据的集成与共享提供统一的数据传输渠道
	数据加工接口	面向用户提供数据产品定制服务和自助式的数据建模分析和统计分析可视化工具。用户可以根据业务需求进行数据产品个性化定制，也可通过接入接口数据进行分析和展示

（3）模型服务接口

模型服务接口见表 7-5。

表 7-5 模型服务接口样表

类别	接口名称	功能
模型管理接口	模型构建接口	为用户提供新建模型图、打开模型图、删除模型图、搜索模型图、分享模型图、更改模型图名字、更改模型图描述等功能的调用接口
	模型算子管理接口	为用户提供获取算子列表、获取算子命名空间列表、上传算子、合并算子、修改算子、算子搜索、分享算子、下载算子等功能的调用接口
服务管理接口	实验管理接口	为用户提供获取实验列表、运行实验、停止实验、删除实验、更改实验描述等功能的调用接口
	服务信息管理接口	为用户提供获取模型服务列表、搜索模型服务、执行模型服务、停止模型服务、删除模型服务等功能的调用接口

（4）产品服务接口

产品服务接口见表 7-6。

表7-6　产品服务接口样表

接口类别	接口名称	说明
业务数据服务	敏感数据服务	敏感数据服务是指环保内部之间相对保密的数据内容
	内部业务数据服务	内部业务数据即指环保各部门之间的业务数据内容
	公开数据服务	公开数据服务可来源于内部国家要求公开的数据，同时也来自国家下发的面向公众的系统数据以及互联网中抓取的数据
数据产品服务	排污权交易数据服务	定义排污权交易数据的 Web Service 数据接口，为大数据应用和新建系统提供数据服务，具体包括初始核定信息、可交易排污权信息、建设项目调剂使用信息、备案信息等

7.6.5　身份管理分系统

面向各级政府、生态环境部门、科研人员和社会公众等各级用户，在安全、可靠、高效的前提下，提供多维信息（含数据）或命令的输入/上传交互界面，驱动产品生产分系统进行专题产品生产活动，实现对生态环境大数据分析信息及各类专题产品的交互式查询、浏览、下载，在线发布各类生态环境大数据分析信息及专题、应用产品。具体包括信息检索、信息浏览、应用定制、服务推送、信息发布、门户管理、用户管理、信息分发和业务流程管理等功能模块。

建立统一的用户管理、身份配给和身份认证体系，实现用户身份和权限的动态同步，根据业务需要从部门-角色-个人等不同维度细粒度授权，授权对象包括计算资源、数据资源、功能模块、管理权限等，提升用户身份识别的高效性、便捷性、准确性，同时保证用户的访问安全。例如，不同环境管理部门之间拥有不同的访问控制权限，水文部门只能申请到水文测算的资源，大气部门只能申请到大气测算的资源，两者不能交叉。

平台各系统需要有两个基本安全需求：①能够认证一个访问者；②有能力对请求提供安全保证。核心需求包括以下方面：

1）功能性。组织机构、用户、角色、资源、授权、监控日志等集中统一管理，功能齐全。

2）易用性。以用户为中心进行设计，配置简单灵活。

3）单点登录。通过集成统一身份认证软件实现身份认证、单点登录等功能，使用户能够一次登录，访问多个不同业务系统。

4）集成性。采用面向服务的架构设计，提供了丰富的接口服务供其他应用集成。尤其能够和门户系统、内容管理系统、工作流管理系统无缝集成，从而实现全局用户资源权限统一管理。

5）安全可靠性。系统能够集成成熟的认证体系：CA，可以保证交易和企业内部活动中的身份不可抵赖，用户签名无法伪造。系统在数据传输过程中，支持HTTPS方式的数据加密传输，阻止数据被监听。

6）可扩展性。支持用户登录认证的扩展，支持数据同步接口的扩展，支持用户敏感数据加密方式的扩展等。

第8章

生态环境大数据安全

生态环境大数据蕴含着巨大价值，且其存储方式较为集中，具有生命周期长、多次访问、频繁使用的特征，生态环境大数据泄露问题一旦发生，将给国家安全和生态文明建设带来严重威胁。[1,2]习近平总书记在《实施国家大数据战略加快建设数字中国》中明确强调，要保障国家数据安全[3]，生态环境大数据的存储安全已经成为了国家安全的重要组成部分。然而，关于生态环境大数据存储安全关键技术的研究仍然不足、亟待加强，需要从数据存储平台的数据设置备份与恢复机制、数据访问控制机制，数据分类分级、元数据管理、质量管理、身份验证、数据加密、数据隔离、防泄露（审计监测等）、追踪溯源（审计追踪）、数据销毁，以及信息数据的机密性、完整性和可用性等方面，进行全生命周期的安全防护。本章将从网络与系统安全问题、数据安全与隐私问题、大数据安全防护技术及生态环境大数据监管体系与法律等方面展开介绍。

8.1　网络与系统安全问题

网络与系统安全是指利用网络控制和技术措施，保证在一个网络里，数据的保密性、完整性及可使用性受到保护，不因偶然的或者恶意的原因而遭到破坏、更改、泄露，主要包括物理安全和逻辑安全两个方面。物理安全指系统设备及相关设施受到物理保护，免于破坏、丢失等。逻辑安全包括信息的完整性、保密性和可用性。

随着计算机和互联网技术飞快发展，网络应用日益普及并更加复杂，网络安全问题成为了互联网和网络应用发展中面临的重要问题。美国金融时报报道，世界上平均每 20 s 就发生一次网络入侵事件，且网络攻击行为日趋复杂，各种方法相互融合，使网络安全防御更加困难。据统计，美国每年由于网络安全问题而造成的经济损失高达 170 亿美元，德国、英国也均在数十亿美元，法国、日本、新加坡的问题也很严重。我国面对的网络安全形势也日趋严峻，主要表现在网络安全系统预测、反应、防范和恢复能力薄弱。整体来看，黑客攻击、病毒侵犯使本来有序的网络环境变得日渐复杂，而各类丰富的信息资源也受到了严重安全威胁。一旦遭到不良攻击，轻者信息数据被篡改、服务器不能正常运转，网络不能正常使用；重者使整个数据库系统瘫痪、崩溃，人们财物、金钱丢失、重要国家机密被窃取，严重危害了国家安全和人民利益。因此，亟须发展网络安全技术，保障系统和数据安全。本节将从网络安全问题的分类、影响因素以及防控措施 3 个方面进行介绍。

8.1.1 网络安全问题分类

网络安全问题来源众多，主要包括以下 5 类：

1）物理安全问题，如电磁泄漏、主机异常、搭接线路、电压不稳等问题。

2）方案设计缺陷，如采用的措施不全面、设计环节偏差、论证不充分等。

3）操作系统和应用软件存在漏洞和后门，如软件预留的后门没有关闭、用户名和密码明文传输，系统配置复杂并相互抵触等。

4）协议体系中存在的缺陷，如 TCP/IP 协议中的鉴别和加密功能较弱，极易被攻破。

5）人为因素，如管理不善、用户的误操作、不良信息、恶意攻击和破坏等。

8.1.2 影响网络安全的主要因素

影响网络安全的影响因素，主要包括以下几个方面：

（1）应用系统与软件安全漏洞

漏洞指硬件、软件、协议的具体实现或系统安全策略存在缺陷，使得攻击者能够在未授权情况下访问或破坏系统。主要包括以下几个方面：

1）操作系统安全漏洞。操作系统是一个平台，需要支持各种各样的应用，存在着先天缺陷和由于不断增加新功能而带来漏洞。操作系统安全漏洞主要有 4 种：①输入/输出非法访问；②访问控制混乱；③操作系统陷门；④不完全中介。

2）网络协议安全漏洞。TCP/IP 是冷战时期的产物，目标是要保证通达、传输正确性，通过来回确认来保证数据的完整性。然而，TCP/IP 没有内在控制机制来支持源地址鉴别，证实 IP 从哪儿来，导致 TCP/IP 漏洞所在。因此，黑客可以通过侦听方式来截获数据，对数据进行检查，推测 TCP 系列号，修改传输路由，从而破坏数据。

3）数据库安全漏洞。盲目信任用户输入是保障 Web 应用安全的第一敌人。用户输入主要来源是在 html 表单中提交参数，如果不能严格地验证这些参数合法性，计算机病毒、人为操作失误对数据库产生破坏以及未经授权而非法进入数据库就有可能危及服务器安全。

4）网络软件安全漏洞。①匿名 ftp。②电子邮件：电子邮件存在安全漏洞，使得电脑黑客很容易将经过编码的电脑病毒加入该系统中，以便对上网用户进行随心所欲的控制。③域名服务：域名是连接自己和用户的生命线，只有建立整个“生命网”注册并拥有全部相关甚至相似域名，才可以保护自己。然而，这个“生命网”上漏洞极多，让人防不胜防。④Web 编程人员编写 CGI、ASP、PHP 等程序存在问题，会暴露系统结构或服务目录可读写，从而扩大了黑客入侵空间。

（2）后门和木马程序

在计算机系统中，后门是指软、硬件制作者为了进行非授权访问而在程序中故意设置的访问口令，但也由于后门的存在，对处于网络中的计算机系统构成潜在的严重威胁。木马程序是一种后门程序，它是一种基于远程控制的黑客工具，被控制端相当于一台服务器，控制端则相当于一台客户机，被控制端为控制端提供服务。木马程序具有隐蔽性和非授权性的特点，手段也越来越隐蔽，需要加强个人安全防范意识，降低“中招”的概率。

（3）病毒

计算机病毒指编制者在计算机程序中插入破坏计算机功能或数据，影响硬件的正常运行并且能够自我复制的一组计算机指令或程序代码，是目前数据安全的头号大敌。计算机病毒具有通用和特有两类特征，通用特征包括病毒传播性、隐蔽性、破坏性和潜伏性等，专有特征主要包括不利用文件寄生（有的只存在于内存中）、对网络造成拒绝服务以及和黑客技术相结合等。

（4）黑客

黑客通常是程序设计人员，他们掌握着有关操作系统和编程语言的高级知识，并利用系统中的安全漏洞非法进入他人计算机系统，其危害性非常大。从某种意义上讲，黑客对信息安全的危害甚至比一般的电脑病毒更为严重。

8.1.3　网络信息安全的主要措施

影响网络信息安全的主要措施有预防、检测和恢复 3 类。

（1）预防

预防是一种行之有效的、积极主动的安全措施，它可以排除各种预先能想到的威胁。例如，访问控制、安全标记、防火墙等都属于预防措施。

（2）检测

检测也是一种积极主动的安全措施，它可预防那些较为隐蔽的威胁。例如，基于主机的入侵检测、病毒检测器、系统脆弱性扫描等都属于检测措施。检测分为边境检测、境内检测和事故检测 3 个阶段。边境检测阶段主要是针对进出网络边界的各种行为进行安全检查和验证；境内检测阶段主要针对在网络区域内的各种操作行为进行监视、限制和记录；事故检测主要是用于安全管理、分析等的检测。

（3）恢复

恢复是一种“被动”的安全措施，它是在受到威胁后采取的补救措施。例如，重新安装系统软件、重发数据、打补丁、清除病毒等都属于恢复措施。

针对不同的网络环境和应用需求，安全策略可采用不同类型的安全措施组合。网络环境下可以采用的安全机制包括加密机制、密钥管理、数字签名、访问控制、数据完整性、认证交换、通信业务填充、路由选择控制、公证机制、物理安全与人员可靠，以及可信任的硬件与软件等内容。例如，数据的云端管理可以通过建立动态的网络数据防火墙、构建完善的数据流监控机制、强化日志审计等措施，以实现生态环境大数据的实时监控与分析，为恶意网络攻击的发现和有效措施制定提供信息支撑。[4]此外，可以综合使用用户身份验证、用户加密、恶意代码防护、数据审计监控等技术，划分用户信用等级，同时分配相应的访问权限，以规范生态环境大数据用户的使用行为，减少违规操作，提高数据运行的安全性。[5,6]

8.2 数据安全与隐私问题

8.2.1 大数据安全

大数据存在巨大的数据安全需求，主要包括数据机密性、完整性和可用性等，其目的是防止数据在数据传输、存储等环节中被泄露或破坏。大数据由于价值密度高，往往成为众多黑客觊觎的目标，吸引了大量攻击者铤而走险。例如，全球互联网巨头雅虎曾被黑客攻破了用户账户保护算法，导致数以亿计的用户账户信息泄露。雅虎证实其在2013年与2014年分别被未经授权的第三方盗取了超过10亿和5亿用户的账户信息，内容涉及用户姓名、电子邮箱、电话号码、出生日期和部分登录密码。我国也爆发过若干安全事件，引起全社会广泛关注。不仅如此，因内部人员盗窃数据而导致损失的风险也不容小觑。盗取和贩卖用户信息的案例屡见不鲜。例如，2017年，我国某著名互联网公司内部员工盗取并贩卖涉及交通、物流、医疗、社交、银行等个人信息50亿条，通过各种方式在网络黑市贩卖。管理咨询公司埃森哲等研究机构2016年发布的一项调查研究结果显示，其调查的208家企业中，69%的企业曾在过去一年内“遭公司内部人员窃取数据或试图盗取”。面对上述安全风险事故，通常需要结合攻击路径分析、系统脆弱性分析以及资产价值分析等，全面评估系统面临的安全威胁及其严重程度，并制定对应的保护、响应策略，使系统达到物理安全、网络安全、主机安全、应用安全和数据安全等各项安全要求。而在大数据场景下，不仅要满足经典的信息安全需求，还必须应对大数据特性所带来的各项新技术挑战。

挑战之一是如何在满足可用性的前提下保护生态环境大数据机密性。安全与效率之间的平衡一直是信息安全领域关注的重要问题，但在生态环境大数据应用场景下，数据的高速流动特性以及操作多样性使得安全与效率之间的矛盾更加突出。以地理信息加密为例，它是实现敏感数据机密性保护的重要措施之一。但大数据应用不仅对加密算法性能提出了更高的要求，而且要求密文具备适应大数据处理的能力，如地理信息数据检索与开发计算等。目前在产业界中，为了尽量不影响运行效率，绝大多数大数据应用的数据都处于不加密的“裸奔”状态，安全形势极其严峻。

挑战之二是如何实现生态环境大数据的安全共享。访问控制是实现数据受控共享的经典手段之一。但在大数据访问控制中，用户角色与权限划分更为复杂，用户难以信赖服务商访问控制策略的有效实施。以水环境预测领域应用为例，一方面环保管理和科研人员为了完成其工作可能需要访问大量信息，专业性很强，安全管理员难以设置；另一方面又需要对用户行为进行监测与控制，限制用户对环境数据的过度访问。因此，实现生态环境大数据访问控制不仅需要智能化的安全策略管理，而且需要可信的访问控制策略实施机制。

挑战之三是如何实现生态环境大数据真实性验证与可信溯源。当一定数量的虚假信息混杂在真实信息中时，往往容易导致人们误判。例如，一些网站上的虚假环境事件和评论可能误导用户。整体来看，导致大数据失真的原因是多种多样的，包括伪造或刻意制造的数据干扰、人工干预的数据采集过程中引入的误差、在传播中的逐步失真、数据源更新与失效等，这些因素都可能最终影响数据分析结果的准确性。需要基于数据的来源真实性、传播途径、加工处理过程等，了解各项数据可信度，防止分析得出无意义甚至错误的结果。

8.2.2 生态环境大数据生命周期安全风险

生态环境大数据生命周期包括数据采集、数据传输、数据存储、数据分析与使用等多个阶段，每个阶段均存在着一定的数据安全风险。

（1）数据采集阶段

数据采集是指采集方对于用户终端、智能设备、传感器、物联网等产生的数据进行记录与预处理的过程。在大多数应用中，生态环境数据不需要预处理即可直接上传；而在某些特殊场景下，例如传输带宽存在限制或采集数据精度存在约束时，数据采集方需要先进行数据压缩、变换甚至加噪处理等步骤，以降低数据量或精度。一旦真实数据被采集，则用户隐私保护完全脱离用户自身控制。因此，数据采集是数据安全与隐私保护的第一道屏障，可根据场景需求选择安全多方计算等密码学方法，或选择本地差分隐私等隐私保护技术。

（2）数据传输阶段

数据传输是指将采集到的生态环境大数据由用户端、智能设备、传感器、物联网等终端传送到大型集中式数据中心的过程。

根据生态环境数据获取与传输的渠道，可以将数据传输分为线上传输和线下传输两类。线上传输主要指利用互联网等虚拟媒介而实现的一系列没有发生面对面交互的数据传输；线下传输可理解为有真实发生的、当面的、人与人有通过肢体动态的一系列活动，即通过硬盘等移动存储媒介传输数据。对于线下传输方式，实体媒介的物理安全是数据安全的保障，实体媒介的遗失、被窃、损害等情况，都存在数据保密性、完整性被破坏的风险，可能导致用户隐私信息的泄露。因此，需要一定管理制度进行控制和协调。对于线上传输方式，比如在 Internet 或 Intranet 上传输，可以使用 Internet 协议安全性（IPSec）保证其安全。但用户的数据以明文的形式传输，被黑客截获，很可能存在数据被盗用、滥用情况，导致用户隐私信息泄露。因此，需要对生态环境数据获取及传输阶段的安全和隐私进行保障。

现有的密码技术已经能够提供成熟的解决方案，如目前普遍使用的 SSL 通信加密协议或专用加密机、VPN 技术等。

（3）数据存储阶段

生态环境大数据被采集后常汇集并存储于大型数据中心，而大量集中存储的有价值数据无疑容易成为某些个人或团体攻击的目标。

随着结构化数据和非结构化数据量的持续增长以及分析数据来源的多样化，以往的存储系统已经无法满足大数据应用的需要。对于占数据总量 80%以上的非结构化数据，通常采用非关系型数据（NoSQL）存储技术完成对大数据的抓取、管理和处理。虽然 NoSQL 数据存储易扩展、高可用、性能好，但是仍存在一些问题。例如，访问控制和隐私管理模式问题、技术漏洞和成熟度问题、授权与验证的安全问题、数据管理与保密问题等。而结构化数据的安全防护也存在漏洞，如物理故障、人为误操作、软件问题、病毒、木马和黑客攻击等因素都可能严重威胁数据的安全性。大数据所带来的存储容量问题、延迟、并发访问、安全问题、成本问题等，对大数据的存储系统架构和安全防护提出挑战。对于数据库系统来说，它受到的威胁主要有：对数据库的不正确访问，引起数据库数据的错误；为了某种目的，故意破坏数据库，使其不能恢复；非法访问不该访问的数据库信息，且又不留痕迹；用户通过网络进行数据库访问时，有可能受到各种技术的攻击；未经授权非法修改数据库数据，使其失去真实性；硬件毁坏；自然灾害；磁干扰等。

（4）生态环境大数据分析与使用阶段

生态环境大数据采集、传输、存储的主要目的是分析与使用，通过数据挖掘、机器学习/深度学习等算法处理，从而提取出所需的知识。本阶段的焦点在于如何实现数据挖掘中的隐私保护，降低多源异构数据集成中的隐私泄露，防止数据使用者通过数据挖掘得出用户刻意隐藏的知识，防止分析者在进行统计分析时得到具体用户的隐私信息。

8.2.3　大数据隐私保护

生态环境大数据与人类密切相关的，除安全需求外，还普遍存在隐私保护需求。倘若不能妥善处理隐私保护问题，则会对用户造成极大的侵害。特别需要注意的是，仅通过简单的匿名保护并不能达到隐私保护目标。例如，美国 AOL 公司曾公布了匿名处理后的 3 个月内的一部分搜索历史供人们分析使用。虽然个人标识信息被精心处理过了，但利用其中的某些记录项还是可以精准地定位到个人。《纽约时报》随即公布了其识别出的编号为 4 417 749 的用户是一位 62 岁的寡居妇人，家里养了 3 条狗，并患有某种疾病等。无独有偶，相似的例子也发生在 20 世纪 90 年代中叶美国马萨诸塞州，该州保险委员会发布政府雇员的医疗数据后，尽管委员会对数据进行了匿名化处理，即删除了所有的敏感信息，如姓名、身份证号和家庭住址等，但仍然保留了 3 个关键字段：性别、出生日期和邮编。来自麻省理工学院的 Sweeney 成功破解了这份匿名化处理后的医疗数据，能够确定具体某一个人的医疗记录。Sweeney 进一步研究发现，87%的美国人拥有唯一的性别、出生日期和邮编三元组信息，同时发布事实上几乎等同于直接公开。

在大数据时代，可以通过用户零散数据之间的关联属性，即通过大数据的关联分析将个人的很多行为数据聚集在一起时，个人的隐私就很可能会暴露。因为有关他/她的信息已经足够多，这种隐性的数据暴露往往是个人无法预知和控制的。此外人们面临的威胁并不仅限于个人隐私泄露，还在于基于大数据对人们状态和行为的预测。随着深度学习等人工智能技术的快速发展，通过对用户行为建模与分析，个人行为规律可以被更为准确地预测与识别，刻意隐藏的敏感属性可以被推测出来。例如，零售商可以通过历史记录分析，得到顾客在衣、食、住、行等方面的爱好、倾向等；社交网络分析研究也表明，可以通过其中的群组特性发现用户的属性，例如通过分析用户的微博等信息，可以发现用户的政治倾向、消费习惯以及其他爱好等。

总体而言，目前用户数据的收集、存储、管理与使用等均缺乏规范，更缺乏监管，主要依靠企业的自律。用户无法确定自己隐私信息的用途。而在商业化场景中，用户应有权决定自己的信息如何被利用，实现用户可控的隐私保护。例如，用户可以决定自己的信息何时以何种形式披露，何时被销毁，主要包括数据采集时的隐私保护、数据共享和发布时的隐私保护、数据分析时的隐私保护、数据生命周期的隐私保护以及隐私数据可信销毁等。

8.3 大数据安全防护技术

8.3.1 大数据异常智能检测技术

入侵检测系统是大数据异常智能检测的关键技术，按建模方式可分为误用检测（misuse detection）和异常检测（anomaly detection）两大类。误用检测利用攻击的先验知识建立入侵模式特征库，检测时将监控到的情况与特征库进行模式匹配来发现攻击；异常检测首先假设入侵行为不同于正常行为，然后建立正常用户和系统的行为特征模型，若当前观察行为显著偏离正常行为模型，则认为有异常发生。误用检测方法的优点是误报率较低，可以较精确地检测出已知攻击行为；但是，这种方法的检测效果取决于入侵特征库的完备性，因此模式特征库必须及时更新。此外，误用检测方法无法发现入侵特征库中没有出现过的新型攻击行为，而且会产生大量报警。与误用检测方法相比，异常检测方法误报率较高，但因其只根据当前的观察行为同正常模型的偏离度来判断是否异常，因此异常检测方法有能力发现新的攻击行为。目前误用检测方法已经比较成熟，大多数商用入侵检测系统以该种方法为基础进行开发和设计。而异常检测方法还有待完善，但前景广阔，是目前入侵检测技术的研究热点之一。下面将从异常类别和异常检测技术两方面进行介绍。

（1）异常类别

异常类别主要包括点异常、条件异常和群体异常 3 类（图 8-1）。

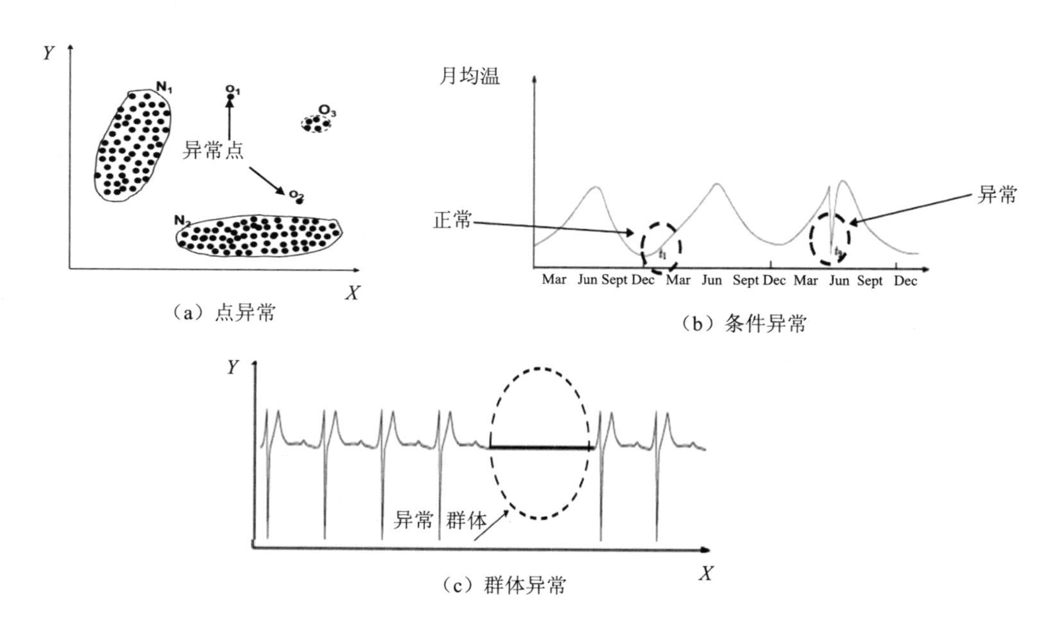

图 8-1 异常类型

1）点异常（point anomaly）：大多数个体实例正常、少数个体实例异常的情况，如健康的人与病人的健康指标。

2）条件异常（conditional anomaly）：又称上下文异常，指在特定情境下个体实例是异常的，在其他情境下个体实例是正常的，例如在特定时间的温度突然上升或下降，在特定场景中的快速碳交易。

3）群体异常（group anomaly）：相关数据实例的集合群体作为一个整体异常的情景，其中单个值可能是正常的。

（2）异常检测技术

当前，常用的异常检测技术主要包括基于数理统计的异常检测、基于机器学习的异常检测和基于数据挖掘的异常检测 3 类。

1）基于数理统计的异常检测。这种方法监控被观察对象并生成活动简档（active profile，如活动频繁度、审计记录数据分布等）来描述他们的行为。该方法通常对每个被监控对象同时维持两个活动简档：一个是当前活动简档，另一个是历史正常活动简档。当系统或网络事件（如审计日志记录、到达的数据包等）产生，入侵检测系统会更新当前活动简档，然后使用异常度函数来比较当前活动简档和历史正常活动简档，并计算异常得分值来表示特定事件偏离正常行为的程度。如果异常得分高于某个确定的阈值，则入侵检测系统产生一个报警。

异常检测方法优缺点：主要优点如下：①具有检测“0 天”攻击即最新攻击的能力，不需要攻击或安全漏洞本身的先验知识。②是告警拒绝服务攻击的良好指示器之一，能够对持续一段时间的恶意攻击活动提供准确告警。主要缺点如下：①训练有素的攻击者可以训练统计异常检测方法来接受异常攻击行为为正常行为。②阈值的选择比较困难，需要权衡误报率和检测率此消彼长的问题。③统计方法需要对被检测对象建立准确的统计分布模型，但并非所有类型的用户行为都能很好地满足该模型。

2）基于机器学习的异常检测。与统计方法不同，机器学习方法重在基于历史数据建立一个逐步改进系统检测性能的机制，重点关注的问题是计算机程序如何随着经验积累自动提高检测性能，非常适合于入侵检测系统对外界入侵的自我学习，以提高入侵检测的准确率、降低漏报率的特点。因此，近年来人们把机器学习的理论和方法应用到入侵检测研究领域，并取得了一些进展。常用于异常检测的机器学习理论主要包括随机森林、循环神经网络、卷积神经网络、支持向量机、贝叶斯网络、主成分分析和马尔可夫模型等。

3）基于数据挖掘的异常检测。数据挖掘指利用各种方法从大量数据中寻找那些非显而易见的模式、关系、变化、异常等，主要包括分类、聚类和关联规则挖掘等。

8.3.2 大数据加密技术

(1) 数据加密及其相关概念

数据加密又称密码学，指通过加密算法和加密密钥将明文转变为密文，而解密则是通过解密算法和解密密钥将密文恢复为明文。数据加密利用密码技术对信息进行加密，实现信息隐蔽，从而起到保护信息安全的作用，目前仍是计算机系统对信息进行保护的一种最可靠的办法，其技术原理和流程如图 8-2 所示。

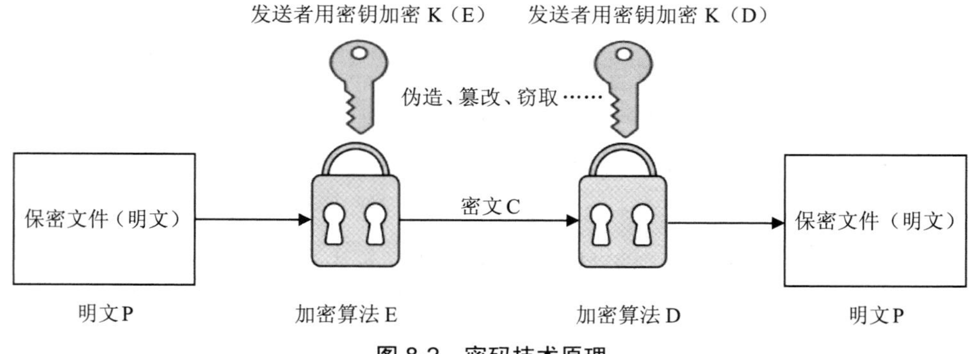

图 8-2 密码技术原理

其中，各个部分的含义如下：

1）明文：信息的原始形式称为明文（Plaintext，记为 P）。

2）密文：明文经过变换加密后的形式称为密文（Ciphertext，记为 C）。

3）加密：由明文变成密文的过程称为加密（Enciphering，记为 E），通常由加密算法来实现。

4）解密：由密文还原成明文的过程（Deciphering，记为 D），通常由解密算法来实现。

5）加密算法：实现加密所遵循的规则。

6）密钥：为了有效地控制加密和解密算法的实现，在其处理过程中要有通信双方掌握的专门信息参与加密和解密操作，这种专门信息称为密钥（Key，记为 K）。

随着计算机和信息技术的蓬勃发展，密码技术的发展也非常迅速，不但用于信息加密，还用于数字签名和安全认证。密码的应用领域不再局限于军事、外交等方面，也广泛应用于经济活动当中，如电子商务、银行的支票鉴别等。

(2) 数据加密体制

按加密算法，可以将数据加密分为对称加密和非对称加密两类。

1）对称加密。加密和解密时使用同一个密钥，即同一个算法（图 8-3），如 DES 和

MIT 的 Kerberos 算法。单密钥是最简单的方式，通信双方必须交换彼此密钥，当需给对方发信息时，用自己的加密密钥进行加密，而在接收方收到数据后，用对方所给的密钥进行解密。当一个文本要加密传送时，该文本用密钥加密构成密文，密文在信道上传送，收到密文后用同一个密钥将密文解出来，形成普通文体供阅读。在对称密钥中，密钥的管理极为重要，一旦密钥丢失，密文将无密可保。这种方式在与多方通信时因为需要保存很多密钥而变得很复杂，而且密钥本身的安全就是一个问题。常用的算法有 DES、3DES、TDEA、Blowfish、RC2、RC4、RC5、IDEA、SKIPJACK 等。

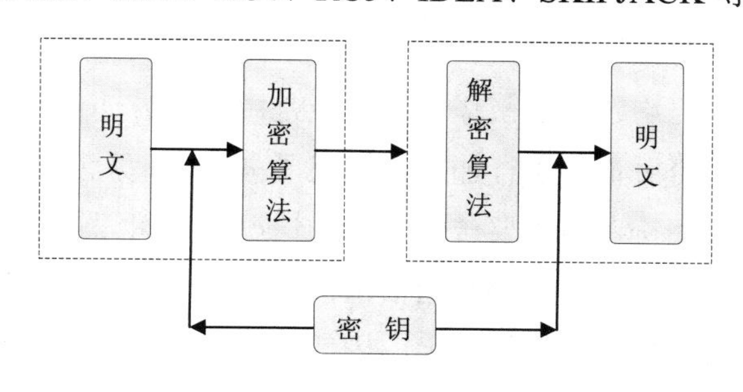

图 8-3　对称加密

2）非对称加密。非对称加密拥有两个密钥，即加密密钥和解密密钥（图 8-4）。由于两个密钥不同，因而可以将一个密钥公开，而将另一个密钥保密，同样可以起到加密的作用。在这种编码过程中，公钥和私钥通常都是一组十分长的、数字上相关的素数，两者通过数学关系进行关联，一个密码用来加密消息，而另一个密码用来解密消息。每个用户可以得到唯一的一对密钥，当仅有一个密钥时，不足以翻译出消息，因为用一个密钥加密的消息只能用另一个密钥才能解密。公共密钥保存在公共区域，任何人都可以拥有、传递和共享，而私钥必须存放在安全保密的地方。常用的算法有 RSA、DSA、ECDSA 等。

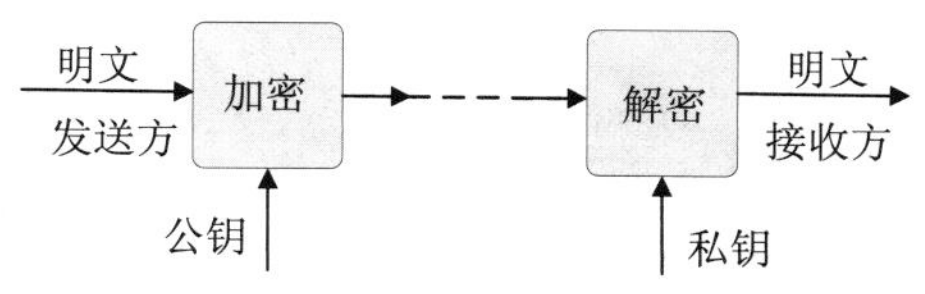

图 8-4　非对称加密

（3）通信加密方式

数据加密可以在链路加密、节点加密以及端到端加密 3 个层次来实现。

1）链路加密。对于链路加密（又称在线加密，图 8-5），指所有消息在被传输之前进行加密，在每一处节点对接收到的消息进行解密，然后先使用下一个链路的密钥对消息进行加密，再进行传输。在到达目的地之前，一条消息可能要经过许多通信链路的传输，在网络安全中得到了广泛使用。

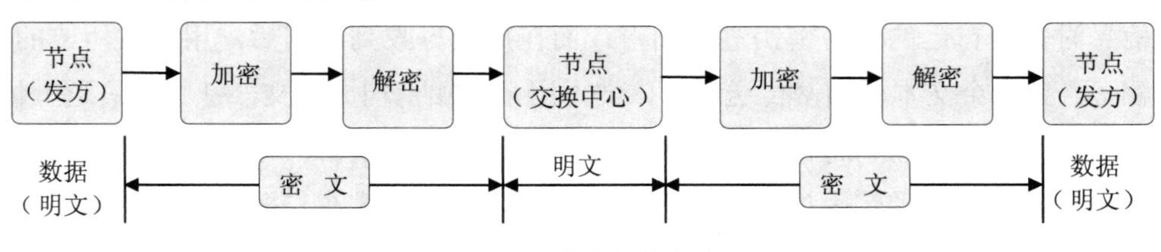

图 8-5 链路加密方式

链路加密的优缺点均较为显著。优点是链路上的所有数据均以密文形式出现，能够对传输者和通信管理部门均起到加密作用。可能是由于两方面原因：①通过在每一个中间传输节点消息均被解密后重新进行加密，掩盖了被传输消息的源点与终点；②由于填充技术的使用以及填充字符在不需要传输数据的情况下就可以进行加密，这使得消息的频率和长度特性得以掩盖，从而起到对通信部门加密的目的。但它缺点同样明显，链路加密通常用在点对点的同步或异步线路上，因此通常要求先对在链路两端的加密设备进行同步，然后使用一种链模式对链路上传输的数据进行加密，给网络的性能和可管理性带来了两个方面的副作用：一方面，在线路/信号经常不通的海外或卫星网络中，链路上的加密设备需要频繁地进行同步，容易造成数据丢失或重传；另一方面，即使仅一小部分数据需要进行加密，也会使得所有传输数据被加密。

2）节点加密。在操作方式上，节点加密与链路加密类似。与链路加密不同的是，节点加密不允许消息在网络节点以明文形式存在，它先把收到的消息进行解密，然后采用另一个不同的密钥进行加密，这一过程是在节点上的一个安全模块中进行（图 8-6）。

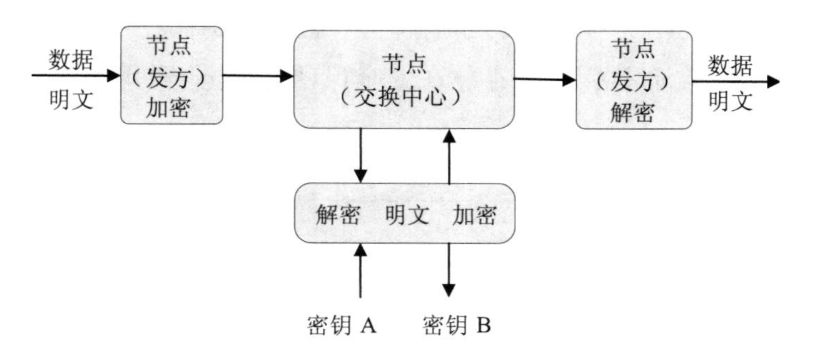

图 8-6 节点加密方式

3）端到端加密。端到端加密（又称脱线加密或包加密），允许数据在从源点到终点的传输过程中始终以密文形式存在（图 8-7）。因此，消息在整个传输过程中均受到保护，在被传输时到达终点之前不进行解密，即使有节点被损坏也不会使消息泄露。

端到端加密系统的优缺点同样显著。优点是：①价格便宜、经济性好，并且与链路加密和节点加密相比更可靠，更容易设计、实现和维护。②每个报文包均是独立被加密，一个报文包所发生的传输错误不会影响后续的报文包，避免了其他加密系统所固有的同步问题。③此方法只需要源和目的节点是保密的即可，从用户对安全需求的直觉上讲更自然些。缺点是：每一个消息所经过的节点都要用目的地的地址来确定如何传输消息，因此端到端加密系统通常不允许对消息的目的地地址进行加密，进而导致这种加密方法不能掩盖被传输消息的源点与终点，对于防止攻击者分析通信业务是脆弱的。

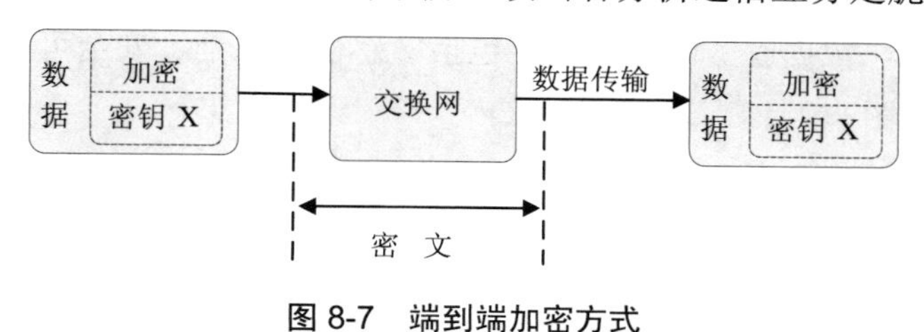

图 8-7　端到端加密方式

8.3.3　大数据脱敏技术

本节主要讲述大数据脱敏技术的定义、原则、分类和过程等内容。

（1）数据脱敏及原则

数据脱敏技术，即通过一定方法消除原始环境数据中的敏感信息，使得敏感数据不再含有敏感内容，达到使人或机器无法获取敏感数据的敏感意义的目的，主要包括数据替换、无效化、随机化、掩码屏蔽、灵活编码等处理方式。对于涉及客户安全数据或者一些生态环境敏感数据，在不违反系统规则条件下，对真实数据进行改造并提供测试使用，如高精度地形图、等高线、矢量边界、土壤重金属含量等生态环境信息都需要进行数据脱敏。

在技术层面上，数据脱敏的原则主要包括有效性、真实性、高效性、稳定性、可配置性 5 个方面（图 8-8）。

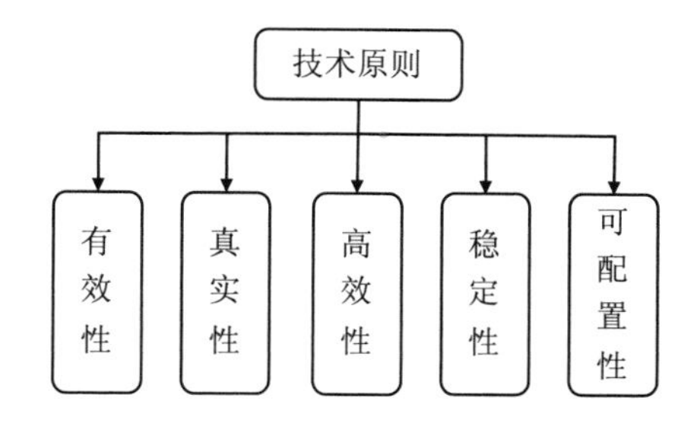

图 8-8　技术原则

1）有效性：有效移除敏感信息。

2）真实性：为保证脱敏后数据的正常使用，应尽可能真实地保留脱敏后数据的有意义信息，以保证对业务特征的支持。

3）高效性：在保证安全的前提下，尽可能减少脱敏代价。

4）稳定性：在输入条件一致的前提下，对相同的脱敏数据，经过多次脱敏仍然获得相同的稳定结果。

5）可配置性：可以配置处理结果和处理字段，以根据应用场景获得相应的脱敏结果。

在管理层面上，数据脱敏的原则主要包括敏感信息识别、安全可控、安全审计和代码安全4个方面（图8-9）。

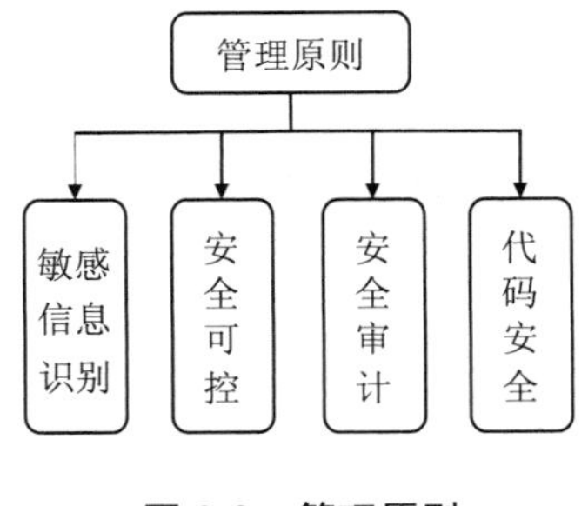

图8-9 管理原则

1）敏感信息识别：根据生态环境数据的信息分类，明确敏感信息的范畴。需要注意的是，对于某些本身不是敏感信息但与其他信息结合后会被推断为敏感信息的数据，也应被纳入数据脱敏的范畴。

2）安全可控：对于脱敏后仍保留了部分信息特征而存在泄露风险的信息，需采用适当的安全管理手段防止数据泄露。

3）安全审计：在数据脱敏环节中应加入安全审计机制，用于数据追踪和问题溯源。

4）代码安全：对执行数据脱敏的程序应做好代码审查，以及上线时的安全扫描，保证数据脱敏过程的安全可靠。

（2）数据脱敏分类

数据脱敏的类别主要包括静态数据脱敏（static data masking，SDM）和动态数据脱敏（dynamic data masking，DDM）两类。

1）SDM：敏感数据由生产库抽取脱敏后存储到非生产库的脱敏方式。在该类脱敏过程中，需要建立新的非生产环境数据库，使得脱敏后的数据与生产环境隔离，既能满足业务需要又可以保障生产数据的安全。

2）DDM：用于敏感数据生产时的实时脱敏方式。脱敏后需要保证能在不同情况景下对于同一敏感生态环境数据做不同级别、针对性的脱敏处理，如对不同角色、不同权限执行的差异化的脱敏方案。

（3）数据脱敏过程

生态环境大数据的脱敏过程通常需要经过5个步骤，即元数据识别、脱敏数据识别、数据脱敏方案制定、任务执行及效果比对。

1）元数据识别：数据脱敏平台将生态环境大数据的元数据文件读入，默认的文件头为 txt/csv/xml/python 等文本格式，用户可自行设置间隔符号和输入行数；若文件中默认不包含元数据头文件，则用户可自行设置元数据名称与格式。

2）脱敏数据识别：经过元数据识别/设置后，均按照元数据描述及抽样数据本身特点，使用系统扫描疑似敏感数据。

3）定义脱敏方案：在疑似敏感数据基础上，用户根据实际需求对需要脱敏的生态环境大数据、脱敏规则进行设置，形成数据的脱敏方案。

4）脱敏执行：设置脱敏后数据的目标（需支持到文件、数据库等存储格式），脱敏执行过程将生态环境大数据的数据抽取、处理、装载等步骤一次性完成。

5）脱敏后对比：脱敏后，需在界面可见脱敏前后的生态环境大数据对比。

（4）数据脱敏方式

常用数据脱敏方式主要包括无效化、随机值、数据替换、对称加密、平均值、偏移和取整等。

1）无效化：指对敏感生态环境数据进行加密、截断或隐藏。该种方式一般会用特殊符号（如*）替换真实数据，操作简单，但是用户无法得知原数据的格式，可能会影响数据的后续应用。

2）随机值：对敏感生态环境数据进行随机替换（数字替换数字、字母替换字母、文字替换文字）。这类脱敏方式在一定程度上保证了生态环境数据的格式，便于后续的数据应用。例如，地类、地名、水质断面等一些拥有实际意义的文字脱敏即采用脱敏字典的支持方式。

3）数据替换：数据替换和无效化、随机值的脱敏方式比较相似，不过这里不是用特殊字符也不是用随机值，而是用特定的值来替换脱敏数据。

4）对称加密：对称加密是一种通过加密密钥和算法对敏感数据进行加密的可逆脱敏方法。密文格式与原始数据在逻辑规则上一致，通过密钥解密即可恢复原始数据，但需要注意密钥的安全性。

5）平均值：使脱敏后的值在均值附近随机分布，从而保持数据的总和不变的脱敏方式，经常用在数值型生态环境数据的统计场景中。

6）偏移和取整：通过随机移位改变数字数据的脱敏方式。该类方法在保持了数据安全性的同时保证了数据范围的大致真实性，比之前几种方案更接近真实数据。

8.3.4 大数据访问控制与网络隔离技术

8.3.4.1 访问控制技术

（1）基本概念

1）访问控制：主体依据某些控制策略或权限对客体本身或其资源进行授权访问。

2）主体是提出请求访问的实体；客体是接受主体访问的实体；访问控制策略是主体对客体的访问规则集，也就是主体能对哪些客体执行什么操作；授权是指资源的所有者或控制者准许他人访问的资源。

（2）访问控制的功能及原理

访问控制主要是通过认证、控制策略和安全审计等过程（图 8-10），实现保证合法用户访问受权保护的网络资源、防止非法主体进入受保护的网络资源或防止合法用户对受保护的网络资源进行非授权访问的目标。控制过程中，首先需要对用户身份的合法性进行验证，同时利用控制策略进行选用和管理工作；当用户身份和访问权限验证之后，还需要对越权操作进行监控。

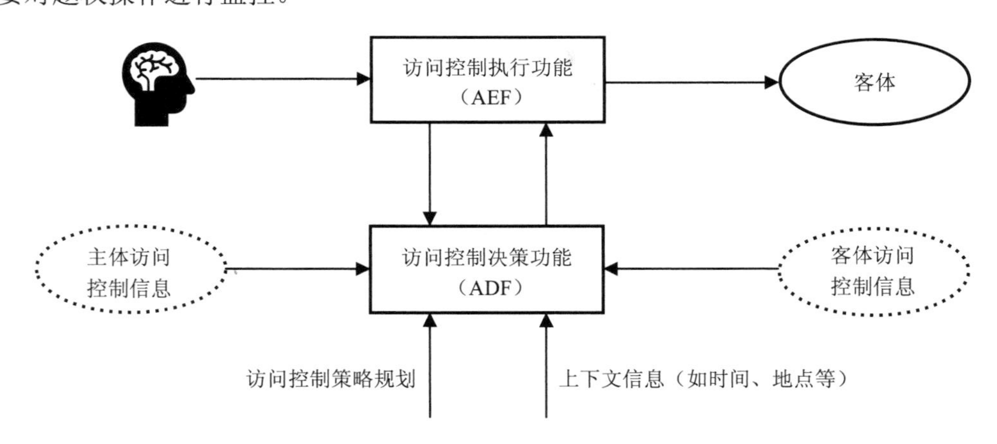

图 8-10 访问控制功能及原理

1）认证。包括主体对客体的识别及客体对主体的检验确认。

2）控制策略。通过合理地设定控制规则集合，确保用户对信息资源在授权范围内的合法使用。既要确保授权用户的合理使用，又要防止非法用户侵权进入系统，使重要信息资源泄露。同时，对合法用户也不能越权行使权限以外的功能及访问范围。

3）安全审计。系统可以自动根据用户的访问权限，对计算机网络环境下的有关活动或行为进行系统的、独立的检查验证，并做出相应评价与审计。

（3）访问控制类型

访问控制技术，通过对用户访问资源的活动进行有效监控，使合法的用户在合法的时间内获得有效的系统访问权，并防止非授权用户访问系统资源，主要包括自主访问控制（discretionary access control，DAC）、强制访问控制（mandatory access control，MAC）、基于角色的访问控制（role based access control，RBAC）、基于属性的访问控制（attribute based access control，ABAC）4 类。

1）自主访问控制。DAC 指具有拥有权（或控制权）的主体将客体的一种访问权或多种访问权自主地授予其他主体，并在随后的任何时刻能够将这些权限回收的访问控制模式，通常使用访问控制列表来实现。尽管实现方式较为简单，但是在用户量很大的时候，访问控制列表也很庞大，对于用户权限变更的情况，资源所有者的维护负担较重。自主访问控制中，用户可以针对被保护对象制定自己的保护策略。这种机制的优点是具有灵活性、易用性与可扩展性，缺点是控制需要自主完成，这带来了严重的安全问题。

2）强制访问控制。MAC 指计算机系统根据使用系统的机构事先确定的安全策略，对用户的访问权限进行强制性的控制。系统独立于用户行为强制执行访问控制，用户不能改变他们的安全级别或对象的安全属性。

强制访问控制在自主访问控制的基础上，增加了对网络资源的属性划分，规定不同大数据安全与隐私保护的访问权限。这种机制的优点是在安全性方面比自主访问控制要高，缺点是灵活性要差一些。

3）基于角色的访问控制。RBAC 通过定义不同的角色、角色的继承关系、角色之间的联系以及相应的限制，动态或静态地规范用户的行为，控制用户对系统资源的访问。这种方法可根据用户的工作职责设置若干角色，不同的用户可以具有相同的角色，在系统中享有相同的权力，同一个用户又可以同时具有多个不同的角色，在系统中行使多个角色的权力。作为现今访问控制模型研究的基石，该模型在实际系统中得到了广泛的应用。例如，数据库系统可以采用基于角色的访问控制策略，建立角色、权限与账号管理机制；操作系统可以将用户按照角色进行分组（group），针对分组进行授权，从而简化系统管理员的系统管理工作。

RBAC 操作过程中，涉及以下 4 个关键概念：①许可，也叫权限（privilege），即允许对一个或多个客体执行的操作。②角色（role），许可的集合。③会话（session），一次会话是用户的一个活跃进程、一个映射，它代表用户与系统交互、与多个角色的映射。④活跃角色（active role）：当一个会话构成一个用户到多个角色的映射时，激活的用户授权角色集的某个子集，这个子集被称为活跃角色集。

相对于 DAC 和 MAC 访问控制策略，RBAC 优点更为明显。首先，可以批量地实现一组用户的授权，简化了系统的授权机制，可以很好地描述角色层次关系，反映组织内部人员之间的职权、责任关系。其次，利用 RBAC 可以实现最小特权原则，可被系统管理员用于执行职责分离策略，基本解决了 DAC 由于灵活性造成的安全问题和 MAC 由于缺乏灵活性造成的问题。

然而，随着信息技术的蓬勃发展以及分布式计算的广泛使用，单纯的 RBAC 模型已经不能适应这种新型网络环境的要求，主要原因如下：①RBAC 以用户为中心，而没有对额外的资源信息，如用户和资源之间的关系、资源随时间的动态变化、用户对资源的请求动作（如浏览、编辑、删除等）以及环境上下文信息进行综合考虑；②在开放式网络环境下，信息系统之间安全互联与数据共享的要求，对跨管理域的开放授权提出了需求。

4）基于属性的访问控制。大数据环境下，越来越多的信息存储在云平台上，访问控制技术向细粒度、多安全等级、跨域的方向发展。访问控制的授权依据开始逐渐面向主、客体的安全属性，出现了基于信任、基于属性和基于行为等一系列基于安全属性的新型访问控制模型及其管理模型，即基于属性的访问控制（attribute based access control，ABAC）。

ABAC 通过对全方位属性（包括用户属性、资源属性、环境属性等）的综合控制，以实现更加细粒度的访问控制，被当作云基础设施上访问控制中的一项服务，基于属性集加密访问控制、基于密文策略属性集的加密、基于层次式属性集合的加密等相继被提出。这些模型都以数据资源的属性加密作为基本手段，采用不同的策略增加权限访问的灵活性和可扩展性，如通过层次化的属性加密，实现云平台上数据更加细粒度的访问控制。

（4）访问控制机制

访问控制机制，指检测和防止系统未授权访问，并对保护资源所采取的各种措施。通常在操作系统的控制下，按照事先确定的规则决定是否允许主体访问客体，主要包括访问控制矩阵（access contro1 matrix，ACM）、访问控制列表（access control list，ACL）和能力关系表（capabilities list）3 种方法。

1）访问控制矩阵。ACM 是最初实现访问控制机制的概念模型，以二维矩阵规定主体和客体间的访问权限。其行表示主体的访问权限属性，列表示客体的访问权限属性，矩阵格表示所在行的主体对所在列的客体的访问授权，空格为未授权，Y 为有操作授权。以确保系统操作按此矩阵授权进行访问。通过引用监控器协调客体对主体访问，实现认证与访问控制的分离。在实际应用中，对于较大系统，由于访问控制矩阵将变得非常大，其中许多空格造成较大的存储空间浪费，因此，目前已较少利用矩阵方式。

2）访问控制列表。ACL 是应用在路由器接口的指令列表，以文件为中心建立访问权限表，表中记载了该文件的访问用户名和权隶属关系，用于路由器利用源地址、目的地址、端口号等特定指示条件对数据包的抉择。ACL 简单实用，利用 ACL 可以容易判断出对特定客体的授权访问，以及可访问的主体和访问权限等。当将该客体的 ACL 置为空，可撤销特定客体的授权访问。许多通用的操作系统都使用 ACL 来提供该项服务。如 Unix 和 VMS 系统利用 ACL 的简略方式，以少量工作组的形式，而不许单个个体出现，可极大地缩减列表大小，增加系统效率。

3）能力关系表。能力关系表是以用户为中心建立访问权限表。与 ACL 相反，能力关系表中规定了该用户可访问的文件名及权限，利用此表可方便地查询一个主体的所有授权。相反，检索具有授权访问特定客体的所有主体，则需查遍所有主体的能力关系表。

8.3.4.2　防火墙技术

（1）基本概念

防火墙（又称防护墙），是一种位于内部网络与外部网络之间进行网络访问控制的网络设备或网络安全系统（图 8-11）。防火墙的目的是防止不期望的或未授权的用户和主机访问内部网络，确保内部网正常、安全地运行。通常，防火墙可以保护内部/私有局域网免受外部攻击，并防止重要数据泄露。此外，防火墙能够监控流量，并有效过滤和阻止未经授权的流量。

图 8-11　防火墙过滤过程

（2）防火墙特性

防火墙具有以下 8 个方面的特性。

1）内部网络和外部网络之间的所有网络数据流都必须经过防火墙。防火墙通过建立一个非信任网络（通常指 Internet）与信任网络（通常指内部局域网）的之间安全控制点，实现允许、拒绝或重新定向经过数据流，进而达到对进出内部网络的服务和访问的审计与控制。

2）只有符合安全策略的数据流才能通过防火墙。

3）防火墙自身具有非常强的抗攻击能力。

4）针对用户制定各种访问控制策略功能。

5）对网络存取和访问进行监控审计功能。

6）支持 VPN 功能。

7）支持网络地址转换功能。

8）支持身份认证等功能。

（3）防火墙类型

按照防火墙的形式以及采用的技术、结构等可以划分为以下多种类型。

1）按软、硬件形式分类：有软件防火墙、硬件防火墙。

2）按防火墙技术分类：有包过滤型防火墙、应用代理型防火墙、状态检测防火墙、复合型防火墙和下一代防护墙。

3）按防火墙结构分类：有单一主机防火墙、路由器集成式防火墙、分布式防火墙。

4）按防火墙的应用部署位置分类：有边界防火墙、个人防火墙、混合防火墙。

5）按防火墙性能分类：有百兆级防火墙、千兆级防火墙、万兆级防火墙。

6）按防火墙使用方法分类：有网络层防火墙、物理层防火墙、链路层防火墙。

（4）软件防火墙和硬件防火墙

软件防火墙安装于计算机上，通常是整个计算机网络的网关，一般是通过网线连接于外部网络接口与内部服务器或企业网络之间。

硬件防火墙主要包括普通和“芯片”级硬件防火墙两类。普通硬件级防火墙大多基于 PC 架构，相当于专门使用一台计算机安装软件防火墙，会受到操作系统（operating system）本身安全性的影响。“芯片”级硬件防火墙基于专门的硬件平台，使用专用的操作系统，本身漏洞比较少，上面搭建的软件也是专门开发的，比其他种类的防火墙速度更快、处理能力更强性能更高，典型的有 NetScreen、FortiNet、Cisco 等。相较于软件防火墙，硬件防火墙成本高，购置一台 PC 架构防火墙的成本至少要几千元，高档次的“芯片”级硬件防火墙方案更是在 10 万元以上。

8.4 生态环境大数据监管体系与法律

8.4.1 监管体系

（1）生态环境监测管理

针对生态环境监测管理，我国颁布了一系列综合管理办法。2007 年，颁布了《环境监测管理办法》，对环境监测属性、定位、管理、规范、处罚等长期依靠行政指令规范的方内容进行全面梳理，为先进的环境监测预警体系建设提供了全方位的制度框架，规定了生态环境部门和环境监测机构的职责分工、标准规范的制定、环境信息发布、环境监测数据的法律效力、环境监测网的建设原则和管理主体、环境监测质量管理要求、企业的环境监测责任和义务、环境监测机构资格认定等。2020 年，颁布了《生态环境监测条例（草案）》，建立了生态环境监测质量管理、监测机构监督管理、点位管理、污染源监测、监测信息公开与共享等制度，进一步明确各级生态环境监测的法律地位和作用，保护了各级生态环境监测机构的权利和义务，强化了各界生态环境监测机构的法律责任。

此外，针对大气、水、土壤、生态等领域，颁布了相应的监测布点、监测和评价技术标准规范，如《地表水环境质量检测技术规范》《排污单位自行监测技术指南》《卫星遥感细颗粒物（$PM_{2.5}$）监测技术指南》等。除国家颁布的法律法规、标准及技术规范外，地方也相继颁布了生态环境监测地方性法规，2020 年年初，江苏省发布了《江苏省生态环境监测条例》，这是全国首部生态环境监测地方性法规，也标志着江苏生态环境监测将有法可依。结合贵州省实际情况，贵州省生态环境厅组织制定了《贵州省生态环境监测数据质量管理办法（试行）》，并于 2021 年 1 月 1 日起正式实施。

（2）大数据管理

2015 年 7 月国务院发布《“互联网+”指导意见》，明确未来 3～10 年的发展目标，加快推进“互联网+”建设；8 月印发《促进大数据发展行动纲要》，明确建设一个数据型强国的目标，并确定了包含政府、国家、农业、公共服务等 10 项资源和治理的“十大工程”，其中生态环境领域确定为其重要组成部分和重点发展方向。2016 年 3 月，《生态环境大数据建设总体方案》发布，明确要求贯彻落实大数据在生态环境保护领域的应用，提出未来 5 年环境大数据的发展目标要达到综合决策科学、监管精准、公共服务便民。

从全国各省级行政区、地级市来看，由于生态环境大数据是以试点的形式铺开的，应用程度各不相同，最先建立的吉林省、贵州省、江苏省、内蒙古自治区以及武汉市、绍兴市等发展较早、经验丰富，走在了生态环境大数据建设的前沿，积累了宝贵的经验。在确定为生态环境大数据试点区域的第一时间，贵州省生态环境厅做出响应，制定《贵州管理办法》，详细规定了贵州省要以怎样的态度、怎样的方式面对大数据应用的挑战和机遇，系统谋划和制定了生态环境大数据建设项目，为具体实施应用提供了制度基础。

8.4.2　法律风险防范

（1）相关法律规范的欠缺

生态环境大数据不仅包括原始的环境监测数据，还包括预处理和分析以后的数据，这些数据就是信息，信息的直观性、逻辑性、价值性在生态环境大数据产生以后都是新的课题，对于这类信息的保护，在我国的立法领域还处于起步阶段，只在一些地方性政策法规、行业规范之中有所涉及，比较零散、尚未形成系统。例如，生态环境大数据的整合和分析使用过程中难免会遇到个人隐私问题：哪些信息属于隐私信息，哪些信息应当公开，只有对传统隐私权的保护，针对生态环境大数据涉及的网络隐私数据还没有法律进行明文界定。此外，企业购买排污装置、原材料改善等交易习惯数据是不是应该得到法律的保护？是不是属于企业自己的商业秘密呢？已经在一定范围内公开的信息是不是就完全不受隐私信息的保护了呢？这些问题都是在环境大数据出现以后急需立法规范的问题。

（2）生态环境数据适用中的法律困境

生态环境大数据从数据收集、整合分析、存储、共享等每个环节都涉及很多内容，如果不能很好地解决就会出现一系列的纠纷。

1）数据收集阶段：采集来的数据作为第一手数据信息，其来源合法性影响后续对该数据的使用。首先要确定主体资格问题，明确哪些单位有资格进行环境数据的收集；其次是收集数据的对象问题，是否对所有产生环境数据的对象进行收集。如果要限制数据又该做怎样的限制？是否要对收集对象明确告知，是否应该征得数据收集对象的同意，被收集数据的人是否可以选择数据的收集方式呢？最后是收集手段问题，收集时可以采取哪些手段，采集数据的手段是否属于侵权行为。目前，我国网络上主要依靠“蜘蛛程序”来采集环境大数据，这种爬虫程序通过不间断地自动搜索最后抓取到符合 robots 协议的数据，对于突破协议内容抓取的不符合标准的页面数据将要承担数据侵权责任，虽然这样的手段是约定俗成的，但是法律尚未赋予其权利。

2）数据整合阶段：数据的加工处理行为如何定性是值得思考的法律问题；涉及个人隐私的数据是否能进行整合？整合以后是否要接受侵权法的惩罚？对于整合以后的数据哪个主体拥有所有权？数据应当按照什么样的标准进行整合？在整合过程中有哪些注意事项？要避免哪些安全风险？都是生态环境大数据发展不成熟的情况下面临的法律困境，只有完成了整合阶段的法律法规才能更好地为数据共享奠定基础。

3）数据存储阶段：生态环境大数据涉及的内容非常广泛，信息量巨大，存储过程中要着重关注安全问题，那么谁作为存储主体？此外，生态环境大数据通常是分散存储的，那么数据传输过程中的安全问题也应得到重视。例如，当发生环境数据泄露应当追究谁的责任？责任大小以什么为划分标准？纷繁复杂的数据又应该归哪个部门统一管理？组织体系内部应该包含哪些职能部门或人员？这些都是存储过程中应当解决的法律问题，唯有保证生态环境数据的完整与安全才能保证做出适合的环境保护政策。

4）数据共享阶段：哪些数据可以自由共享出去？哪些数据需要征得同意才可以共享？可以对哪些人共享？通过什么方式共享？在哪个阶段可以共享哪类数据？是否对共享出去的数据限制对方使用目的？以哪些手段进行限制？随着时间的进展使用目的是否可以变更？变更需要经过哪些手续？违反使用目的使用数据应该接受哪些惩罚？这些都是生态环境数据共享阶段面临的法律困境，需要针对输出对象、方式和时间等设置专门的共享边界，从而保障生态环境大数据在流转过程的最后一程顺利进行。

（3）生态环境数据监管不足

目前，我国是各级政府、各级部门作为监管主体来完成监管职能，忽视了专家学者、公众、新闻媒体的监管，这些监管主体之间相互独立、互不监督。随着时代的发展，生态环境问题也是日新月异，原有的监管方式难以适应当前的生态环境大数据监管，亟须顺应《中华人民共和国环境保护法》多元共治、社会参与的立法理念，社会各方面共同努力，进行监管转型来保证生态环境数据的安全与效能。

8.4.3　法律法规制定

（1）明确大数据所有权归属

生态环境大数据的公共性，被记录数据的个人和企业、数据整合分析处理者、政府都会对其重点关注，应建立相应法律体系，明确大数据的所有权归属，保证生态环境大数据交易的顺利进行。然而，目前针对生态环境大数据的产权归属尚未达成一致，主要包括两个类别：以个人为优先项的专家学者认为产生数据的个人对其拥有的数据享有优先的所有权，应该行使个人数据财产权去限制生态环境大数据的利用和交易活动；以产业优先的以专家学者认为数据的控制者、收集者、利用者对其所控制收集来的数据享有所有权，以期最大限度地排除来自其他领域的干预。

（2）生态环境数据库规范化

目前，我国相继设立资源环境数据库、福建省生态环境大数据库、河南省资源环境数据库、中国土壤数据库等，但是目前环境数据资源数据库尚存很多问题：在成立、数据整合方面经验不足，标准不统一，安全风险防范缺失，评估制度缺失等，亟须建立专业的环境数据库，制定生态环境大数据库标准和风险评估机制。

1）建立专业的环境数据库。建立更为专业而全面的生态环境数据库。目前，中国生态系统评估与生态安全数据库中包含中国陆地生态系统数据库、中国生态功能区数据库、典型区域综合生态数据库、中国国家保护地数据库。中国环境保护数据库包括生态环境、节能减排、能源资源、低碳发展、环保产业相关数据库。中国资源、环境、经济、人口数据库中的资源环境数据库包含水资源数据库、土地资源数据库、气候资源数据库、生物资源数据库、宏观环境数据库、能源资源数据库、旅游资源数据库、农村能源数据库等。然而，虽然上述数据库内容分析可见，但建立的环境数据库标准不一，而且缺乏最官方的环境数据类型划分，缺乏专业性。

2）制定生态环境大数据库标准。制定涵盖质量、清晰度、格式、表现形式、结构、字段命名等规则的生态环境大数据统一标准，为生态环境预警、应急、长久规划提供充足的数据源。在各个数据库里将新数据和旧数据标准一致，减少数据冗余、矛盾或繁杂不清，提升数据集的可共享能力，使数据接受者只需要学习了解一个标准就可以获得全部需要的数据。

3）建立生态环境大数据风险评估机制。建立生态环境风险评估机制降低数据集中存储的风险，并邀请专业人员进行数据库安全评估，主要包括以下几个方面：①对数据库运行过程中可能出现的系统风险、操作风险、道德风险进行预测评估，以便在出现问题以后能够及时解决，确保数据库的可用性。②对数据的来源、格式、真实性等进行评估。③综合评估整个数据库，保证数据的准确完整性，辅助支撑生态环境管理与决策。

参考文献

[1] 汪先锋. 生态环境大数据[M]. 北京：中国环境出版集团，2019.

[2] 詹志明，尹文君. 环保大数据及其在环境污染防治管理创新中的应用[J]. 环境保护，2016，44（6）：44-48.

[3] http：//www. xinhuanet. com//2017-12/09/c_1122084706.htm.

[4] 刘晓真. 区块链技术的网络安全技术应用分析[J]. 网络安全技术与应用，2020（12）：33-34.

[5] 迟松特. 云环境下数据存储安全技术研究[J]. 中国管理信息化，2021，24（18）：197-198.

[6] 张俊. 云计算技术在计算机网络安全中的应用[J]. 电子技术，2021（1）：120-121.

第9章 生态环境大数据综合应用实践

9.1 国家流域水环境大数据管理平台

9.1.1 项目背景

目前，我国水污染防治工作取得了重要进展，但水资源保障能力弱、水环境质量差、水生态受损重、水环境隐患多等问题依然突出，急需利用大数据等技术手段进行科学评价、预测预警和综合决策，支撑流域水环境管理和治理。

国家流域水环境管理大数据平台（以下简称平台）依托国家重大水专项“国家流域水环境管理大数据平台关键技术研发”项目，于 2018 年年初开始平台建设，2019 年 3 月在生态环境部信息中心部署、试运行。

平台以流域水环境管理需求为导向，以数据驱动为核心，形成了“数据采集—信息挖掘—平台示范”的流域水环境管理全链条式信息服务平台。平台涵盖了全国土壤类型、植被种类、土地利用、控制单元、水功能分区、重点流域水文站、试点省份污染源、网络舆情等历史数据库，同时具备实时采集数据的功能，通过中间库推送的形式，实现对全国水质自动监测站数据的调用。

基于平台数据库，开发了面向日常业务的评估类、面向非结构化数据的文本类以及基于人工智能的溯源预测类挖掘工具。面向日常业务的评估类挖掘工具，主要针对传统数据库，提供河流、湖泊水库、湖泊水库营养状态、饮用水-地表水、饮用水-地下水、近岸海域及流域 7 类断面水质评价、流域水生态安全等级等功能，便于快速掌握水环境现状。面向非结构化数据的文本类挖掘工具，主要针对文档、图片等非结构化数据，通过数据算法实现对海量生态环境信息的关键词和摘要提取，提供环境事件的追因溯源与关联分析等功能。基于人工智能的挖掘工具，以实时更新的生态环境、气象水文、自然地理、社会经济数据资源为基础，通过引入智能语音和智能视觉技术，打破传统的过程因果思维的局限性，实现对高危点源污染示警和水质短期（7 d）预测，预测精度接近 80%。

基于流域水环境管理大数据平台，在试点省份开展了水环境综合评价、水质目标绩效考核、流域生态补偿核算、水环境承载力评价与预警、污染物通量分析等业务功能的应用，实现了现状水质评价、达标考核预判、生态补偿核算、水污染形势诊断、水质变化趋势预测等功能，有效提升了流域水环境管理效率，为推进水环境管理模式转型提供了有力支撑。

9.1.2 平台总体设计

（1）总体架构

流域水环境管理大数据平台围绕水环境质量改善的核心目标，设计、构建了易扩展、可伸缩的总体架构，分为基础层、数据层、应用层、展示层以及标准规范体系和安全运维体系，架构图如图 9-1 所示。

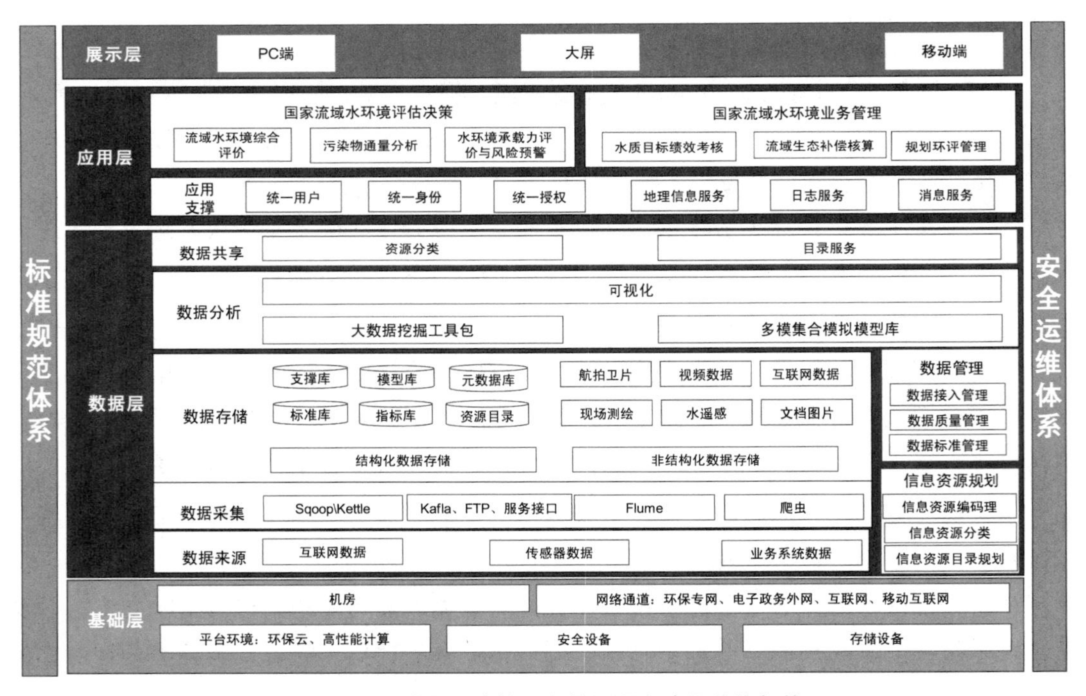

图 9-1　流域水环境管理大数据平台建设总体架构

（2）数据架构

数据层是流域水环境管理大数据平台的核心，主要包括数据来源、数据采集、数据存储、数据分析、数据分享、信息资源规划、数据管理等模块，数据架构如图 9-2 所示。

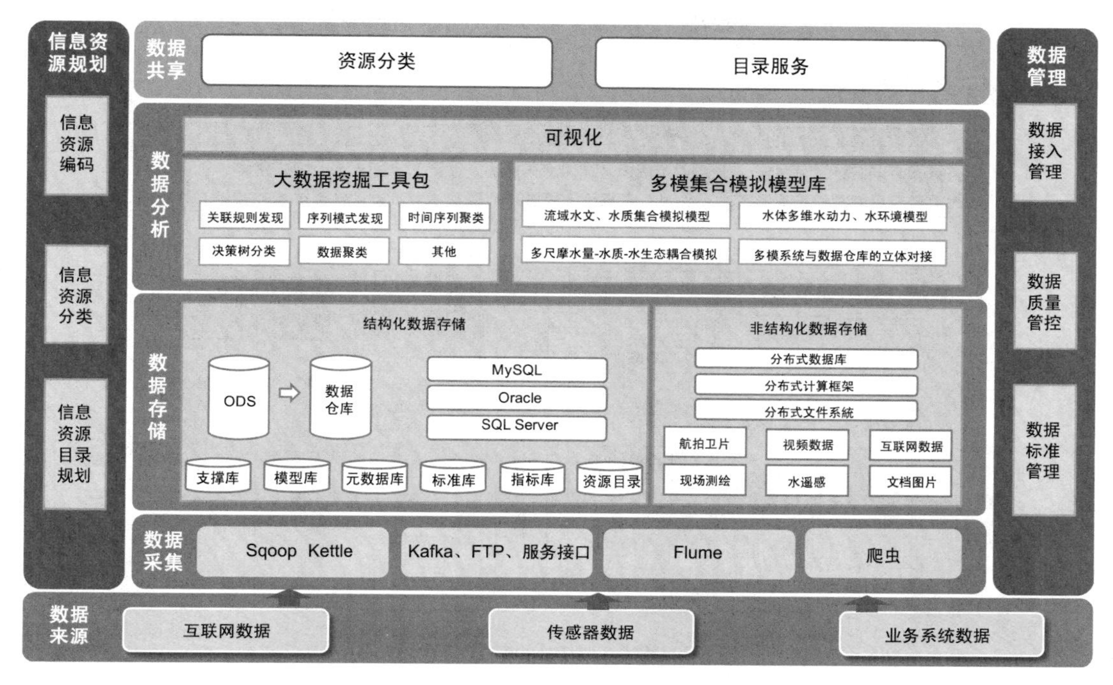

图 9-2　流域水环境管理大数据平台建设数据架构

1）数据来源。流域水环境管理数据主要包括互联网数据、传感器数据和业务系统数据。

2）数据采集。流域水环境管理大数据平台涉及多类结构化和非结构化数据，因此需要规范各类数据的接口，从而实现不同来源、不同存储方式、不同数据库类别的流域水环境数据的自动采集。

针对无人机航拍、地面遥感等物联网感知数据、水环境管理业务数据、互联网开放数据以及其他开放数据资源，分别采用 Sqoop、Kettle、Kafka、FTP、服务接口、Flume、爬虫等接口与工具实现数据的汇集，通过 ETL 工具进行抽取、清洗和转换，对数据进行分类与编码，建立元数据库，实现资源整理与初始化，建立流域水环境管理大数据信息资源目录。根据数据产生方式与用途，建立包括原始采集数据、直接汇集数据、加工处理数据、技术输出数据、模型参数数据等类别的主题库，支撑挖掘分析、模型应用与业务应用。

3）数据存储。流域水环境大数据的存储同时使用传统的关系型数据库和新型的分布式数据库，其中后者主要用于存储半结构化和非结构化数据。对于非结构化静态数据、非结构化动态数据、结构化数据和检索数据等，分别采用相应的数据库技术按照涉密等级进行分区分类存储。

4）数据分析。流域水环境管理大数据平台通过大数据挖掘工具包、多模集合模拟模型库以及可视化工具开展数据分析任务，提供指数计算、趋势分析、水质评价、水生态安全评估等多种数据分析功能（图 9-3）。

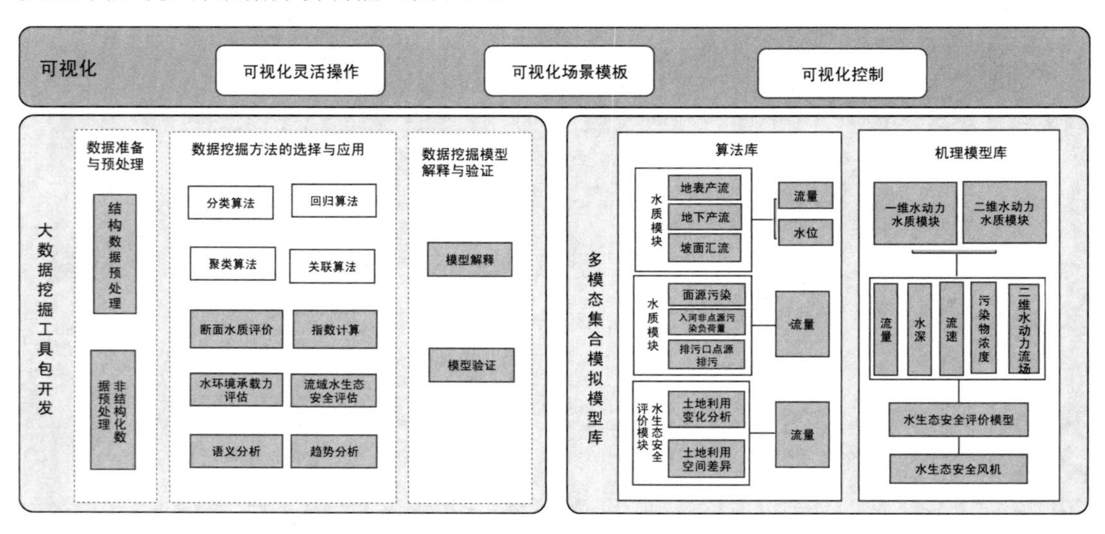

图 9-3 数据架构中的数据分析设计

5）数据共享。根据流域水环境管理大数据信息资源目录，对于非涉密数据，可为相关单位和部门提供便捷的数据访问和数据共享。相关单位可以将自己的数据上传到数据库，同时可以根据需要获取其他单位的数据，从而实现流域水环境信息资源共享，促进数据资源科学配置与融合应用。

6）信息资源规划。由于数据来源和属性不同，其利用程度受多重因素限制，需要按照职能和业务域范围，结合环境属性（活动行为和环境要素）、信息属性（来源、内容及表现形式）、时空定位属性（时间特征、时效特征和空间范围）等，厘清数据与数据、数据集与数据实体、不同主题数据库之间的关系，建立数据关系图谱，为大数据同化和融合等提供基础。

7）数据管理。数据管理包含数据接入管理、数据质量管控、数据生命周期管理、资源目录服务以及数据标准管理。以信息的唯一性、全面性和准确性为原则，建立适用于流域水环境管理大数据的多维网状分类与编码体系，从而实现海量数据的高效管理与利用。

（3）应用架构

应用架构主要是面向国家流域水环境管理提供应用系统支持，根据实际业务中的管理、调度、辅助决策及服务等需求建设应用体系。此外，结合大数据应用对支撑环境的需求，使用标准化、构件化方式构建灵活开放的支撑平台，为各应用系统提供统一的支撑服务（图 9-4）。

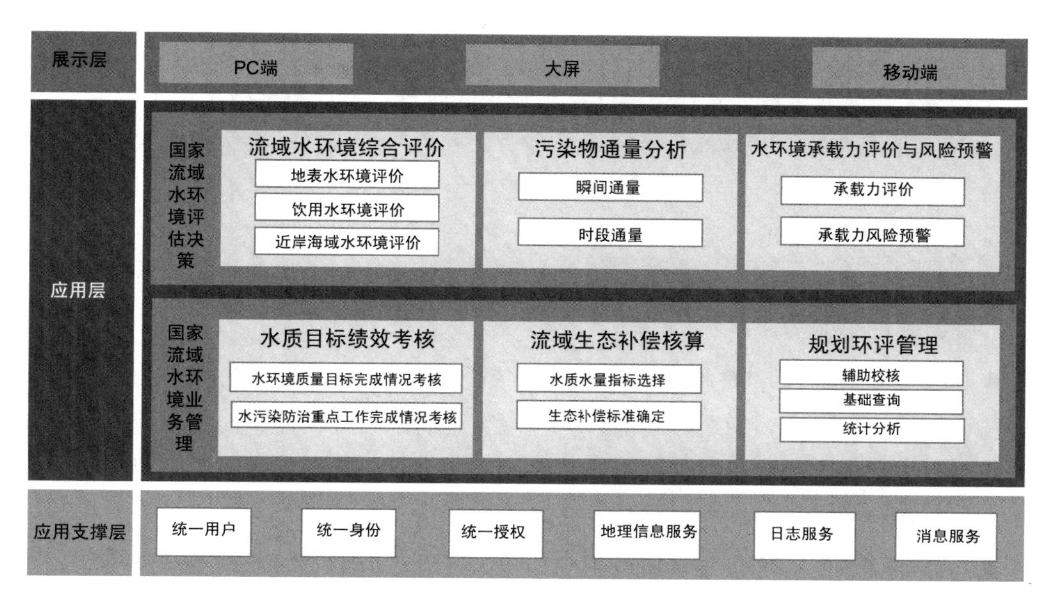

图 9-4　流域水环境管理大数据平台建设应用架构

面向平台的各类用户，包括生态环境部用户、省级用户、市级用户、区县级用户等，利用相关的先进、成熟技术，提供统一用户管理、统一身份认证、统一授权管理、地理信息服务、日志服务、消息服务等应用支撑，并充分利用流域水环境管理大数据已有成果（如国家流域水环境评估决策系统和国家流域水环境业务管理系统等）进行应用系统建设。同时为水环境管理决策人员、业务人员等提供统一的服务展示平台，提供交互、多维的可视化环境，实现国家流域水环境管理大数据平台应用成果的统一展现，满足不同场景的数据展现需求。

1）流域管理中心。适应水环境战略由总量控制向质量管理的重大转型，面向水环境质量目标管理、建立流域生态保护补偿机制、推进规划环评等新形势下水环境管理业务需求，在数据汇集中心的基础上，建设流域管理中心，开发水质目标绩效考核系统、流域生态补偿核算系统、规划环评管理系统，推动水量-水质-水生态、污染排放与水质响应一体化管控，为《水污染防治行动计划》全面实施提供技术支持，为地级以上水环境管理部门提供业务支撑。

2）决策支持中心。面向流域水环境精细化管理需求，在数据汇集和流域管理的基础上，建立决策支持中心，综合利用水环境监测管理数据、大数据挖掘工具、多模集合模拟模型，开发水环境综合评价系统、污染物通量分析系统、水环境承载力评价与风险预警系统、流域水环境安全评估系统，实现全国流域水环境管理数据的综合分析、可视化展示，支撑分流域、分区域、分阶段水环境管理和水环境治理的科学决策。

3）调度指挥中心。以数据汇集中心、流域管理中心和决策支持中心为基础，建设调度指挥中心，实现对全国流域水环境管理工作的任务调度，包括对水环境专项任务、大数据分析结果、应急事件处置等一体化实时调度与指挥，提高响应效率与工作成效。

4）应用服务中心。流域水环境管理的业务人员、管理人员、决策指挥人员、社会公众参与人员和企业用户，对平台的业务管理要求、关注点、习惯要求等各不相同，在不同的应用场景下需要采用的服务方式也不同。平台将 PC 端应用服务、大屏展示服务、移动端应用服务相结合，从而解决不同用户、不同场景下需求不同的问题，更好地为流域水环境管理提供服务。

◆ PC 端应用服务：PC 端应用服务主要依托 PC 端在线操作的方式，为各类用户提供丰富详尽的服务内容，通过“功能强大、内容全面、响应快速、操作便捷”的服务方式，为水环境管理部门提供日常业务工作支撑，为企业提供一站式业务受理与在线办理服务，为公众提供在线的信息公开与查询服务等。

◆ 大屏展示服务：大屏展示服务主要依托大屏设备，通过大屏幕将水环境业务数据、工作任务指标、工作进度、调度指挥、工作成果等各类关键信息进行集中展示，使得水环境管理部门能够快速、全面掌握当前工作开展情况，提高工作效率与决策水平。

◆ 移动端应用服务：移动端应用服务作为 PC 端应用服务的补充，针对不同用户的需求与特点，依托手机、平板电脑等主流移动端技术，使得水环境管理部门、公众与企业用户能够随时随地查阅水环境信息、办理相关业务。其中，手机端服务基于手机端提供内部沟通交流、信息查询、通知推送等内容，公众能够通过手机随时随地查阅相关水环境公开信息，企业能够通过手机查阅获取最新流域水环境管理业务办理情况。平板端服务基于环保专网为水环境管理部门提供办公服务，水环境管理部门用户可通过平板电脑进行内部信息查阅，开展相关水环境管理业务工作。

（4）技术架构

1）技术架构设计。平台利用关系型数据库、分布式文件系统、数据集成技术、分布式计算等技术，实现各类数据的交换、集成、清洗和转换。其中，利用强大的关系型数据库实现各类结构化业务数据的存储和管理，利用 HDFS、HBase 等技术实现非结构化数据的存储与管理，利用分布式计算等技术实现数据的挖掘分析，利用报表工具、GIS 插件等实现数据结果的可视化展示。在应用层，通过基于 J2EE 的三层 B/S 框架进行功能层面的开发。最终通过门户实现界面、应用和功能的集成。平台技术架构如图 9-5 所示。

2）生态环境云。生态环境云平台由资源管理、运维监控、运营管理、系统管理、PaaS 平台、服务目录、扩展服务组成，其功能架构如图 9-6 所示。

生态环境云平台通过统一的云管理平台实现对多个资源池的分层管理，实行两级管理体系，其中生态环境部信息中心为统一云平台管理者，卫星环境应用中心、中国环境监测总站等运维保障单位为分资源池运营管理者。

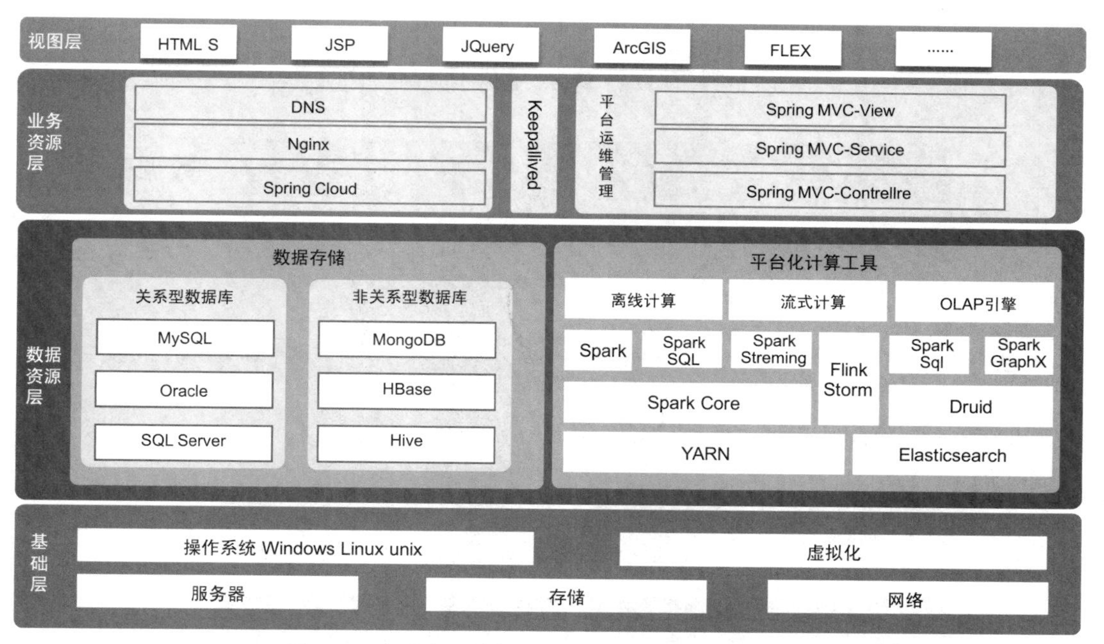

图 9-5　流域水环境管理大数据平台建设技术架构

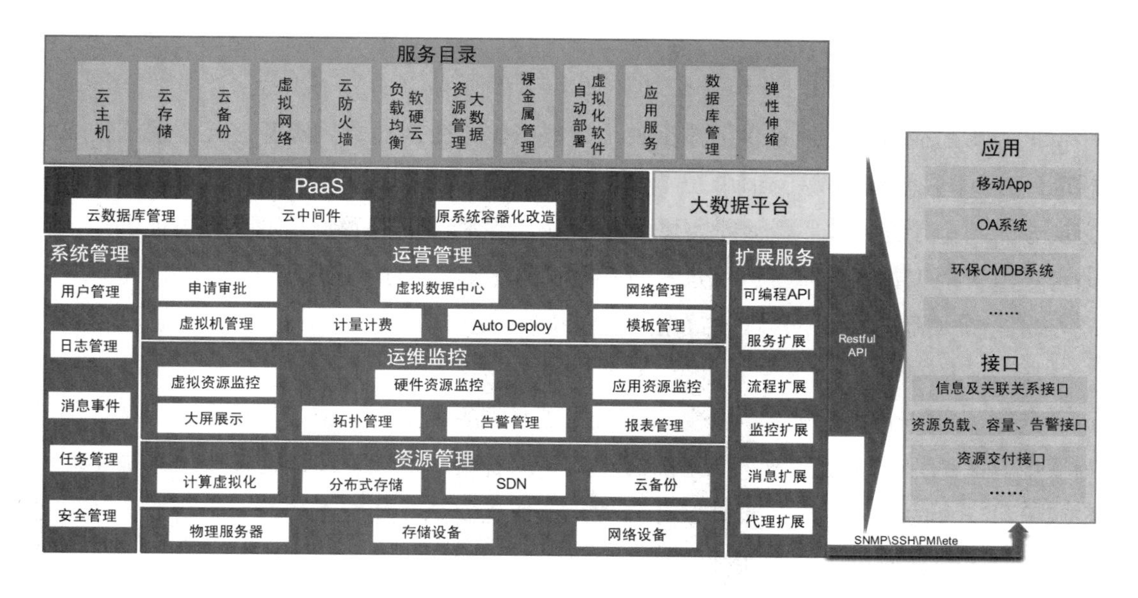

图 9-6　生态环境云平台功能架构

生态环境云平台的安全体系从物理安全、网络安全、云平台安全、主机安全、应用安全、数据安全 6 个层面进行安全体系架构的设计与实现（图 9-7）。

图 9-7 “生态环境云”安全保障体系

（5）标准规范体系

平台的标准化规范体系包括数据收集、数据传输交换、数据资源整合、系统集成等标准。其中，在数据收集方面制定《流域水环境管理大数据资源管理办法》，在数据传输、交换方面制定《流域水环境管理大数据存储与交换规范》，在数据资源整合方面编制《国家水环境管理大数据信息资源目录》《流域空间信息表达的可视化符号规范》，在系统集成方面编制《流域水环境管理大数据业务系统接口规范》。

（6）信息安全体系

平台信息安全体系规划结合生态环境部现有的各类安全措施，从技术、管理、运维等多个方面进行了综合考虑，借鉴国内外成熟的安全防护模型及最佳实践，形成了环保系统信息安全的规划蓝图。流域水环境大数据信息安全，从生态环境云平台、大数据管理平台、大数据应用平台的实际安全需求出发，构建三层技术防护体系，从而保障流域水环境管理大数据的信息安全（图 9-8）。

1）云平台安全。通过对云平台基础设施层面的防护，确保生态环境云平台的安全，包括对 Hpervisor 进行加固、云主机进行安全防护、镜像进行加密备份、数据进行加密存储、用户的安全措施进行完善等。另外，为提高云平台的可靠性和处理能力，还需进行流量负载分担，部署云防病毒、云防火墙、云 IPS/IDS、云安全审计、云堡垒，防止恶意程序的泛滥，同时对生态环境云平台的操作进行审计，实现对内部人员操作的有效监管。

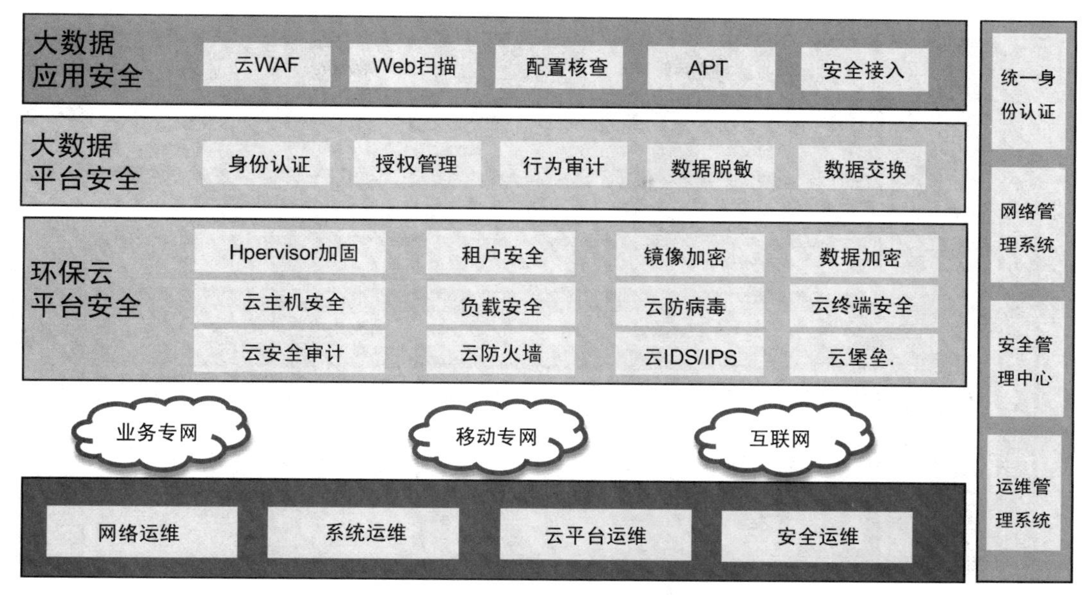

图 9-8　流域水环境管理大数据建设信息安全体系

2）大数据平台安全。通过五个维度对大数据平台的安全进行防护，包括身份认证、授权管理、行为审计、数据脱敏、数据交换，从而确保合法身份拥有特定权限进行大数据平台的操作，且一切操作行为有审计、可查看追溯。此外，还对数据的敏感信息进行过滤和变形，保证敏感隐私数据的安全可靠性，同时在不同资源池之间使用安全数据交换系统，保证数据交换过程中的安全性。

3）大数据应用安全。在大数据应用层面，通过部署云 WAF、Web 漏扫保证应用层 Web 应用的安全性，同时通过配置核查减少缺陷，保证基础配置及安全策略的合理性。另外，通过部署 APT 防护保证用户免受外来的 APT 攻击，通过部署安全检测、防护、认证及加密技术保证内网终端、外围移动端的安全接入。

（7）运行维护体系

为主动适应和预测业务变化，实现统一协调、高效稳定的一体化运维，平台建立一套适合流域水环境管理大数据的 IT 运行管理体系，主要包括运维门户、组织人员、制度流程、运维内容、运维工具等，如图 9-9 所示。

1）云管理平台。构建了“生态环境云”平台，部署了数十个系统，形成了对生态环境业务的一体化信息支撑体系，为业务协同、资源共享、安全保障提供基础条件。

2）安全运维。按照国家信息安全等级保护相关要求进行安全体系建设，包括物理环境、网络、操作系统和数据库系统、业务应用、数据保护、运行管理等，通过了国家信息安全等级保护测评三级。

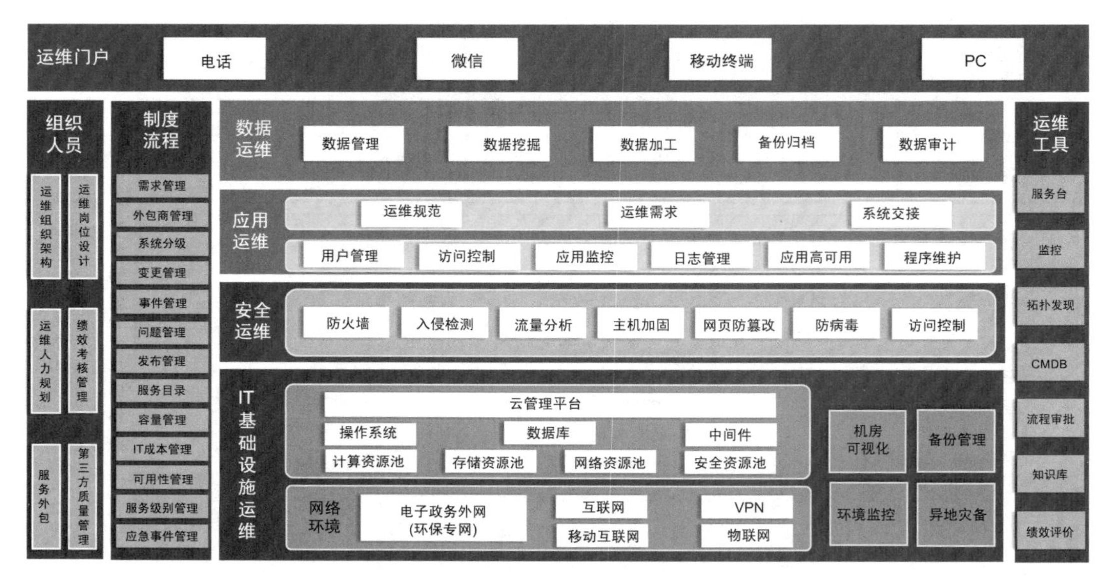

图 9-9 流域水环境管理大数据建设运行维护体系

3）应用运维。针对平台应用提供用户管理、访问控制、应用监控、日志管理以及程序维护等服务，对应用的维护、升级、安全与稳定等提供支撑。

4）数据运维。通过数据采集、数据加工处理和标准化，实现数据资源的归集，为数据挖掘分析提供基础。通过数据资源备份归档、安全存储等，保障数据安全。依照生态环境部对数据安全的相关要求，制定数据审计规则，定期检查数据的合法性与完整性，形成审计报告发送至相关部门。

5）运维门户。运维门户由基础信息管理、工单管理、设备管理、运维外包商管理、区域管理、统计分析、绩效管理等功能模块组成，是集定位、响应、消息传达、分析、规划和统计于一体的全方位运维系统，可以查询过程日志、项目信息、Case 处理日志等系统运维信息，实时掌握管理系统的运维状况。

6）组织人员。通过运维人力规划、绩效考核机制、服务外包等实现平台的长期运行与维护，并通过第三方进行质量管理，确保保证运维工作的有效开展。

7）制度流程。对平台运行维护过程中的制度和流程的制定、执行、监督、管理等进行维护，并通过变更管理、事件管理、问题管理、发布管理等措施，保障平台的日常运维和应急运维等。

8）运维工具。运维工具主要是为运维人员提供运行维护工作处理及流程运转的工具支撑。通过服务台受理用户报障、记录故障信息，利用知识库解决用户故障申告等，通过监控工具、拓扑发现、CMDB、流程审批、知识库等工具辅助运维工作开展。对运维工作效率进行绩效评价，为外包商运维管理、运维服务管理等提供重要参考依据，确保平台运行维护服务稳定、高效。

9.1.3　平台功能与应用

（1）数据汇集

数据汇集中心采集流域水环境基础数据、水质监测数据、污染源数据、水文气象数据、空间数据等形成基础性数据库，与数据挖掘工具、水环境多模模型共同流域水环境管理体系的枢纽。数据汇集中心的资源目录如图 9-10 所示。

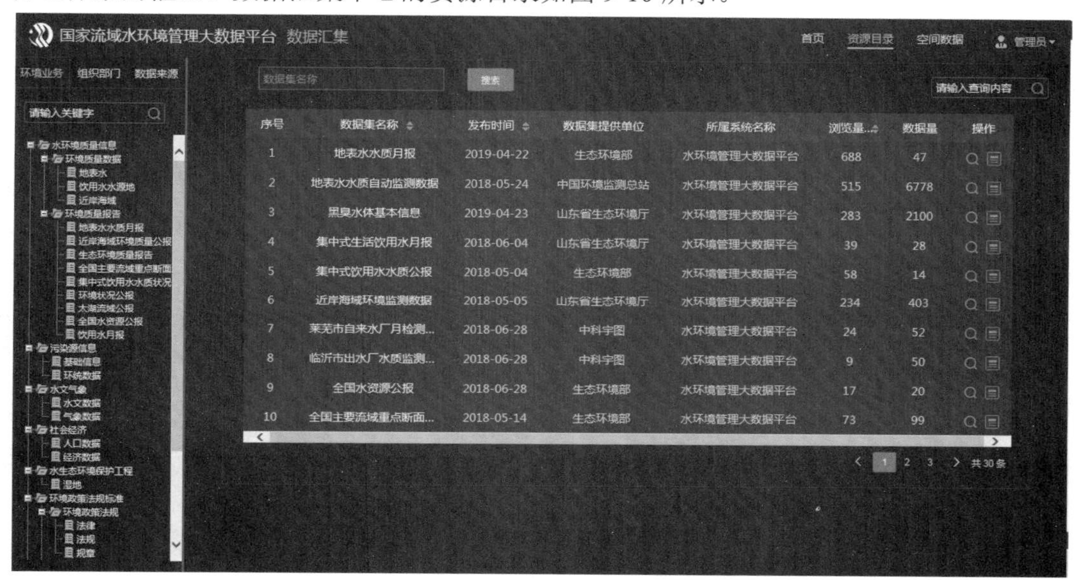

图 9-10　数据汇集中心的资源目录

1）基础地理数据。流域水环境基础地理数据包括水功能区划矢量数据、水资源分区矢量数据、饮用水水源地矢量数据、湿地矢量数据、高程图矢量数据、土地利用数据、控制单元矢量数据、自然保护区矢量数据、植被类型矢量数据、土壤类型数据、行政区划矢量数据等。

2）流域水环境专题数据。流域水环境专题数据主要包括流域数据、水文气象数据、水质监测数据、污染源数据、水生态数据等。

其中，流域数据包括河流水系矢量数据、流域界线数据等。水文数据包括水文站点径流、水位、含沙量等信息。气象数据包含日降雨、气温、风速、湿度、辐射、日照、蒸发、云量等信息。

水质监测数据包括地表水自动站水质监测数据、地表水国控监测断面月监测数据、饮用水水源地监测数据、近岸海域监测数据等，通常包括水温、pH、氨氮、总磷、高锰酸盐指数、溶解氧、电导率、浊度、总氮、总有机碳共 10 个监测指标。

重点污染源监测数据包括污染源类型、位置、污水排放量、特征污染物、污染物浓度、排污去向、申报情况、原材料消耗情况、产生污染的设施情况等污染源排放信息。

水生态数据主要是实地采样水质数据、沉积物数据、水生物数据等信息。

（2）大数据挖掘技术

1）水质评价。水质评价包括河流、湖泊、地表饮用水、地下饮用水、近岸海域以及区域水质的评价。水质评价算法主要基于《地表水环境质量标准》（GB 3838—2002）、《地下水质量标准》（GB/T 14848—2017）、《海水水质标准》（GB 3097—1997）、《地表水环境质量评价办法（试行）》（环办〔2011〕22 号），选取主要水质参数作为评价指标，采用单因子评价法，即按照标准限值对各项指标逐一评价等级，根据参评指标中类别最高的一项作为水质等级，从而实现各类水体的水质等级评价，评价结果包括各单项指标水质等级以及断面的水质等级。区域水质评价区域内全部监测断面水质数据作为基础数据，实现对不同区域（全国、流域/水系、河流、湖库、省、城市）地表水环境质量状况评价，评价结果包括区域水质状况、主要污染指标。

2）湖库富营养化评价。湖库富营养化评价算法基于中国环境监测总站《湖泊（水库）富营养化评价方法及分级技术规定》（总站生字〔2001〕090 号），选取叶绿素 a（chla）、总磷（TP）、总氮（TN）、透明度（SD）和高锰酸盐指数（COD_{Mn}）5 项参数作为评价指标，采用综合营养状态指数法 TLI（Σ），实现湖泊、水库营养状态的评价，评价结果包括各单项指标的营养状态指数、湖库营养状态指数和湖库营养状态。

湖泊营养状态分级如下：①贫营养：TLI（Σ）＜30。②中营养：30≤TLI（Σ）≤50。③富营养：TLI（Σ）＞50。④轻度富营养：50＜TLI（Σ）≤60。⑤中度富营养：60＜TLI（Σ）≤70。⑥重度富营养：TLI（Σ）＞70。

3）水环境指数计算。水环境指数计算包括地表水水质指数、城市水水质指数、水质综合污染指数、区域综合超标指数的计算。水环境指数计算主要基于《城市地表水环境质量排名技术规定（试行）》《长江经济带水环境承载力方法》，采用《地表水环境质量标准》（GB 3838—2002）中的参数指标，计算各单项指标的水质、污染、超标指数后求和作为地表水指数。

4）水环境生态评估。水环境生态评估包括流域生态环境压力、生态系统健康、生态服务功能、生态风险、生态安全、水环境承载力等评估功能。水环境生态评估主要基于《江河生态安全调查与评估技术指南》与《长江经济带水环境承载力方法》，采用分级指标评分法，进行逐级加权、综合评分，评估结果包括评估指标分值、分项指标分值、分项指标等级分类。区域水环境承载力评估则根据水环境综合超标指数大小以及阈值评价区域水环境承载力状态，评价结果划分为水环境超载、临界超载和不超载 3 种类型，评价结果包括评价断面个数、承载力状态、主要超载指标。

5）语义分析。关键字解析工具基于 TextRank 算法，把文本中包含的水环境信息进行结构化处理，采用基于规则和统计相结合的分词技术，将文本拆分成有意义的词语并进行词性标注和集成。自动摘要工具则选取文本中重要度较高的句子形成文摘，并通过迭代计算得到句子的权重值。另外，可通过综合应用工具在文本内容中检索地理位置信息，通过电子地图进行定位，并按筛选条件进行查看和分类展示。

（3）流域水环境多模集合模拟

流域水环境多模集合模拟工具是嵌套多种陆域水文水质模型与水体水动力学模型的流域水文、水质模拟工具。陆域水文水质模型是在充分考虑流域生态水文过程的基础上，通过模拟流域水循环及物质循环过程（包括污染物迁移过程），获取长时间序列的河道水文信息及污染物浓度信息。水体水动力学模型以陆域水文水质模型的水文信息和污染物浓度信息作为边界条件，将流域产汇流、面源产污、城市排污口点源排放作为河网水动力水质耦合模拟的外边界，基于河网一维水动力水质模型模拟不同情景下污染物在河道内的运移过程，基于河道二维水动力水质模型模拟关键河段二维流场的变化及污染物扩散输移过程，基于二维湖泊水动力水质模型模拟湖泊与河道的水量、水质交换过程以及污染物的降解转化过程。通过以上耦合模拟形成一个多维嵌套陆域水文、水动力及水环境耦合模拟框架，从而实现水环境从流域到水体的动态模拟（图 9-11）。

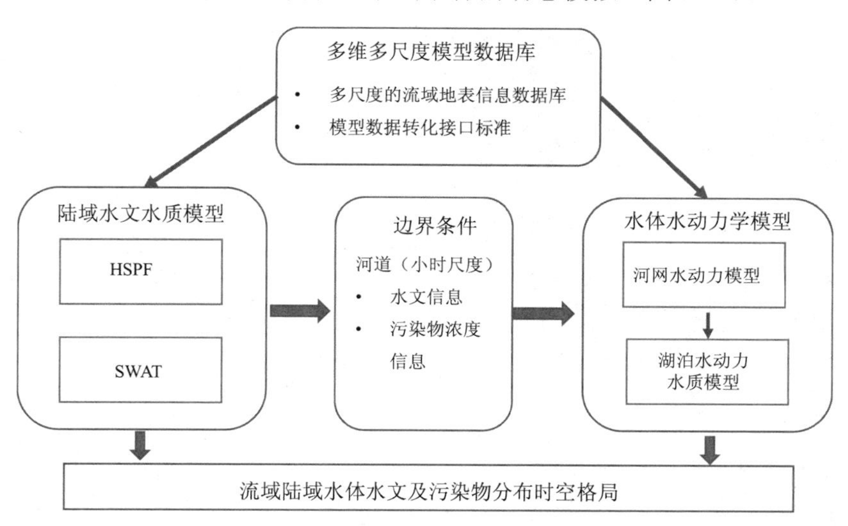

图 9-11　水体多维水动力、水环境模型思路

1）流域水文、水质集合模拟模型。融合多源水文观测数据，嵌套多种适合不同流域尺度规模及模拟要求的陆域水文、水质模型（图 9-12、图 9-13），构建多模系统框架。通过模型标准化前处理和多模兼容的后处理，实现模型参数自动率定等功能。开发陆域模型与水体模型的数据接口转化工具，构建流域多模集合模拟系统。

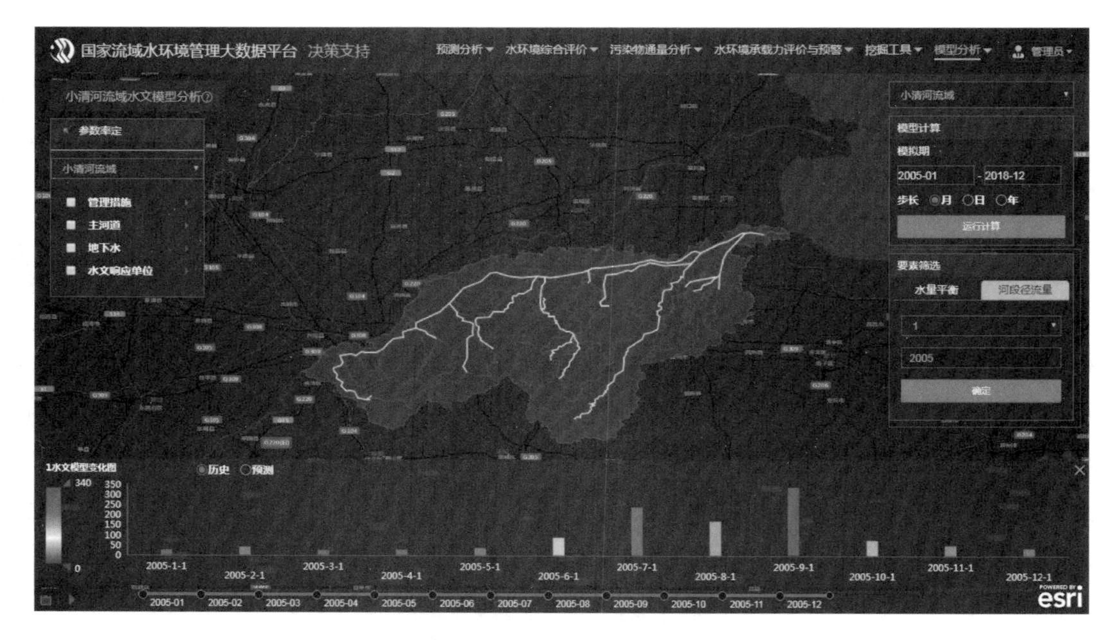

图 9-12 陆域水文模型界面

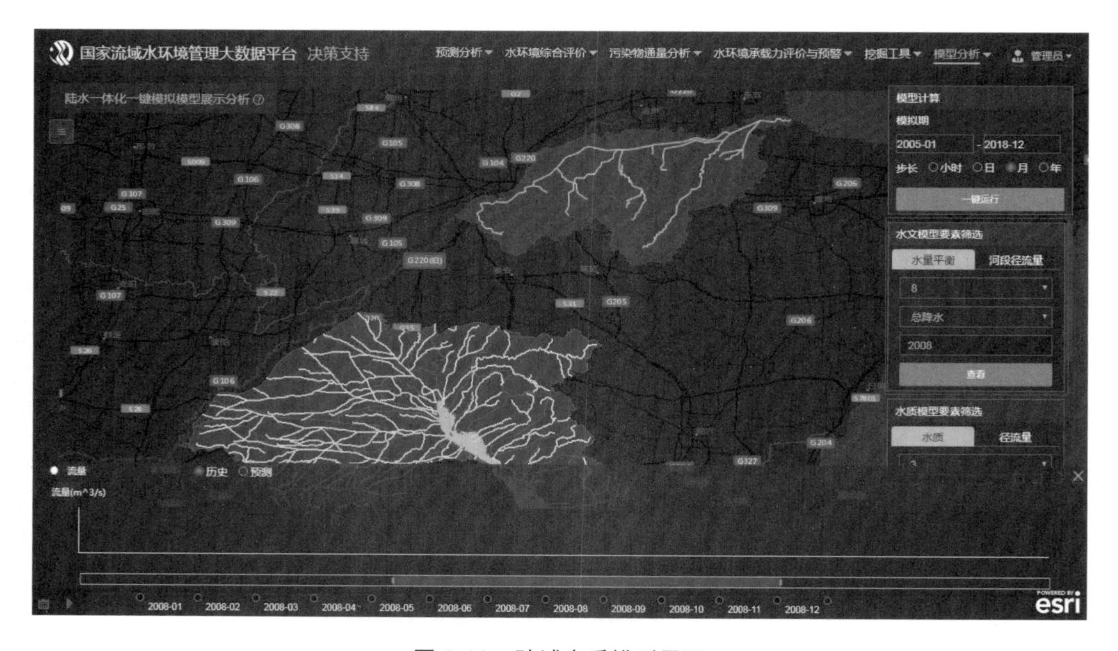

图 9-13 陆域水质模型界面

2）水体多维水动力、水环境模型。针对不同水体的特点，分别建立了一维和二维水动力、水环境模型。在此基础上，构建干支流河道一维、湖泊/水库二维的多维耦合水动力、水环境模型，建立不同维数模型的外边界连接，实现流场与物质运移信息的传递。

3）多尺度水量-水质-水生态耦合。融合面向不同空间尺度的多种陆域水文、水质模型和水体水动力、水环境模型，打通流域-水体不同尺度模型间的数据有效传递，实现流域整体水环境过程耦合模拟。基于并行计算技术，提高耦合模拟的计算效率，解决耦合模拟中的嵌套、调用等技术问题，实现从流域到水体多尺度、全过程的水量、水质过程动态模拟。

9.2　无锡市基于物联网的水生态环境监测平台

9.2.1　项目背景

基于水生态环境监测系统示范工程，依托无锡环境监控物联网应用示范工程（二期），基于物联网的水生态环境监测平台于 2020 年 5 月在无锡市全面示范运行。该平台集成了污染物生物有效性原位监测、水生态关键因子在线监测、物联网“共性架构+应用子集”等关键技术，实现了示范区流域水生态环境监测设备的集成接入、多网融合互通、多源数据融合、系统服务等功能，具有统一平台服务管理、水环境质量监测、水文监测及水生态环境地理信息展示等功能。

9.2.2　平台总体设计

（1）总体概述

基于物联网的水生态环境监测系统通过设备集成、多网融合互通技术、多源异构数据融合技术和平台服务集成技术，实现了太湖流域（无锡段）110 个地表水自动监测站、水生态在线监测装备和污染物生物有效性监测技术在示范区的集成，系统运行稳定，为无锡市提供地表水生态环境质量、水文和水生态环境地理信息等数据，其中水生态在线监测数据与污染物生物有效性数据成为区域原有水质监测数据的有效补充。

（2）数据汇集

水质数据集成了湖体数据、入湖数据、交界断面、浮标站、饮用水水源地、重点监测、苏州渔洋山站、湖心观测站等 110 多个站点的实时监测数据，可通过站点、监测因子、时间段筛选对数据进行实时展示，展示方式包括列表、柱状图、饼状图等。

水生态数据接入了蓝藻密度、大肠杆菌、BOD、叶绿素、浮游动物等监测数据，实时展示太湖流域无锡市地表水和太湖湖体的水生态环境质量。

水文数据包含太湖流域无锡市区域内的雨情、水情、太湖水位、水量和水温等数据。

9.2.3 平台功能与应用

平台建立了全向互联、全域协同的新型环境监测监控物联网体系，对太湖流域无锡市内水生态环境要素进行全面感知和动态监控，为水生态环境质量预测预警提供科学的数据支撑。

平台集成了新的水环境监测仪器的实时测量数据和太湖流域原有监测站点的实时及历史数据，包括温度、电导率、pH、溶解氧、浊度、氨氮、总氮、总磷、COD、BOD、叶绿素和蓝藻等参数。通过平台可查看监测点位分布情况（图 9-14）、水环境质量与水生态监测数据、水质与水生态指标变化趋势等，还可查阅水文监测数据、水文参数变化趋势、水文历史数据等。选择监测站点可导出 7 d 内的监测数据，形成 7 d 变化趋势图，也可选择时间段导出所需时段的历史数据。

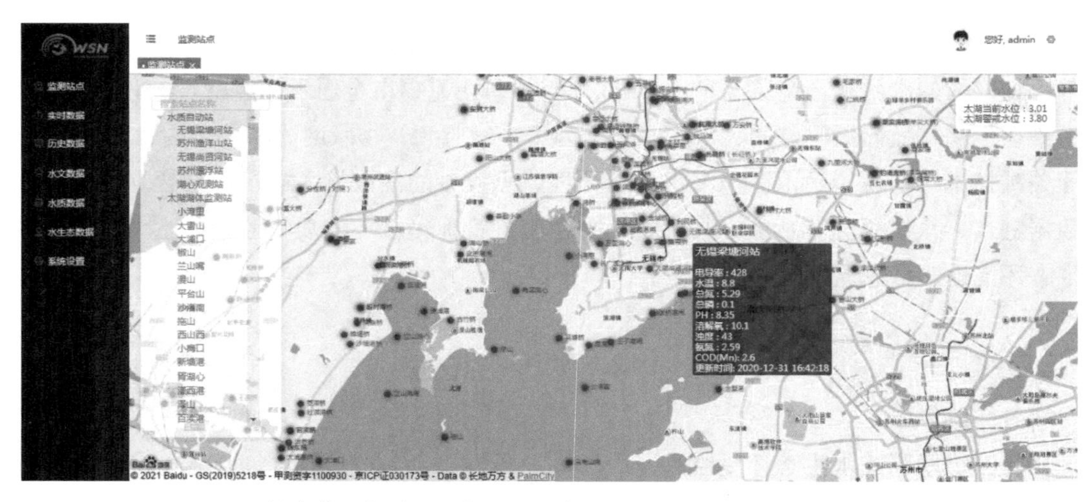

图 9-14　无锡市基于物联网的水生态环境监测平台的监测点位分布与数据类别

平台接入太湖流域 GIS 地图（图 9-15），可在矢量图层和影像图层之间切换，可筛选太湖流域水质自动站、太湖水环境、国考断面、饮用水水源地等点位信息。除数据查询、数据管理之外，平台还具备统计分析、报表关联等其他功能（图 9-16）。

图 9-15　无锡市基于物联网的水生态环境监测平台的太湖流域 GIS 地图

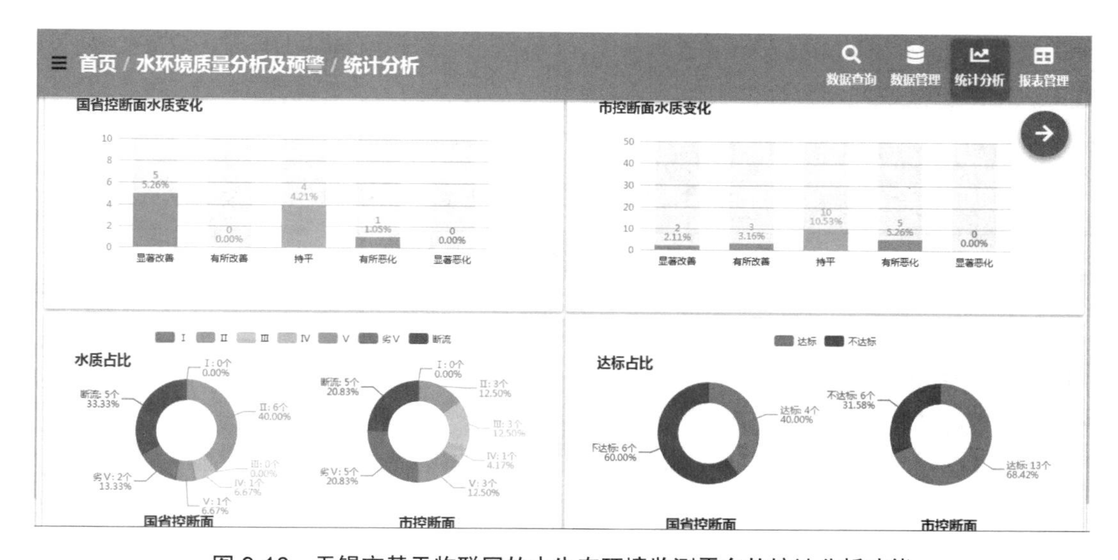

图 9-16　无锡市基于物联网的水生态环境监测平台的统计分析功能

9.3　生态环境大数据智慧开发平台

9.3.1　项目背景

为实现生态环境大数据的挖掘分析与智慧服务，山东大学环境研究院、计算机科学与技术学院开展学科交叉与科研合作，基于环境科学理论、大数据技术、用户需求等，进行多层次的设计与开发，构建了生态环境大数据智慧开发平台。

生态环境大数据智慧开发平台（以下简称平台）基于 HPC 分布式计算架构与 B/S 运

行模式，集数据存储、高性能计算、算法、工具、模型于一体，支持一站式人工智能应用研发，面向生态环境科技创新与实际业务需求，具备生态环境大数据模型构建、挖掘分析、结果展示、应用服务等基础功能，可作为大数据建模工具、专业课教学设施与创新性科研平台。

9.3.2 平台总体设计

（1）总体概述

平台使用分布式系统架构，包含计算资源调度系统、算法库、工具库、模型库、智能数据分析服务系统、软件工具管理系统、应用服务系统等（图 9-17）。其中，计算资源调度系统为平台提供安全、可靠的资源分配方案，提高资源利用率和计算效率；算法库、模型库与工具库为大数据分析提供丰富可靠的算法支持；智能数据分析服务系统提供完善的模型构建、训练以及服务部署的功能；软件工具管理系统集成了市场主流的技术工具；应用服务系统为用户提供方便、高效的交互式模型构建、部署功能。

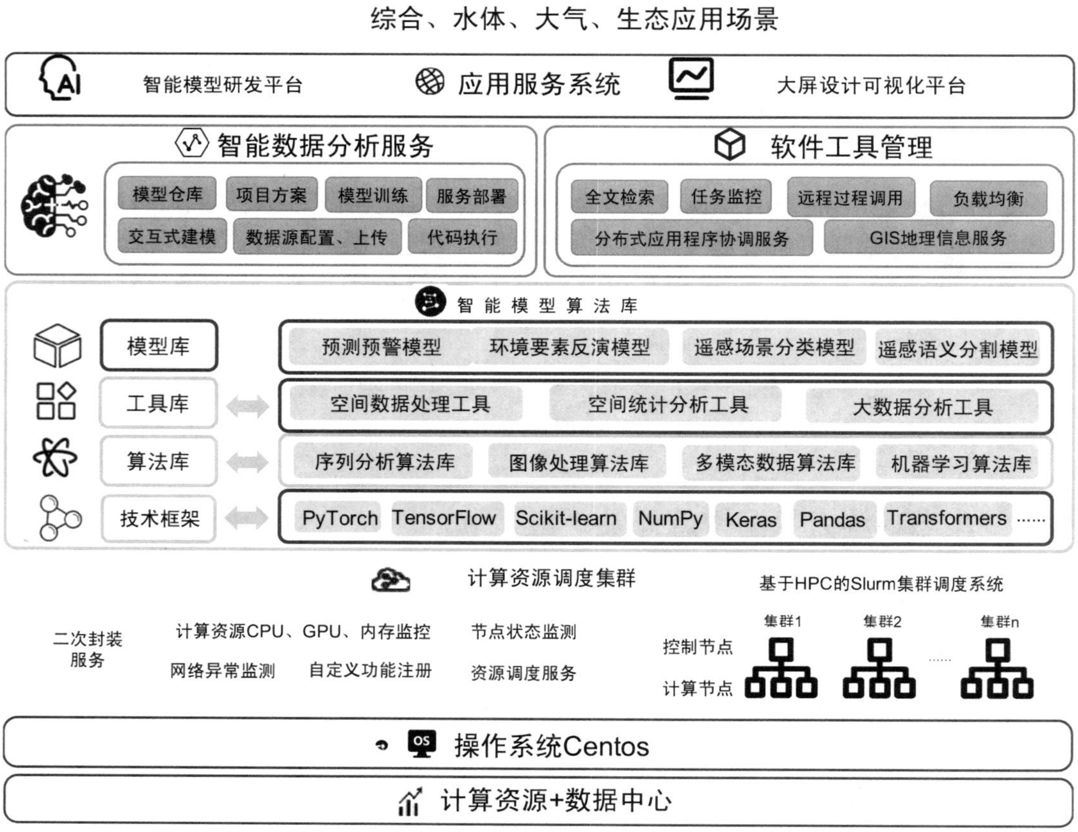

图 9-17 生态环境大数据智慧开发平台建设总体架构

（2）平台环境

平台环境包括多台高性能计算服务器，搭建 CentOS7 操作系统，集成 Slurm 进行计算资源管理，基于 Java8+Python3+MySQL+Singularity 等作为软件运行环境，使用 Springboot+Vue+gRPC 等框架进行技术研发。平台支持多用户同时在线并发使用，可 7×24 h 不间断运行，满足不同定位的用户使用需求，具有良好的性能与可扩展性。

（3）具体架构

平台由计算资源调度集群、智能算法模型库、智能数据分析服务系统、软件工具管理系统、应用服务系统构成。依托数据资源、算法模型、软件工具、服务部署、计算集群等，可在平台上构建综合、水体、大气、生态等大数据应用服务系统。

计算资源调度集群为系统提供安全、可靠的资源分配方案，提高计算资源利用率与计算效率。为提高应用程序的可移植性，系统任务主要通过镜像方式进行提交、部署。为简化集群调用、提高集群可用性，系统提供二次封装服务，包括节点状态监测、资源调度服务、自定义功能等。

智能模型算法库由技术框架、算法库、模型库构成。其中，技术框架包含深度学习、机器学习相关的主流框架；算法库包括序列分析算法库、图像处理算法库、多模态数据算法库、机器学习算法库；模型库包括预测预警模型、环境要素反演模型、遥感场景分类模型以及遥感语义分割模型。

软件工具管理服务集成了主流、开源的第三方工具，包括全文检索、远程过程调用、负载均衡、分布式应用程序协调服务、地理信息服务等。

在上述技术框架、算法模型、计算资源的支撑下，依托应用服务系统建立了智能模型研发平台和大屏设计可视化平台。其中，智能模型研发平台提供智能数据分析服务，包括模型仓库、项目方案、模型训练、数据上传配置、交互式建模、代码执行等功能。大屏可视化平台主要为用户提供数据分析展示等功能。

9.3.3　平台功能与应用

（1）基础环境

1）硬件环境：系统硬件环境主要包括计算资源集群、控制节点、计算节点等。其中计算资源集群由多个高性能计算服务器组成，控制节点主要负责资源调度，计算节点主要负责任务计算。

2）软件环境：系统软件环境主要包括操作系统、机器环境、编程语言开发环境、镜像环境、数据存储环境等。

3）技术栈：系统技术栈分为前端技术栈和后端技术栈。

4）性能指标：系统为中性能系统，其 CPU 使用率小于 75%，内存使用率小于 70%，磁盘繁忙率小于 70%。

（2）应用环境

在计算资源调度系统、智能数据分析服务系统、软件工具管理系统的基础技术支撑下，针对生态环境领域实际业务需求，通过智能模型算法库和应用服务系统开展大数据建模、挖掘分析、大屏展示、应用服务等工作。智能模型算法库包括算法库、工具库、模型库，实现数据处理、模型训练、模型测评、代码调试等功能，而应用服务系统则利用智能模型算法库的研发成果，部署复杂的综合应用场景。

1）算法库。为提升算法开发效率，平台提供了多种类别的开源算法供用户使用，主要包含序列算法、图像算法、多模态数据算法以及通用机器学习算法。用户可在此基础上根据特定的应用场景进行二次开发，快速、高效地完成复杂模型的建模任务。

2）工具库。为了提高平台的数据分析能力与模型开发能力，用户可编写自定义函数并形成工具库工具，帮助用户快速完成复杂数据处理或模型构建等任务，便于代码复用和共享，提高代码的可读性和可维护性。

工具库工具包含空间数据处理工具、空间统计分析工具与大数据分析工具 3 类。其中，数据处理工具对遥感和地理信息数据进行初步处理，如遥感影像的栅格转矢量工具将栅格图像中的像素组合成不同的几何形状、形成矢量要素，从而进行更加精细、准确的空间分析。空间统计分析工具对生态环境数据进行空间统计、空间插值、聚类分析、趋势分析等统计分析处理，如通过时空关联分析工具将超标指标与行业企业的排污特征进行关联分析与可能性排序，实现污染源的自动追溯。大数据分析工具包括参数率定工具与随机样点生成等功能。

3）模型库。模型库是基于平台中的人工智能算法、工具集、数据集等开发的各类模型的集合，支持用户自主定制、修改、训练、部署各类机器学习模型。模型库采用流程化模型搭建策略，可面向模型训练、模型验证、模型测试等关键节点提供高度封装建模环境与快捷方案发布流程，有效降低繁冗建模参数暴露度。同时，模型库支持源代码自主编辑与灵活调参功能，提升代码复用率与可扩展性、增强建模自主性与可操作性。模型库包含预测预警模型、环境要素反演模型、遥感场景分类模型、遥感语义分割模型，适用于生态环境领域的创新实验、科学研究、业务应用等，可帮助用户快速完成模型搭建、参数优化、方案部署、服务发布等工作。

（3）应用场景

根据生态环境问题发现、预测预警、污染溯源、监管决策等实际业务，针对具体工作场景开发大数据分析模型并提供应用服务。基于现有平台架构与软硬件资源，在算法库、工具库、模型库等功能的基础上，目前开发了“网络舆情环境问题识别与风险分析”“流域水污染溯源分析”“三维空气质量预测分析”“自然保护地人类活动遥感监管”等应用场景，可在平台上进行数据处理、模型训练、服务部署等。

1）网络舆情环境问题识别与风险分析。发达的社交媒体已成为网络用户的日记本，人们常将关于生态环境的所见所闻发布于互联网上，成为获取尚未被官方发现或认定的环境问题的一个重要来源。网络舆情环境问题识别与风险分析应用场景，通过接入海量微博数据，基于文本语义识别模型，收集全国过去一段时间发生或正在发生的主要环境问题，统计生态环境问题发生的时空格局、主要类型、相关行业等信息。

◆ 数据获取：该应用场景的模型的输入数据来源于新浪微博，目前共获取了 2022 年 1 月—2023 年 6 月共约 20 亿条数据，这里面绝大部分是重复信息或无效信息，只有极少数是有价值的环境问题信息。

◆ 样本标记：基于文本识别模型初步筛选环境问题相关词条，通过大量人力从万余条微博词条中识别关键环境信息，对具有明确环境污染信息的样本进行标记，并按照污染类型和行业类型进行分类。其中，生态环境问题共分为大气污染、水污染、土壤污染、生态破坏、固体废物污染和其他 6 类，污染来源所属行业涵盖工业、农业、生活等绝大数领域。共标记样本量 1 302 条。

◆ 模型介绍：选择 TextCNN 预训练模型作为基础模型。将人工标记的生态环境事件文本数据作为样本，以数据驱动方式训练 TextCNN 语言模型，模型智能建立生态环境事件与文本语义间的关联关系，自动提取文本中的生态环境事件信息。污染事件的发生时间定义为词条的发布时间，发生地点取词条中所提地点的经纬度。

◆ 应用流程：场景应用主要包括如下 4 个步骤：①实验数据上传至专用数据库；②在实验管理界面调用平台工具库，接入目标数据样本，将其随机划分为训练集、验证集、测试集，分别包含 870 条、219 条、213 条数据，经验证污染事件识别与分类的准确率达到 77%；③将训练好的模型进行服务部署；④在可视化界面运行并查看结果。

◆ 结果呈现：场景分析结果通过可视化大屏进行展示（图 9-18），包括全国及各省污染事件的发生位置和频次、各类污染事件涉及的行业分布、污染事件随时间的演变过程等，并生成舆情环境问题分析报告。

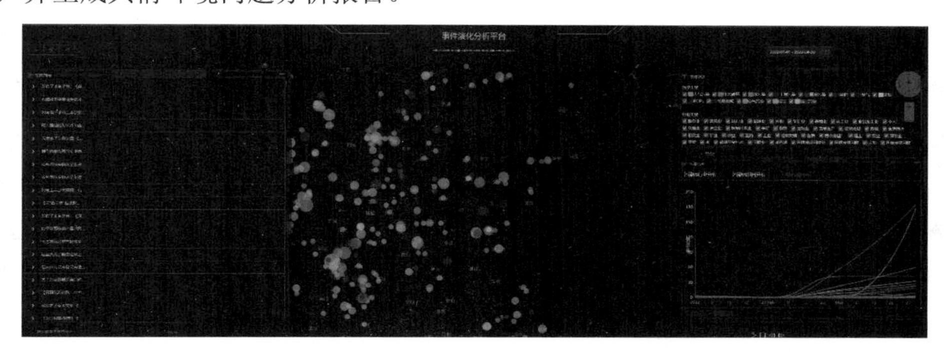

图 9-18　网络舆情环境问题识别与风险分析结果

2）流域水污染溯源分析。利用地表水断面水质监测数据和企业污染源排放数据等，基于 Transformer、门控循环神经网络等深度学习以及余弦相似度等相关分析算法，构建了水质迭代估算和“源-汇-体”特征图谱关联分析的水污染溯源分析模型，可对水质监测数据进行实时分析与异常研判，智能识别水污染事件的疑似排污企业、时段和范围等信息。

◆ 数据来源：水质监测数据来自山东省生态环境厅，主要包括 2017 年环境统计数据以及 2018—2021 年的断面水质监测数据（总氮、总磷、COD 等）、行业污水特征图谱、企业排污数据等多源数据（图 9-19）。

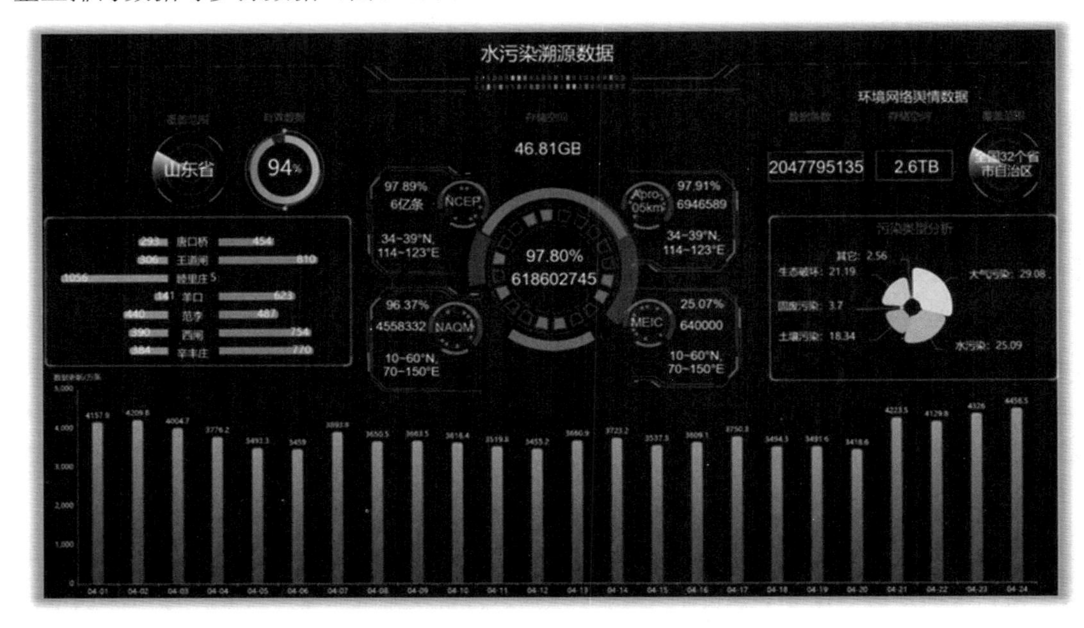

图 9-19 水污染溯源应用的输入数据概览

◆ 数据处理：对不同来源和不同时空分辨率的断面水质监测数据、环境统计数据、行业特征数据以及企业排污数据进行集成、清洗和融合处理，按照水污染演化过程，构建包含时间、地点、水质参数等多维信息的“源-汇-体”特征图谱数据集。

◆ 模型构建：通过 Transformer、门控循环神经网络（GRU）等算法，实现离散时间节点断面尺度水质监测数据到空间连续河段水质结果的快速拓展，同时根据受体水质-污染源信息，挖掘水质参数异常与行业企业之间的复杂关系，构建水污染溯源模型。

◆ 服务部署：基于水质-污染源特征图谱关联分析的输出结果以及水质异常的位置、时间和范围，识别疑似排污的行业和企业，并对重点区域和企业进行预警并展开动态跟踪评估。系统可自动运行镜像任务，实时输出数据并形成图表和报告。

◆ 可视化展示：通过可视化大屏自动读取模型识别的水质异常位置、时间和范围以及疑似污染行业与企业（图 9-20），直观、形象地展示河段水质分布情况和重点疑似企业，为水污染治理和应急事故处置提供决策依据。

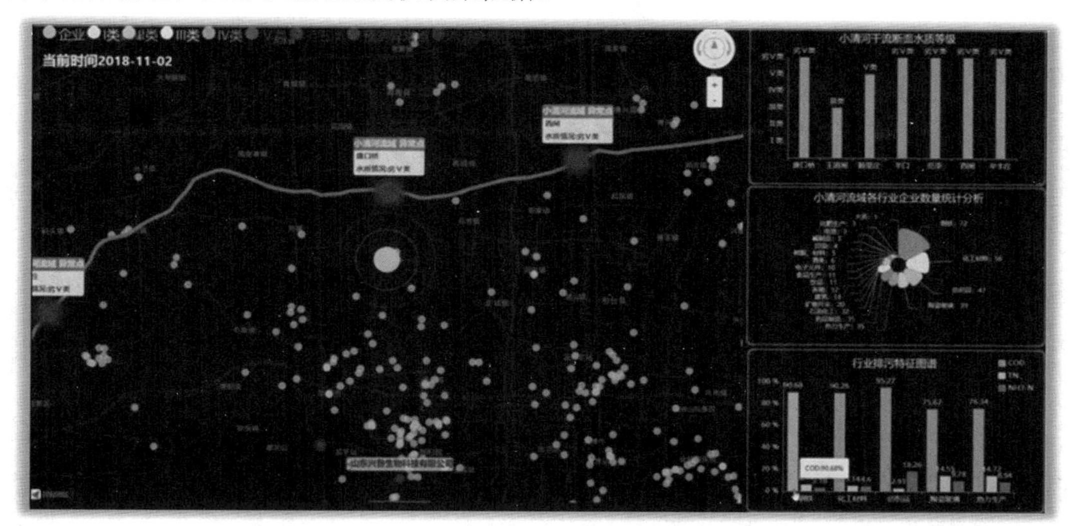

图 9-20　水污染溯源应用的平台可视化效果

3）三维空气质量预测分析。利用大气污染源排放清单、卫星遥感反演、空气质量监测、气象模拟等数据，基于随机森林、神经网络等算法构建了三维空气质量预测模型，实现对未来大气污染的快速预报、预警和评估，可自动提取并动态展示大气污染物三维空间分布及变化趋势，智能识别可能发生大气污染的时段和区域，准确评估本地源贡献和预期减排效果。

◆ 数据来源：大气污染源排放清单数据来自清华大学 MEIC 数据集，气象模拟数据来自 NCEP-FNL/GFS 数据集，卫星遥感反演数据来自 CALIOP 卫星数据集，空气质量监测数据来自全国环境空气质量监测站点（NAQM）数据集（图 9-21）。

◆ 数据处理：通过时间插值、空间重采样、随机森林等算法，对不同来源、结构和时空分辨率的大气污染物排放清单、气象资料、卫星遥感、地面监测站数据进行集成、清洗、融合与同化处理。

◆ 模型构建：通过随机森林、深度神经网络等算法，根据空间位置、排放强度和气象参数信息，挖掘污染物浓度与各类影响因子之间的复杂关系，构建三维空气质量预测模型。

◆ 服务部署：基于预测模型的输出结果，识别污染物的水平和垂直分布特征，对污染区域和时段进行预警，通过调整源排放清单数据估算本地源排放贡献，评估本地源减排效果，自动运行镜像任务并生成数据、图表和报告。

◆ 可视化展示：通过可视化大屏自动读取模拟结果和服务产品，展示未来一段时间内污染物的水平分布、垂直分布、变化趋势、本地贡献、减排效果等深度神经网络（图 9-22），为空气质量管理、污染应急防控提供决策依据。

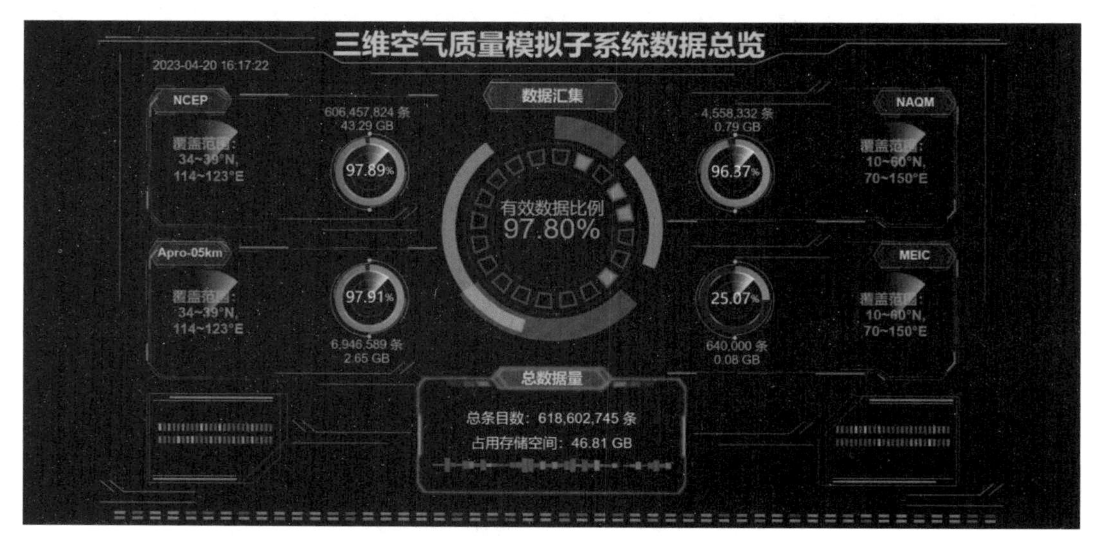

图 9-21　三维空气质量预测分析应用的输入数据概览

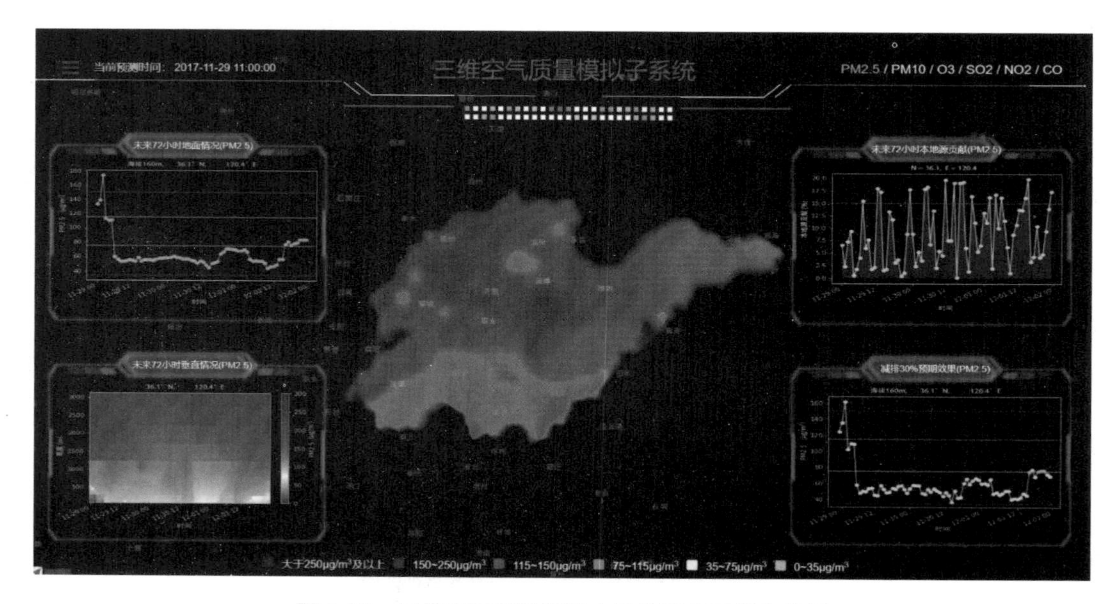

图 9-22　三维空气质量预测应用的平台可视化效果

4）自然保护地人类活动遥感监管。以“山东省鲁中山区土壤保持重要区”为研究区域，借助高分辨率遥感监测手段，通过耦合自注意力生成对抗网络 CSA-CDGAN 与深度残差网络 ResNet，构建高分辨率遥感图斑智能识别与解译模型，通过训练高精度的遥感变化检测语义分割模型与场景分类模型，实现两期甚至多期自然保护地内人类活动变化图斑的边界提取与类型判读。

◆ 数据来源：自然保护地人类活动遥感监管应用场景的数据源主要包括训练数据集、目标影像数据、基础地理数据集等。

训练数据集包括 CDD（Change Detection Dataset）数据集和 AID（Aerial Image Dataset）数据集。其中，CDD 数据集由 GosNIIAS 于 2018 年发布，主要由真实遥感影像集和人工合成图像集构成（数据地址：https：//paperswithcode.com/sota/change-detection-for-remote-sensing-images-on）（图 9-23）。其中，真实遥感影像集通过 Google Earth 获取，包含了随季节变化的 16 000 个影像对（10 000 个训练集以及 3 000 个测试和 3 000 个验证集），图像尺寸为 256×256 像素，空间分辨率为 3～100 cm/px。

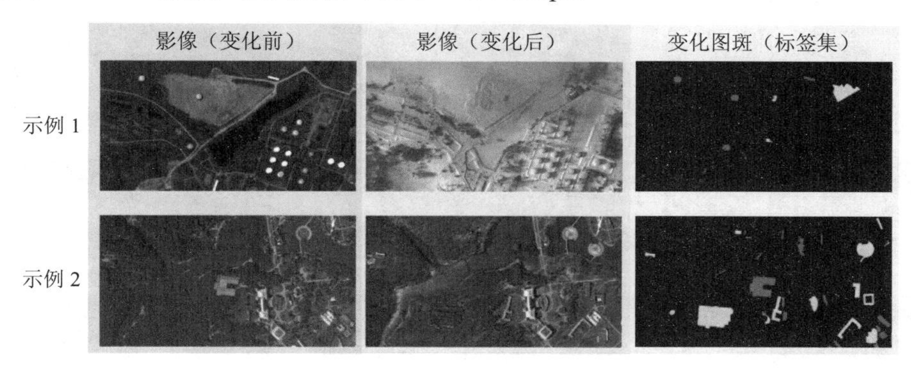

图 9-23　CDD 数据集示例

AID 数据集来自武汉大学、华中科技大学联合发布的大型航空摄影测量图像数据集（数据地址：https：//captain-whu.github.io/AID/）（图 9-24）。数据集包含了 10 000 张含标签场景影像，涵盖 30 类场景：飞机场、裸地、海滩、桥梁、棒球场地等，每类 200～420 张，影像大小为 600×600 像素。该数据集主要从 Google Earth 图像中收集，通过人工目视判断对各影像场景进行分类。

目标影像数据为监管保护地区域的双时相高分辨率卫星遥感影像或航空摄影遥感影像，包含蓝、绿、红 3 个基本光谱通道，空间分辨率不低于 2 m，具备空间投影坐标系。

基础地理数据集主要包括监管自然保护地的各类行政边界、地名、保护地区划边界等矢量图件，用于判断人类活动对自然保护地的影响和干扰。

◆ 数据处理：数据处理主要包括影像数据预处理、模型预测后处理。影像预处理主要针对监管目标区双时相遥感影像进行时空一致性处理，通过投影变换、重采样、影像裁切、瓦片生成等自动化影像处理技术，获取监管目标影像（瓦片）库。模型预测后处理主要针对已识别的变化区影像斑块，通过影像（瓦片）镶嵌、栅矢转换、边界优化等方法获取人类活动变化图斑的矢量边界与属性信息。

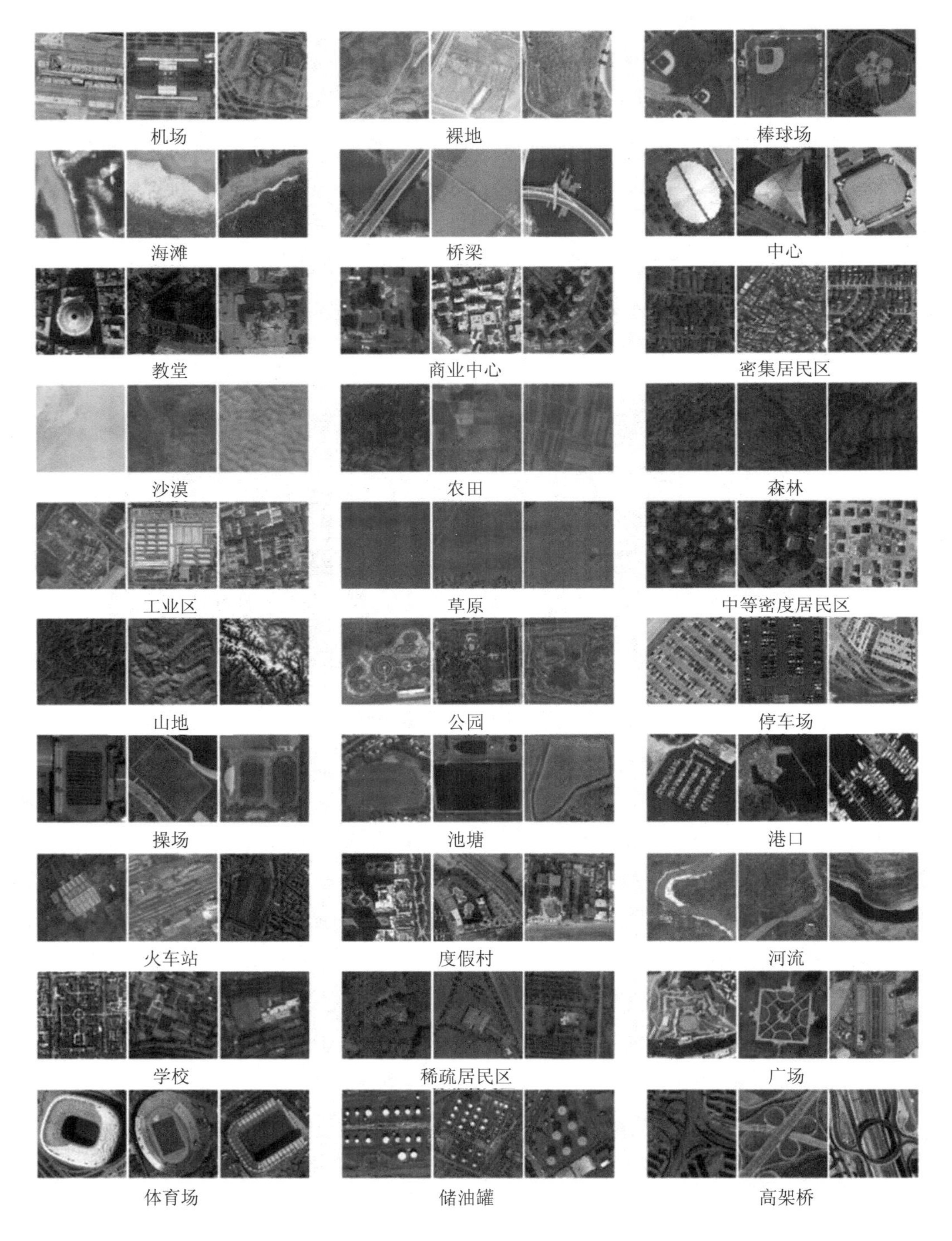

图 9-24　AID 数据集示例

◆ 模型构建：通过遥感变化检测语义分割模型和变化图斑场景分类模型，构建保护地人类活动遥感监管模型。其中，遥感变化检测语义分割模型以 CDD 数据集作为训练数据集对 CSA-CDGAN 模型进行训练，通过模型验证与参数调优形成面向高分辨率遥感影像的变化检测语义分割模型，通过独立测试集的模型预测和精度验证，变化像元的检测精度高于 95%。变化图斑场景分类模型利用 AID 数据集训练深度残差网络模型 ResNet，形成面向遥感影像（瓦片）的场景识别模型，可以针对影像内容识别 30 类地物。基于 AID 验证集开展模型精度验证，要求识别精度高于 90%。

利用平台模型发布与管理工具，将遥感变化检测语义分割模型和变化图斑场景分类模型部署至平台中并实现组件式调用或应用，基于两期或多期高分辨率遥感影像对自然保护地区域范围内发生的人类活动进行识别与研判，从而构建保护地人类活动遥感监管模型。保护地人类活动遥感监管模型主要包括以下 5 个步骤：①影像预处理：针对两期或多期遥感影像开展图像预处理，通过预处理模块实现目标影像瓦片库构建，确保待检测影像具有一致的行列数、光谱通道数、空间参考等；②遥感影像变化检测：基于预训练的 CSA-CDGAN 算法对目标影像瓦片库进行语义分割，获取存在变化斑块的影像瓦片；③人类活动图斑遥感识别：基于预训练的 ResNet 模型对存在变化图斑的影像瓦片进行场景识别，智能研判瓦片中变化图斑的人类活动类型；④预测后处理：将模型检测和识别结果进行影像镶嵌并通过栅矢转换等处理获取变化图斑；⑤专题应用：针对获取的人类活动图斑进行空间叠加分析与统计分析，形成专题应用数据信息。

◆ 服务部署：该应用场景可对自然保护地管控区与禁止开发区域内的各类违法、违规的人类干扰活动进行主动发现、证据收集、准确判别、智能核准并自动生成报告，实现管控区内违章工程建设、违规资源开发、生态破坏、环境污染等人类活动的常态化监管。

◆ 可视化展示：利用高德地图/天地图提供的 API 服务作为空间参照底图，在地图上展示识别出的人类干扰活动图斑、类型、面积、强度等信息（图 9-25），并利用柱状图、饼图等统计图表实现监管信息总览与可视表达。通过该应用场景的搭建与应用可为自然保护地的监督管理和地面核查、监察、执法提供技术支撑。

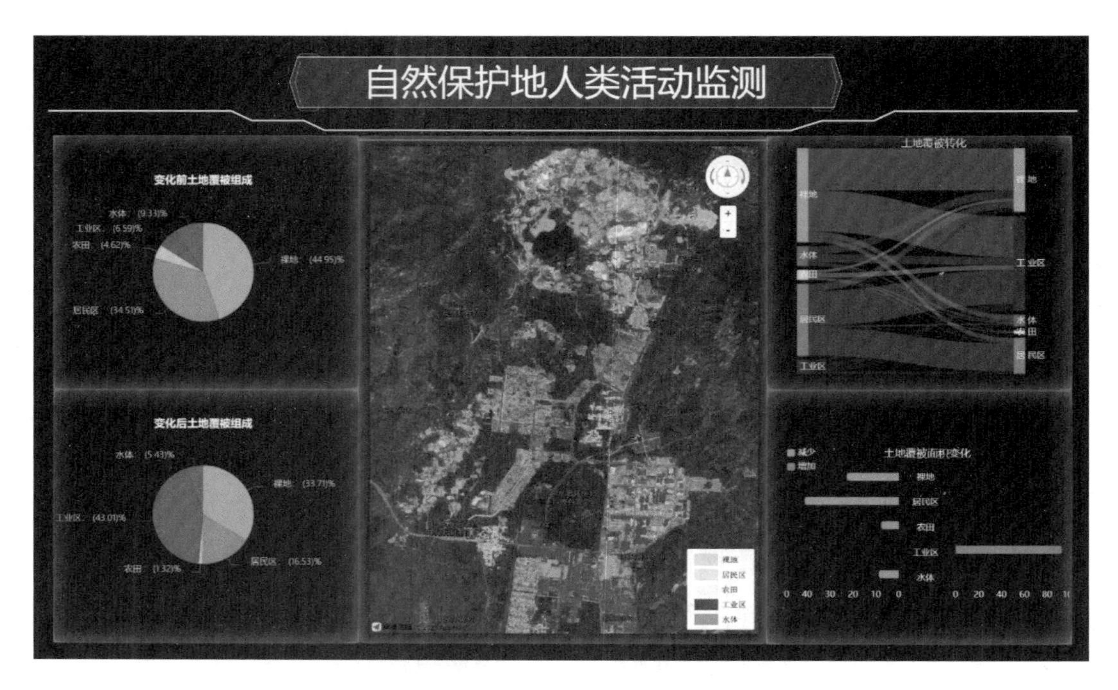

图 9-25　自然保护地人类活动遥感监管可视化效果

教师反馈卡

尊敬的老师：您好！

谢谢您购买本书。为了进一步加强我们与老师之间的联系与沟通，请您协助填妥下表，以便定期向您寄送最新的出版信息；同时我们还会为您的教学工作以及科研成果的出版提供尽可能的帮助。欢迎您对我们的产品和服务提出宝贵意见，非常感谢您的大力支持与帮助。

姓名：__________ 年龄：__________ 职务：__________ 职称：__________

系别：__________ 学院：__________ 学校：____________________

通信地址：______________________________ 邮编：__________

电话（办）：__________（家）__________ E-mail __________

学历：__________ 毕业学校：____________________

国外进修或讲学经历：____________________

	教授课程	学生水平	学生人数/年	开课时间
1.				
2.				
3.				

您的研究领域：____________________

您现在授课使用的教材名称：____________________

您使用的教材的出版社：____________________

您是否已经采用本书作为教材：□是；□没有。

采用人数：__________

您使用的教材的购买渠道：□教材科；□出版社；□书店；□经销商；□其他。

您对本书的意见：____________________

您是否有翻译意向：□有；□没有。

您的翻译方向：____________________

您是否计划或正在编著专著：□是；□没有。

您编著的专著的方向：____________________

您还希望获得的服务：____________________

填妥后请选择以下任何一种方式将此表返回（如方便请赐名片）：

地址：北京市东城区广渠门内大街 16 号　环境大厦 501

邮编：100062　　电话：（010）67113412

微信：cw526846856　　E-mail：526846856@qq.com

网址：http://www.cesp.com.cn